应用光学实验实训教程

潘宝珠　刘春梅　王爱红　编著

江苏大学出版社
JIANGSU UNIVERSITY PRESS
镇　江

图书在版编目(CIP)数据

应用光学实验实训教程 / 潘宝珠，刘春梅，王爱红编著. — 镇江 ：江苏大学出版社，2020.12(2024.1 重印)
ISBN 978-7-5684-1461-6

Ⅰ. ①应… Ⅱ. ①潘… ②刘… ③王… Ⅲ. ①光学—实验—教材 Ⅳ. ①O43—33

中国版本图书馆 CIP 数据核字(2020)第 239813 号

应用光学实验实训教程
Yingyong Guangxue Shiyan Shixun Jiaocheng

编　　著/潘宝珠　刘春梅　王爱红
责任编辑/李菊萍
出版发行/江苏大学出版社
地　　址/江苏省镇江市京口区学府路 301 号(邮编：212013)
电　　话/0511-84446464(传真)
网　　址/http://press.ujs.edu.cn
排　　版/镇江市江东印刷有限责任公司
印　　刷/广东虎彩云印刷有限公司
开　　本/787 mm×1 092 mm 1/16
印　　张/14.25
字　　数/312 千字
版　　次/2020 年 12 月第 1 版
印　　次/2024 年 1 月第 2 次印刷
书　　号/ISBN 978-7-5684-1461-6
定　　价/45.00 元

如有印装质量问题请与本社营销部联系(电话:0511-84440882)

前　言

“应用光学”是我国高等院校光电信息科学与工程类、仪器仪表类及相近专业的一门重要的学科基础课程，实验实训是“应用光学”课程重要的教学环节，是培养学生实验能力和实验技能及进行创造性思维训练的重要途径。通过该门课程的学习与实践，学生不仅可掌握一定的基础光学及现代光学仪器涉及的理论知识和实践技能，而且还能提高对工程技术上常见光学问题的分析和解决能力。

本书分为6个章节。第1章为绪论，主要介绍光源、光学元件、光学调整架等工程光学实验中常用的元器件；第2章为几何光学实验，主要完成透镜（组）基点、焦距的测量，常规光学系统的组装，特性参数的测量及使用；第3章为像差测量实验，主要完成光学系统像差的定性和定量测量，以及光学系统的像质评价实验；第4章为物理光学实验，主要完成光的干涉、衍射、偏振光的产生与检测等实验；第5章为信息光学实验，主要完成阿贝成像原理和空间滤波、调制空间假彩色编码以及全息光栅的制作等实验；第6章为光学设计实验实训，主要完成基于ZEMAX光学设计软件的单透镜设计、双胶合物镜设计、牛顿望远镜设计及坐标变换、牛顿—施密特光学系统设计、激光扩束光学系统设计等。在附录部分列出了应用光学的一些基本概念、MTF值与镜头成像质量、ZEMAX优化与操作符、光学设计实训项目及报告要求等，作为实验实训内容的必要补充，有利于学生的学习和教师的教学。

本书在软件操作方面，尽量用语言叙述表达，省略了很多图表，目的是希望学生能够养成阅读的习惯，以提升他们独立思考的能力和理解能力。

本教材适用于“普通型”和“应用型”本科教学，是根据各高校实验条件和理工科类本科专业设置的特点编写的。在吸取国内同类教材优点的基础上，融入了编者多年来的科研和教学经验，凝聚了很多实验教师和实验技术人员的智慧和辛勤劳动。

在教材编写的过程中，参考了一些相关教材和讲义，在此向有关作者表示感谢，同时感谢在本书编写过程中提供帮助的所有老师。本书出版得到了南通大学杏林学院、南通大学、陆军装甲兵学院及大恒新纪元科技股份有限公司的大力支持，在此对相关单位和个人表示衷心的感谢！

由于编者的能力和水平有限，教材中难免有一些不足，恳请广大读者批评指正。

编者

2020年8月

目 录

第1章 绪 论

随着科技的进步,人类逐渐揭开光的神秘面纱。光既是信息载体,又是能量载体;光既是人类认识世界的工具,又是人类改造世界的工具。它在人类社会生活中具有广泛的应用。

本章主要介绍光究竟是什么,应用光学研究的内容有哪些,以及应用光学实验中可能用到哪些光源、光学元件、光学调整架等,以便学生掌握应用光学实验的基本要求和技巧,为顺利完成应用光学实验奠定必要的知识基础。

【课堂问题导引】

(1) 光的本质是什么? 有哪些学说? 这些学说分别有什么优点和局限性?

(2) 光学工程研究的内容有哪些?

(3) 实验室常用的光源有哪些? 各有什么特点?

(4) 常用的光学元件、光学材料及光学调整架有哪些? 各有什么用途?

(5) 常用的光学元件同轴等高的调节方法有哪些? 如何调出准直光束?

(6) 光学实验的要求及注意事项有哪些?

1.1 光的本质的探索

人类的认识往往是在曲折中前进的,对光的认识也是如此。最初,人们对光的本质的认识有光的粒子说和光的波动说两种观点。牛顿是光的粒子说的坚定拥护者,他认为光是一种匀质硬性小球,这种观点能够很好地解释光的反射、折射及光的直线传播现象;之后,光的干涉、衍射现象的发现,使光的波动说占了上风;再后来,光的偏振现象和偏振定律的发现,使光的波动说陷入困境,光学研究朝向有利于微粒说的方向发展。因此,科学家们数百年来一直想要弄清楚,从最基础的层面上,光究竟是以何种方式存在并传播的。

1.1.1 光的波粒二象性

牛顿在实验中注意到,光的传播遵循严格的几何法则。如果你正对一面镜子垂直镜面射出一束光，它一定会原路反射回来，这与射出一个小球垂直击中镜子之后反弹回来的情景是完全一致的。牛顿认为，如果光是波，不应当具备这种粒子的特性。因此，牛顿推断光必定是由某种非常微小的、没有质量的粒子所组成。因此，光的粒子说为人们所接受。

但同样有实验证据证明光具有波的特性，其中最著名的一项实验是英国物理学家托马斯·杨在1801年开展的“杨氏双缝实验”。托马斯·杨的理论无可争议地证明了光的波动理论的正确性，再加上麦克斯韦的工作已经为光是一种波的理论奠定了坚实的数学基础。在此后的一段时间内，光的波动学说占据上风。

1887年，德国物理学家海因里希·赫兹在实验中观察到光电效应现象，但依据当时的科学理论，科学家们无法对这一现象做出合理的解释。

基于普朗克的量子论思想，爱因斯坦提出，光是由许许多多微小的“能量单位”组成的。这种离散的能量单位与光的波长直接相关，波长越短，则其中的能量单位越密集。这样，就能够解释为何波长较短的紫色光会比波长较长的红色光携带更多的能量。它也可以解释为何单纯地增加光照亮度并不会对金属板的电子释放产生影响——在更亮的光照条件下，光源的确会向金属板传输更多的“能量单位”，但并不会改变每一个“能量单位”内所包含的能量多少。爱因斯坦将这些“能量单位”称为“光子”。现在，光子已经被物理学界作为一种基本粒子予以承认。可见光是由光子构成的，其余所有的电磁波，包括X射线、微波和无线电波也都是一样。

到了这个阶段，物理学家们决定结束这场关于光是波还是粒子的旷日持久的争执——这两种模型都拥有确凿的实验证据，因此，无法否定其中的任何一种。物理学家们最终确认，实际上光同时表现出粒子与波的特性。换句话说，光具有波粒二象性。

光的波动说与粒子说之争从17世纪初笛卡儿提出的两点假说开始，至20世纪初以光的波粒二象性告终，前后共经历了三百多年的时间。牛顿、惠更斯、托马斯·杨、菲涅耳等多位著名的科学家成为这一论战双方的主辩手，正是因为他们的努力，光的本质才为人们所认识。

1.1.2 光是一种工具

对于物理学家们而言，他们并不觉得光的这种双重身份带来了什么不便。相反，这让光变得更加有用。尽管光的波动方程和粒子方程都能非常好地描述光的行为，但在某些特定的情况下，其中的一种描述方程会比另外一种更容易应用。因此物理学家们会根据不同情况在这两种描述方式之间进行选择切换，就像在生活中，同样是对长度的描述，人们会用“米”来描述人们的身高，会用“千米”来描述车的行程一样。

一些物理学家正在尝试利用光来实现加密通讯，在开发这些功能时将光看作粒子。这是由于量子物理学的一项奇异性质：两个基本粒子，如一对光子，这两者之间可以相互“纠缠”，即无论两者相距多远，它们都可以共享某些相同的性质，因此人们可以利用这种性质来实现地球上不同两点之间的信息通讯。这种纠缠粒子的另外一项性质是，当对其进行观察时，将会改变纠缠粒子的量子态。因此，从理论上说，如果有任何人试图窥探，使用了量子光学技术加密的信息都会立刻暴露。

人们从麦克斯韦的时代起就已经知道，光是一种电磁波，但在此之前还没有人能够想到，有朝一日人们甚至可以直接拍摄到真实的光波影像，能够看到单独的光波是迈向控制和利用光波传输信息的第一步。大约一个世纪以前，光电效应向世人证明了可见光会对一块金属板内的电子产生影响。未来人们更有希望对这些电子实现精确操控，方法是利用受控的可见光波，以一种精确的方式作用于金属板。也就是说，人们能够控制光波并且通过它控制物质。这一前景一旦成为现实，电子行业将迎来一场新的革命，从而导致新一代光学计算机的诞生，这类计算机将比今天人们所使用的计算机体积更小，运算速度也更快。制造这样的计算机需要控制电子，使其按照人们预想的方式运动，并利用光波控制电流在固体中的流动，而不是用传统的电路方式。

于是，人们对光又有了一种新的描述方式:光是一种工具。

这样的想法其实并不新鲜。自从地球上最早的生命诞生以来，生命就一直依赖阳光而获得能量。人类的眼睛是光子探测器，人们借助可见光了解身边的世界，而现代技术只不过是让这个想法更前进了一步。2014 年，诺贝尔化学奖授予了发明一种强大显微镜技术的研究人员，这种显微镜的能力强大到令人难以置信，甚至一度被认为在物理学上是不可能实现的。

可以预见，随着技术的进步，光学还将带领人们目睹更多前所未见的奇景。

1.2 光学工程的研究内容

光学工程在早期，主要是基于几何光学和波动光学拓宽人的视觉能力，开辟了以望远镜、显微镜、照相机、光谱仪和干涉仪等为典型产品的光学仪器工业领域。这些技术和工业至今仍然发挥着重要的作用。20 世纪中叶，产生了全息术和以傅里叶光学为基础的光学信息处理的理论和技术。20 世纪 60 年代初，第一台激光器的问世，实现了高亮度和高时空相干性的光源，使光子不仅成为信息的相干载体，而且成为能量的有效载体。

随着激光技术和光电子技术的崛起，光学工程已经发展为以光学为主，与信息科学、能源科学、材料科学、生命科学、空间科学、精密机械与制造、计算机科学及微电子技术等学科紧密交叉和相互渗透的学科。它包含许多重要的新兴学科分支，如激光技术、光通信、光存储与记录、光学信息处理、光电显示、全息、三维成像、薄膜、集成光学、光电子、光子技术、激光材料处理和加工、弱光与红外热成像技术、光电测量、光纤光学、现代光学和光电子仪器及器件、光学遥感技术及综合光学工程技术等。这些分支不仅使光学工程产生了质的跃变，而且推动建立了一个规模迅速扩大的、前所未有的现代光学产业和光电子产业。

近些年来，在一些重要的领域，信息载体正在由电磁波段扩展到光波段，从而使现代光学产业的主体集中在光信息获取、传输、处理、记录、存储、显示和传感等光电信息产业上。这些产业一般具有数字化、集成化和微结构化等技术特征。传统的光学系统经过不断地智能化和自动化，在能够发挥重要作用的同时，对集传感、处理和执行功能于一体的微光学系统的研究和开拓光子在信息科学中作用的研究，将成为今后光学工程学科的重要发展方向。

在应用光学实验中，学生能通过学习并掌握一些应用光学实验的基本知识和基本方法，研究一些最基本的光学现象，同时接触一些新的概念和实验技术，培养基本的光学工程实验技能。在实验中使用的仪器比较精密，光学仪器的调节也比较复杂，只有在了解仪器结构性能的基础上建立清晰的物理图像，才能选择有效而准确的调节方法，判断仪器是否处于正常的工作状态。

1.3 光 源

光源是应用光学实验中必不可少的关键器件，其质量和性能的好坏直接影响到实验的效果。在应用光学实验中，经常用到的光源类型有白炽灯光源、光谱灯光源、氦氖激光器、半导体激光器及发光二极管等。

1.3.1 白炽灯光源

白炽灯是以热辐射形式发射光能的电光源，它以高熔点的钨丝为发光体，通电后温度约 2500 K，达到白炽发光。白炽灯玻璃泡内抽成真空，充进惰性气体，以减少钨的蒸发。白炽灯的光谱是连续光谱，可做白光光源和一般照明使用，如图 1.3.1 所示。在钨丝白炽灯内充入一定的卤素，成为卤素灯，其发光效率更高，如图 1.3.2 所示。卤素灯供电电压通常分为交流 220 V 和直流 12 V，24 V 两种，使用低压灯泡时应特别注意其是否与电源电压相适应，避免误接较高的电压造成损坏。

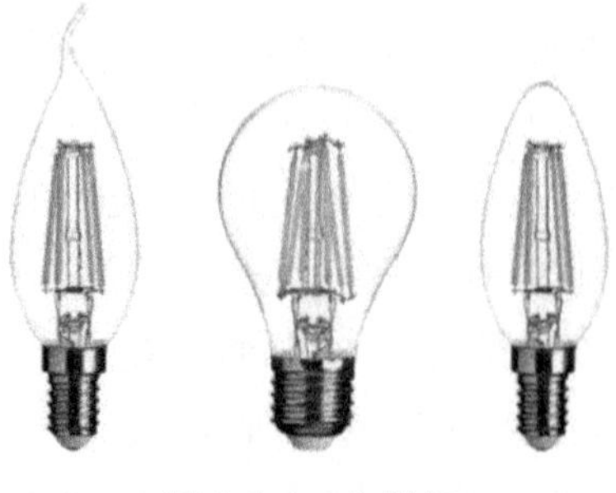

图 1.3.1 白炽灯

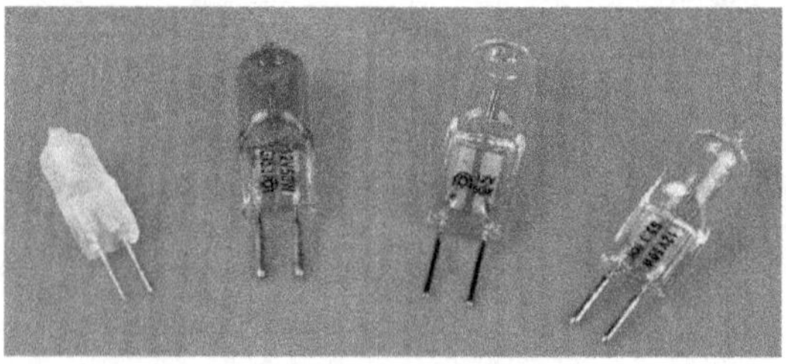

图 1.3.2 卤素灯

1.3.2 光谱灯光源

常用的光谱灯光源有低压钠灯、低压汞灯等利用气体放电原理制成的原子光谱灯。

常用的低压汞灯(见图1.3.3),其玻璃管胆内的汞蒸气气压很低,在几十到几百帕之间,发光效率不高,是小强度的弧光放电光源,可用它产生汞元素的特征光谱线,波长有546.1 nm,435.8 nm和404.7 nm三种。GP20型低压汞灯的电源电压为220 V,工作电压为20 V,工作电流为1.3 A左右。

图1.3.3 低压汞灯

汞灯工作时必须串接适当的镇流器,否则会烧断灯丝。为了保护眼睛,不要直接注视强光源。正常工作的灯泡如遇临时断电或因电压有较大波动而熄灭,须待灯泡逐步冷却,汞蒸气降到适当压强之后才可以重新发光。

钠光谱在可见光范围内有589.59 nm和588.99 nm两条波长相近的特强光谱线,实验室通常取其平均值,以589.3 nm(D线)的波长直接充当单色光使用,此时其他的弱谱线实际上被忽略。低压钠灯与低压汞灯的工作原理类似。充有金属钠和辅助气体氖的玻璃泡是用抗钠玻璃吹制的,通电后先是氖放电呈现红光,待钠滴受热蒸发产生低压蒸气,很快就取代氖气放电,经过几分钟后发光稳定,射出强烈黄光,如图1.3.4所示。GP20 Na低压钠灯与GP20 Hg低压汞灯可以使用同一规格的镇流器。

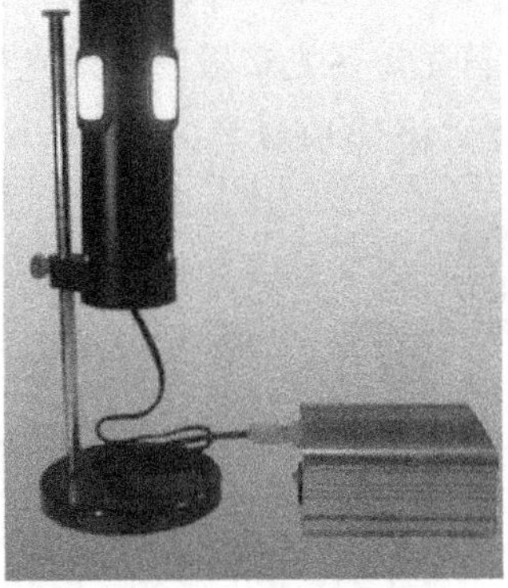

图1.3.4 低压钠灯

1.3.3 氦氖激光器

氦氖激光器是研制成功的第一种气体激光器，也是最常用的一种气体激光器，如图1.3.5所示，它通常在可见光频段(632.8 nm)工作，其他还有波长为1.1523 μm及3.3913 μm的规格，但不常用。氦氖激光器功率一般约数毫瓦，连续发光。因其制造方便、成本低、工作可靠、单色性好，相干长度可达数十米以至数百米，所以使用较多。

1.3.4 半导体激光器

半导体激光器又称为激光二极管(Laser Diode，LD)，它是用半导体材料作为工作物质的激光器，如图1.3.6所示。半导体激光器是最实用的一类激光器，它体积小、寿命长，其工作物质由简单的注入电流的方式来泵浦，因而可与工作物质单片集成，还可以用高达GHz的频率直接进行电流调制以获得高速调制的激光输出。由于具备这些优点，半导体激光器在光通信、光存储、激光打印、测距及雷达等方面获得了广泛的应用。

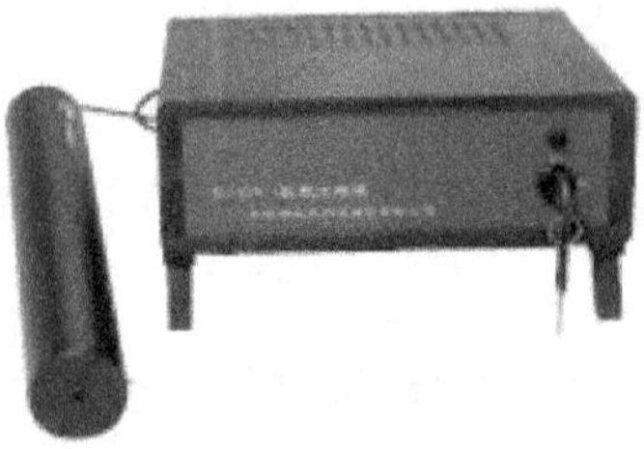

图1.3.5 氦氖激光器

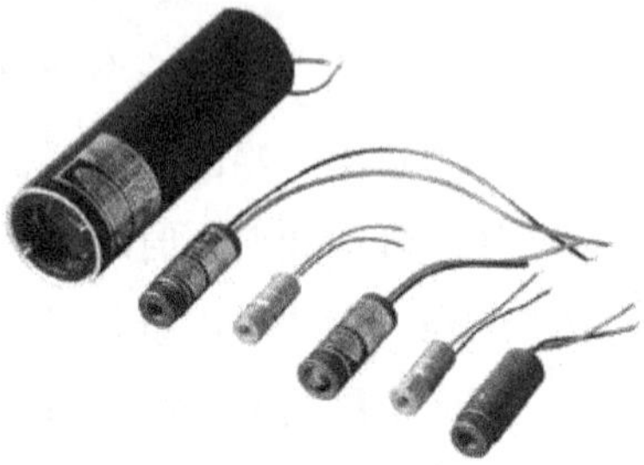

图1.3.6 半导体激光器

1.3.5 发光二极管

发光二极管(Light Emitting Diode，LED)是一种能够将电能转化为可见光的固态半导体器件，它可以直接把电转化为光，如图1.3.7所示。发光二极管常在电路及仪器中作为指示灯，或者组成文字或数字显示。砷化镓二极管发红光，磷化镓二极管发绿光，碳化硅二极管发黄光，氮化镓二极管发蓝光。发光二极管因发光材料的化学性质不同，又分为有机发光二极管OLED和无机发光二极管LED。

图1.3.7 发光二极管

1.4 光学元件

满足一系列要求的实际光学系统往往不是几个透镜的简单组合，而是由透镜、曲面反射镜、平面镜、反射棱镜和分光板等多种光学元件组成，并且通过合理设置光阑、精细校正像差和恰当确定光学元件的横向尺寸等技术手段得到的符合需要的高质量光学系统。光学元件是搭建光学系统的基础。

1.4.1 光学透镜

透镜是构成光学系统的最基本单元，它是由透明物质（如玻璃、水晶等）制成的一种光学元件。光在透镜中的传播满足光的折射定律。透镜可广泛应用于安防、车载、数码相机、激光、光学仪器等各个领域。透镜根据其形状一般可以分为两大类：凸透镜和凹透镜。

凸透镜：中间厚、边缘薄，主要有平凸、双凸、凹凸（弯月）三种。

凹透镜：中间薄、边缘厚，主要有平凹、双凹、凹凸（弯月）三种。

1.4.2 光学反射镜

光学反射镜是一种利用光的反射定律工作的光学元件。反射镜按形状可分为平面反射镜、球面反射镜和非球面反射镜；按反射材质，可分为金属膜反射镜和介质膜反射镜。金属膜反射镜是在高度抛光的衬底上真空蒸镀金属（如铝、银等），再镀上一氧化硅或氟化镁。在特殊应用中，由于会引起金属损失且可能在特殊环境下被氧化，因此可由多层介质膜代替金属膜，这就是介质膜反射镜。介质膜反射镜采用高反射比的反射镜，可使激光器的输出功率成倍提高。另外，由于其反射镜是第一面反射，因此反射图像不失真，不会出现重影，其被广泛应用于光学高保真扫描反射成像和机器视觉成像中。

1.4.3 折反棱镜

棱镜是由透明材料（如玻璃、水晶等）制成的多面体，如图 1.4.1 所示。所有棱镜的折射面和反射面统称工作面，两工作面的交线称为棱，垂直棱的截面称为主截面。棱镜按其性质和用途可分为若干种，棱镜的组合可以用作分束器、起偏器等，但在大多数应用中，只是利用了棱镜的色散功能，或使像的方向、光束传播方向发生改变的功能。色散功能使棱镜可以作为色散元件，如分光计、摄谱仪、单色仪中的棱镜就起着色散作用，而在其他一些光学仪器中，往往利用棱镜使光路折叠，进而使系统体积缩小，如反射棱镜、倒向棱镜等。

光楔也是棱镜的一种，如图 1.4.2 所示，它是光学系统中对光线进行小角度偏折的元件。通常两个光楔配对使用，分别旋转每个光楔，可以使出射光线位于一个以入射光为轴线的角锥体内的任意方向上。

图 1.4.1 棱镜

图 1.4.2 光楔

1.4.4 柱面镜

柱面镜是非球面透镜,它可以有效减小球差和色差。柱面镜分为平凸柱面透镜、平凹柱面透镜、双凸柱面透镜和双凹柱面透镜,均具有一维放大的功能,如图 1.4.3 所示。

柱面镜主要应用于要求改变成像尺寸大小的场合,如把一个点光斑转换成一条线斑,或者在不改变像宽度的情况下改变像的高度。柱面镜可应用在线性探测器照明、条形码扫描、全息照明、光信息处理、计算机、激光发射领域等。光学柱面镜在强激光系统和同步辐射光束线中也有广泛的应用,尤其可用于大功率激光谐振腔的腔片和长距离线干涉仪等高精度测试仪器和装置中。

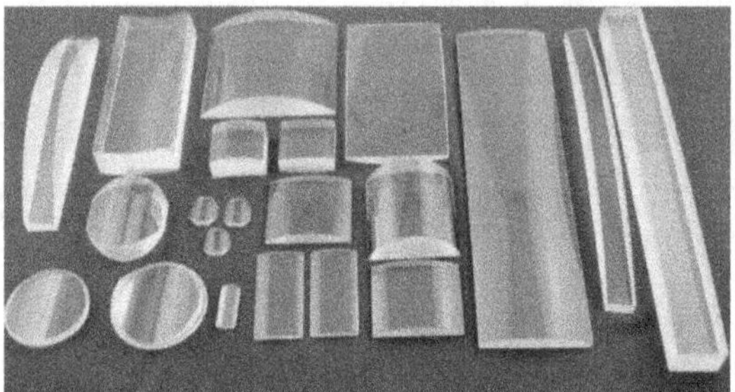

图 1.4.3 柱面镜

1.4.5 光栅

由大量等宽等间距的平行狭缝构成的光学器件称为光栅。常用的光栅是在玻璃片上刻出大量的平行刻痕制成,刻痕为不透光的部分,两刻痕之间的光滑部分可以透光,相当于一条狭缝。精制的光栅,在 1 cm 宽度内刻有几千条乃至上万条刻痕。利用透射光衍射的光栅称为透射光栅;利用两刻痕间的反射光衍射的光栅,称为反射光栅。例如在镀有金属层的表面上刻出许多平行刻痕,两刻痕间的光滑金属面可以反射光。

1.4.6 滤光片

滤光片是能够从白光或其他复色光中分选出一定的波长范围或某一准单色辐射成分(光谱线)的光学元件。没有任何滤光片能让物体的成像变得更明亮,因为所有的滤光片都会吸收某些波长,从而使物体成像变暗。滤光片可以按所利用的不同物理现象分类,其中以选择吸收和多光束干涉两种类型最为常见。

1.4.7 分光镜

分光镜是一种可以将一束光分解成两束光的光学装置,是光学干涉仪中的重要零件。分光镜按照元件形状分为分光平片(分光板)、分光棱镜;按照偏振态分为偏振分光棱镜、消偏振分光棱镜;按照带宽分为窄带分光棱镜、宽带分光棱镜。图 1.4.4 所示为分光平片(分光板)实物,图 1.4.5 所示为分光棱镜实物。

图 1.4.4 分光平片(板)

图 1.4.5 分光棱镜

1.4.8 分划板

分划板是具有不同分划图形的玻璃板,常被作为光学系统中的"标尺",用于对被测物体进行测量和瞄准。

瞄准分划板中心通常有十字线,如图 1.4.6 所示。测量系统可以通过适当的调节手段将目标图像调整到十字线中心,从而实现对整套系统的瞄准操作。此类分划板通常放置在望远系统的成像面上,通过目镜或人眼进行观察。

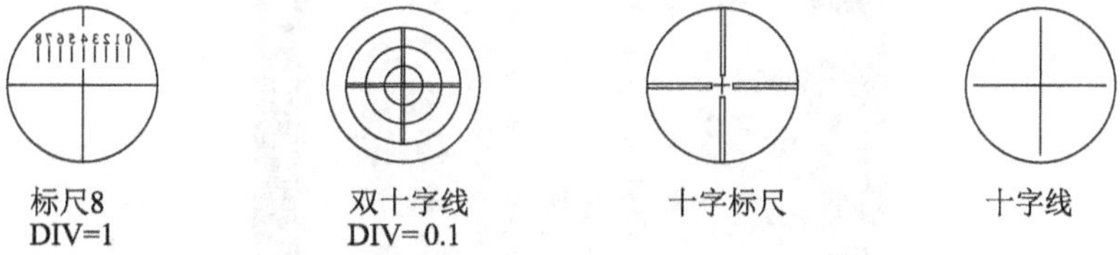

图 1.4.6 瞄准分划板

一维测量分划板上横向或纵向的刻度线可作为系统的测量组件,对系统中所观察到的图像进行一维尺寸测量,如图 1.4.7 所示。分划板通常放置在系统的成像面上,所测量的尺寸与系统成像放大率有关。分划板中的 DIV 是分划板刻线的最小间隔尺寸,如

DIV =0.1,表明该分划板的最小刻线间隔为 0.1 mm。

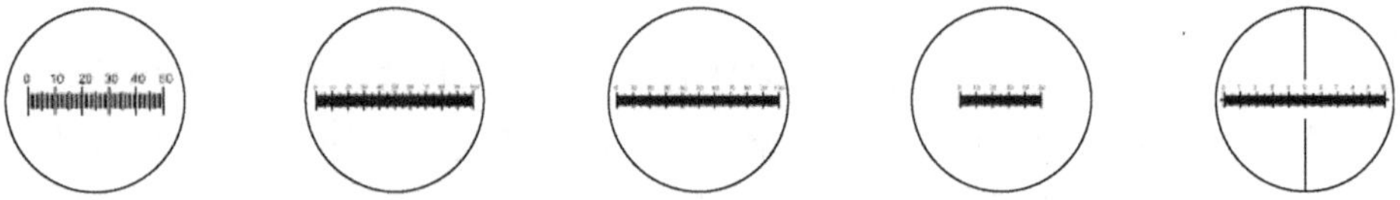

标尺50 DIV=0.1	标尺100 DIV=0.05	标尺100 DIV=0.1	标尺50 DIV=0.25	标尺100 DIV=0.1

图 1.4.7　一维测量分划板

二维测量分划板上也有横向及纵向刻度线,如图 1.4.8 所示,可作为系统中的测量组件,对所观察到的图像进行二维尺寸测量。分划板通常放置在系统成像面上,所测量的尺寸与系统成像放大率有关。分划板中 DIV 是分划线的最小间隔尺寸,如 DIV =0.5,表明该分划板的最小刻线间隔为 0.5 mm。

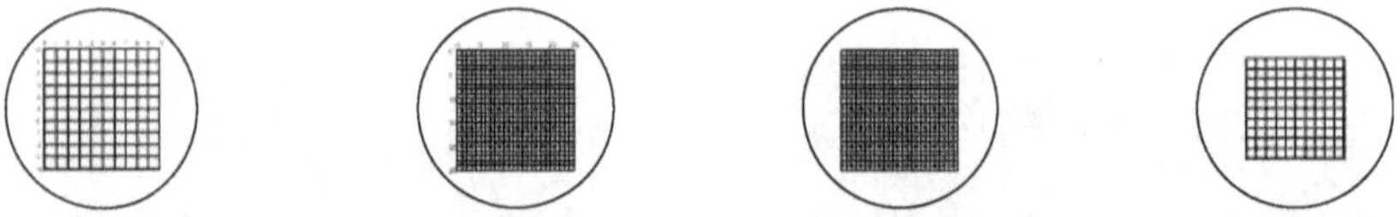

网格尺10×10 DIV=0.5	网格尺25×25 DIV=0.2	网格尺100×100 DIV=0.01	网格尺 DIV=1×1

图 1.4.8　二维测量分划板

1.4.9　分辨率板

分辨率板是几何光学像质评价的重要测试手段。分辨率板上的数值表示每毫米的线条数,如图 1.4.9 所示。图中,“2”表示每毫米 2 条线,一个黑条纹(或白条纹)宽度为 0.5 mm;“4”表示每毫米 4 条线,一个黑条纹(或白条纹)宽度为 0.25 mm。其余数值表示的意义,可依此类推。

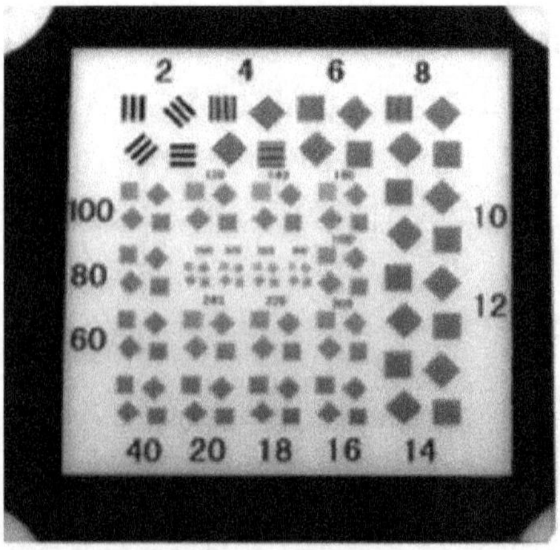

图 1.4.9　分辨率板

1.5 光学材料

光学材料包括光学玻璃、光学晶体、光学塑料三大类。光学玻璃是应用最早、最广泛的光学材料。

1.5.1 光学玻璃

光学玻璃硬度高、脆性大，裂开时具有蜡状的折断面，对可见光具有很好的透明度。

光学玻璃主要用于制造光学仪器的透镜、棱镜、反射镜、窗口等，它包括无色光学玻璃（通常简称光学玻璃）、有色光学玻璃、耐辐射光学玻璃、防辐射玻璃、光学石英玻璃等。光学玻璃具有高度的透明性、化学及物理学（结构和性能）方面的高度均匀性，具有特定的、精确的光学常数，可分为硅酸盐、硼酸盐、磷酸盐、氟化物和硫系化合物系列。

光学玻璃品种繁多，主要按它们在光学材料折射率（n_d）—阿贝值（ν_d）表中的位置来分类。传统上定义火石（F）玻璃 $n_d > 1.60$，$\nu_d < 50$；冕（K）玻璃 $n_d < 1.60$，$\nu_d > 55$。冕玻璃一般用作凸透镜，火石玻璃用作凹透镜。通常冕玻璃属于含碱硼硅酸盐体系。表 1.5.1 是常用的中国光明玻璃和德国肖特玻璃对照表。

表 1.5.1 中国光明玻璃和德国肖特玻璃对照表

中国光明	德国肖特	折射率（n_d）	阿贝数（ν_d）
H - K9L	BK7	1.5168	64.20
H - K50	K5	1.5225	59.48
H - BaK6	NSK11	1.5639	60.76
H - BaK7	BaK4	1.5688	56.04
H - F4	F2	1.6201	36.35
H - LaK10	LaKN22	1.6511	55.89
H - ZF2	SF5	1.6727	32.17
H - ZF10	SF8	1.6889	31.16
H - ZF4	FD10	1.7283	28.32
H - ZF12	N - SF14	1.7618	26.61
H - ZF7LA	N - SF6	1.8052	25.46
ZF52	SF57	1.8467	27.76

1.5.2 光学晶体

光学晶体是具有规则排列结构的固体。由于对晶体材料均匀性的要求较高，因此光学晶体一般由人工合成。人工晶体生产工艺复杂，因此光学晶体的使用没有光学玻璃普遍，但是晶体材料在促进新技术发展方面起着非常重要的作用。例如，非线性晶体所包括的电光晶体、声光晶体、变频晶体等，都是由晶体材料制成的。

光学晶体的重要性能表现在光谱透过范围和光学色散方面。虽然玻璃比人工晶体易于制造且价格低廉，在可见光范围内大多采用玻璃制作的光学元器件，但在紫外和红外波段，则仍然大量使用各种天然或人工晶体。晶体的优点是透过波段范围宽，折射率和色散系数的变化大，物理、化学性能多样化，不少晶体的熔点高，热稳定性好，能满足特殊要求，且只有晶体具有双折射性能。

光学晶体通常分为单晶和多晶。光学晶体又有氧化物光学晶体、卤化物光学晶体、半导体光学晶体和热压光学晶体几类。

在氧化物光学晶体中，金红石在 1 ~ 5 μm 范围内的折射率较高，常用于制作窗口元件或探测器的前置透镜。蓝宝石可以作为从紫外光到近红外光谱区的各种光学元件、电子绝缘基片及用于人造卫星及火箭导弹上的光学整流罩，还可以利用其双折射特性做成滤光片和延迟器等光学元件。

半导体光学晶体大都具有较强的二次非线性极化率和较宽的红外透光波段，可用作红外激光的倍频、电光和声光材料。

热压光学晶体是应火箭、导弹、人造卫星、宇宙飞船、高功率红外激光器等新技术发展的需要而发展起来的，它可以用来制作各种有特殊需要的光学元件及窗口材料。

1.5.3 光学塑料

光学塑料是用作光学介质的塑料，属于有机高分子化合物。光学塑料的优点有易于成型，能制成一般玻璃或晶体难以制成的器件；质量轻，强度很高，耐冲击，耐酸碱腐蚀，不溶于水；有些光学塑料还有相当好的红外和紫外穿透性能，且一般价格低廉。其缺点是易划伤，热膨胀系数大，软化温度较低，机械性能较差。

聚甲基丙烯酸甲酯是一种普遍使用的光学塑料，价格适中，易于注射成型和机械加工，光学透过性、光学稳定性、抗裂性、抗水吸收性能良好。聚苯乙烯折射率为 1.59，价格较低，注射成型性能好，但在近紫外区透过性较差，且不稳定，易划伤。烯丙基二甘醇碳酸酯具有良好的光学透过性、耐腐蚀和抗冲击性，连续工作温度达 100 ℃，短期使用温度可达150 ℃，可用于眼镜行业，但价格昂贵。

1.6 光学调整架

光学调整架是应用光学实验的重要组成部分。光学调整架通常包括固定板、活动板、驱动机构（螺纹副）、复位机构（弹簧）等，主要解决光学元件（或光电器件）的夹持和调整问题。光学调整架产品包括镜架、调整架及固定座、滤波器、耦合器、附件等。

1.6.1 杆架

杆架分为简易杆架、精密调节杆架和交叉杆架。

(1) 简易杆架

简易杆架可将支撑杆固定在不同高度,中心孔有精加工的"V"形长槽,在调整接杆高度时不产生其他位置变化,并且锁紧稳定,如图 1.6.1 所示。

图 1.6.1 简易杆架

(2) 精密调节杆架

精密调节杆架可以对配套支杆进行粗调和微调。松开精密调节杆架锁紧手轮,支杆可以进行 360°旋转和高度粗调;锁紧手轮后,旋转调节手轮可以对支杆进行高度微调,如图 1.6.2 所示。支座可以和磁性表座、磁性底盘、固定板、固定座或光学平台等连接。

(3) 交叉杆架

交叉杆架可以将多根支撑杆按所需角度组合在一起,在搭建光路时非常方便,如图 1.6.3 所示。

图 1.6.2 精密调节杆架

图 1.6.3 交叉杆架

1.6.2 镜架

镜架分为简易镜架、三点夹持镜架和自定心镜架。

(1) 简易镜架

这是最简单、最常用的光学元件夹持结构,可以用扳手轻松地从镜座上装卡和拆卸元件。为了方便元件放入镜座,元件与镜座之间应留有足够的间隙,但这种方式容易产生偏心，如图 1.6.4 所示。

图 1.6.4 简易镜架

（2）三点夹持镜架

为了代替容易产生偏心的圆形夹持结构，研究人员开发了三点夹持镜架。其锁紧钉采用尼龙材料，这样可以方便用户更换元件。通过对两个超细牙螺纹的调整，它可以使透镜或反射镜在俯仰和倾斜两个方向的角度上实现精密调节，单轴调整量大约为 ±4°。通过沉孔或螺孔可以将该部件固定于其他的支架上，如图 1.6.5 所示。

图 1.6.5 三点夹持镜架

（3）自定心镜架

这款镜架克服了圆形镜架易产生偏心的缺点，它采用三个有弹簧钩挂的夹爪，且夹爪沿同一个圆运动以确保同心。自定心镜架是专为对轴向位置精度要求高的圆形光学元件设计的。它的另一个优点在于，即使是不同直径的镜片也能保持轴向同心。然而，三个自定心夹爪的抓力强度不大，使这款镜架不能夹持过大或者过重的镜片，如图 1.6.6 所示。

图 1.6.6 自定心镜架

1.6.3 平移台

平移台可以使元件做直线运动,如图 1.6.7 所示。测微丝杆推动移动台与固定台做相对运动,一个平移台内置的滑动导轨确保了移动台与固定台之间的相对线性移动。

图 1.6.7 平移台

(1) 滑动结构

平移台由移动台及固定台组成,其中装入某种导轨或直线轴承以保证平移台与固定台之间做直线移动,导轨的选择直接影响平移台的性能。表 1.6.1 列出了几种典型平移台的滑动结构及其特点。

表 1.6.1 几种典型平移台的滑动结构及其特点

	燕尾导轨 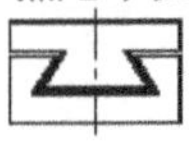	钢丝滚珠导轨 	交叉滚珠导轨 
摩擦系数	较高(0.25 ~0.35)	较低(0.002)	较低(0.003)
整体刚性	较好	较差	较好
行程范围	较大	适中	适中
抗震能力	较高	较差	适中
承载能力	较大	较小	较大
制造成本	较低	适中	较高
抗污能力	较好	适中	较差

(2) 推进结构

平移台中除了导轨之外,还有推进结构推动并控制移动台与固定台之间的相对位移。一般推进结构有高精密螺纹副和测微丝杆。

① 高精密螺纹副。高精密螺纹副由高强度钢制螺杆及铜套组成,拧动时手感顺滑且可以反复使用。高精密螺纹副的螺距使其可以进行微调,如图 1.6.8 所示。

图 1.6.8　高精密螺纹副

② 测微丝杆。测微丝杆同样可以作为推进结构使用，如图 1.6.9 所示。测微丝杆行程一般为 6.5 mm 至25 mm，最小分度值为 0.01 mm 或 0.001 mm。

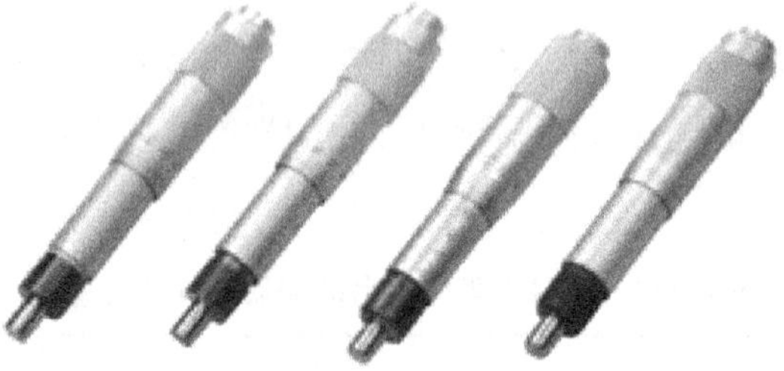

图 1.6.9　测微丝杆

1.6.4　夹持器件

夹持器件主要有 4 种，分别为棱镜架、偏振片/波片架、干板架及激光管夹持器。

（1）棱镜架

各种棱镜架虽然都是为夹持方形棱镜而设计，但也可夹持晶体等其他形状的物体。不同棱镜架有不同的微调方式，可以满足俯仰、倾斜、平移和旋转等不同方式的调节需求，如图 1.6.10 所示。

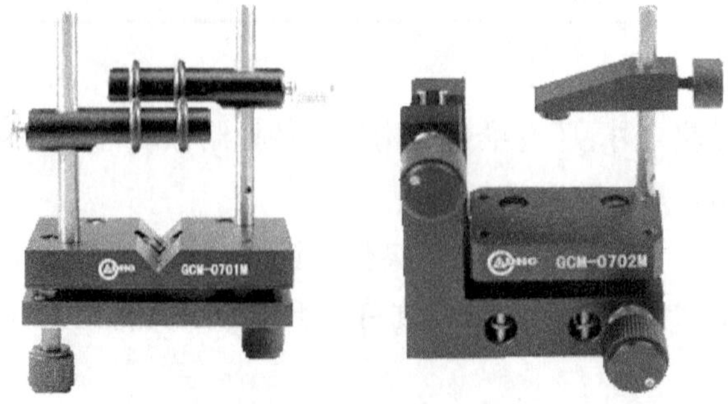

图 1.6.10　棱镜架

（2）偏振片/波片架

偏振片/波片架主要用来装卡一些圆形薄片式光学元件，如波片、偏振片等。该装置的端面有360°角度刻线，如图1.6.11所示，以方便光学元件的角度调整。三维偏振片/波片架还可以绕 X 轴或 Z 轴调节，单轴调整量约为±4°。

图1.6.11 偏振片/波片架

（3）干板架

干板架可以牢固地夹持厚度小于5 mm的板形光学元件，并可以安装在螺旋高度调节架等支架上，如图1.6.12所示。

图1.6.12 干板架

（4）激光管夹持器

激光管夹持器主要有3种类型，如图1.6.13所示。

第一种激光管夹持器可夹持直径为25～60 mm的激光器。其特殊设计的夹环可保证激光器外表面不受损坏，三点定位既可调整激光器的出射方向，又可牢固夹持激光器；底座可做一维的俯仰调节，调节量为±3°。

第二种激光管夹持器可夹持直径为25～50 mm的激光器。其上下"V"形的特殊设计可牢固夹持激光器，并保证激光器的外表面不受损坏；底座可做二维的俯仰调节，调节量为±2°。

第三种激光管夹持器可夹持直径为8～50 mm的激光器。它可牢固夹持激光器并保证激光器的外表面不受损坏；底座可做二维的俯仰调节，调节量为±4°。

图 1.6.13　激光管夹持器

1.6.5　光阑/狭缝

(1) 可变光阑

可变光阑可调节不同直径的小孔以适用于多种不同的光学系统,如图 1.6.14 所示。光阑的孔径可以通过扳动手柄来调节。

图 1.6.14　可变光阑

(2) 狭缝

狭缝是一种宽度可调的狭窄细长的缝孔,如图 1.6.15 所示。在两个相互垂直的侧面分别有螺纹孔,可与支杆或其他元件配套使用,以获得横向或竖向狭缝。

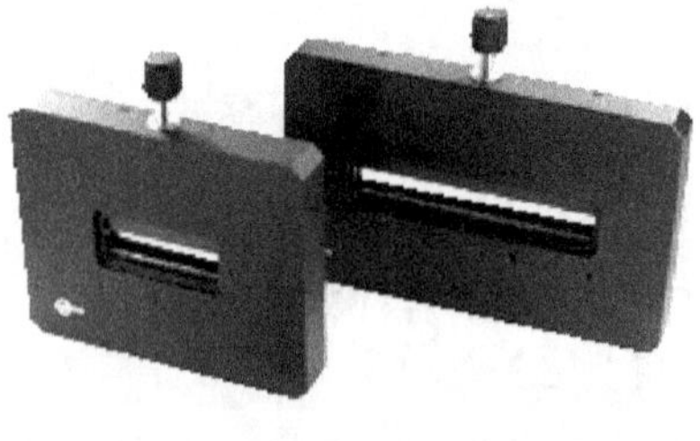

图 1.6.15　狭缝

1.7　基本光路调节方法

对于成像光学系统而言,像的清晰度除了与球差和色差有关外,还与彗差、像散、场曲、畸变等相关。尤其是在近轴区域,彗差和像散对像的清晰度影响非常大。为了减小彗差和像散的影响,应尽可能地使各光学元件同轴等高。光学实验一般采用“二次成像法”

来调节和判断透镜同轴等高,但是,"二次成像法"确定像的中心点并不容易,通常由人眼大致地判定和寻找,很难使光学元件的中心位于光轴上,需要不断地调节,耗时较多,故而寻求一种更加简单、有效的光学元件同轴等高的调节和判断方法显得尤为必要。

1.7.1 光学元件同轴等高调节

光学实验一般在导轨上进行,下面介绍一种基于导轨、滑块的光学元件同轴等高的调节和判断方法,即利用半导体激光器(或氦氖激光器)发出的光作为辅助光轴,将原本不可见的光轴可视化,基于光的直线传播定律、折射定律和反射定律等光的基本特性,对各光学元件独立地进行同轴等高调节,可以降低光学元件同轴等高调节和判断的难度,提高工作效率。

该方法的基本思路:光学系统搭建在导轨上,光学元件通过光学调整架与滑块相连,滑块可在导轨上固定或移动,也可从导轨上拿开,光学元件的间隔大于滑块的宽度,如图1.7.1所示。具体调节步骤如下:

(1) 调节2个小孔同轴等高

将支撑激光器1与小孔1的两个滑块6靠近并紧固在导轨7上,粗调小孔1或激光器的支撑杆3到适当的高度,让激光束中心穿过小孔1;将调整好的小孔1连同滑块一起从导轨上取下,轻轻放到一旁待用;将小孔2连同滑块一起放置到刚才小孔1滑块相同的位置并紧固,调整小孔2(小孔的直径一般在1~2 mm为宜)使得激光束中心穿过小孔2,将调整好的小孔2连同滑块一起从导轨上取下,轻轻放到一旁待用。

1—激光器; 2—三点夹持镜架; 3—支撑杆; 4—精密调节杆架;
5—平移台; 6—滑块; 7—导轨

图1.7.1 调节激光束水平实验原理图

(2) 调节激光器使激光束水平

将调整好的小孔1和小孔2连同滑块一起轻轻放到导轨上,使两小孔之间间隔适当的距离,一般达到导轨长度的80%左右,固定好支撑小孔的滑块,如图1.7.1所示。观察激光束是否穿过两个小孔,如果不穿过,则通过调节激光器的三点夹持镜架2上的两个螺丝(实现激光束倾斜和俯仰调节)、精密调节杆架4(实现激光束竖直方向的平移)及平移台5(实现激光束水平方向的平移),直到激光束中心均穿过两个小孔为止。激光束水平调整完成以后,激光器不能再调节。

(3) 调节透镜与激光束同轴等高

如图 1.7.2 所示,将透镜 8 安装在调整架上,连同滑块一起放在已调整好的两小孔中间并紧固在导轨上,通过调节支撑透镜的精密调节杆架 10(实现透镜竖直方向的平移)及平移台 11(实现透镜水平方向的平移),使激光束透射光斑穿过小孔 2;观察激光束经过透镜表面反射后的反射光斑中心,如果它不能返回到小孔 1,则需要继续调节透镜的三点夹持镜架 9 上的两个螺丝(实现透镜束倾斜和俯仰调节)、精密调节杆架 10(实现透镜束竖直方向的平移)及平移台 11(实现透镜束水平方向的平移),直到激光束通过透镜的透射光斑中心穿过小孔 2 及反射光斑中心落在小孔 1 上为止。将调整好的透镜连带滑块一起从导轨上拿下,轻轻放到一旁待用。凹透镜和凸透镜的调节方法相同。

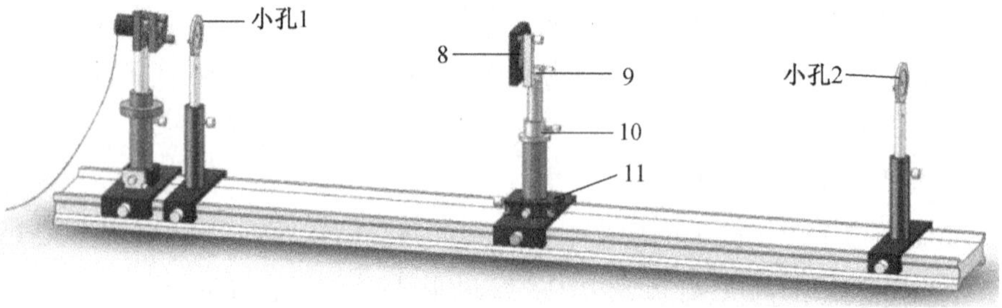

8—透镜; 9—三点夹持镜架; 10—精密调节杆架; 11—平移台

图 1.7.2 透镜与激光束同轴等高调节原理图

(4) 调节物屏(或光屏)与激光束同轴等高

如图 1.7.3 所示,调节物屏(或光屏)与激光束同轴等高指的是将物屏 12(成像的目标物)或光屏连同滑块一起放在两小孔中间并紧固在导轨上,调节物屏(或光屏)的高度让激光束光斑落到物屏(或光屏)的中间;用一反射镜 13 轻贴在物屏(或光屏)上,旋转物屏(或光屏)使激光束光斑经反射镜返回并穿过小孔 1,拿掉反射镜,激光束光斑仍在物屏(或光屏)中间,则完成了物屏(或光屏)的调节。将物屏(或光屏)连同滑块一起取下轻轻放到一旁待用。棱镜、反射镜及其他的平面类光学元件的同轴等高可参照物屏、光屏的调节和判断方法。由于棱镜和反射镜表面可以直接反光,因此在调节时无需再另加反射镜。

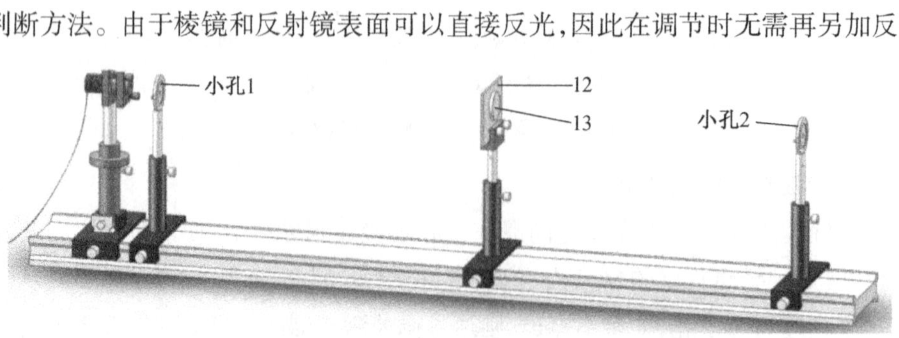

12—物屏或光屏; 13—反射镜

图 1.7.3 物屏或光屏与激光束同轴等高调节原理图

1.7.2 准直光束调节

准直光束是指具有很小发散角的光束，光束半径在一定传播距离内不会发生显著变化。准直光束在实验中是非常有用的，因为其光束半径在传播过程中基本保持不变，因此不需要任何额外的光学器件就可以很方便地变化各个光学器件之间的距离。光学实验中常用的准直光束的调节方法有以下几种。

(1) 调整扩束镜、准直镜同轴等高

按图1.7.1光学元件同轴等高调节的步骤，将激光器、小孔板、扩束镜、准直镜等调节到同轴等高。

(2) 调整准直镜

如图1.7.4所示，把准直镜(平凸透镜)放到扩束镜(或显微物镜)后一定位置，使扩束镜(或显微物镜)与准直镜组成扩束器(出射光为平行光束)。准直镜的平面一侧朝向扩束镜，然后在准直镜后放一小孔板，不断前后纵向移动小孔板，观察小孔板上圆形光斑的大小是否发生变化，是否以小孔2为中心。沿导轨移动扩束镜或准直镜，直到光斑以小孔2为中心，大小基本不发生变化为止，则完成粗调。在调节中要注意光斑的变化和准直镜移动方向的关系，迅速达到粗调的效果。

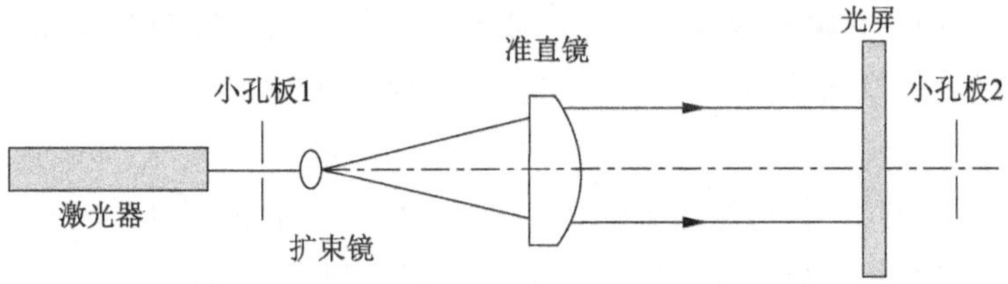

图1.7.4 准直镜调整

将平晶放到准直镜后，将光屏靠近扩束镜并垂直于导轨，使光线反射到光屏上，可以观察到干涉条纹，如图1.7.5所示。

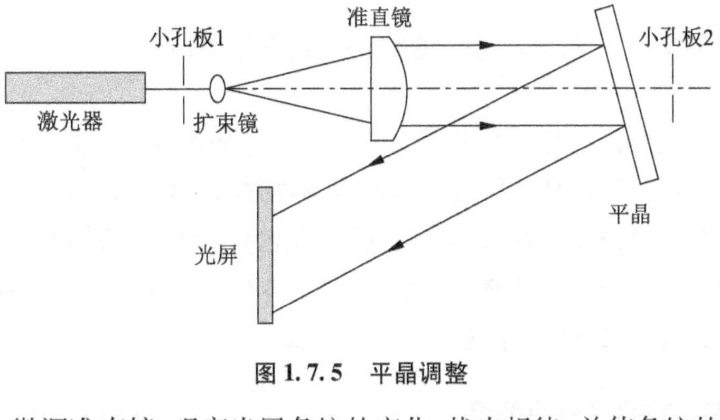

图1.7.5 平晶调整

沿光轴方向微调准直镜，观察光屏条纹的变化，找出规律，并使条纹的数目减少，最后在光屏上只剩下少量条纹，如图1.7.6所示，这时从准直镜射出的光线就是准直光束。

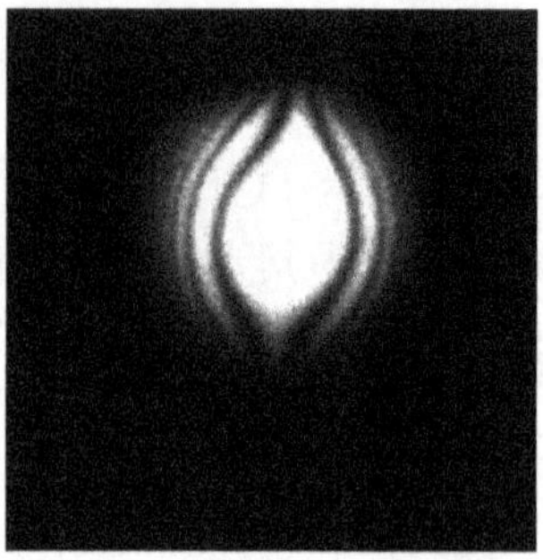

图 1.7.6 光屏上的干涉条纹图

1.7.3 消视差调节

光学实验中经常要测量像的位置和大小，经验告诉我们，要测准物体的大小，必须将量度标尺与被测物体紧贴在一起。如果标尺远离被测物体，读数将随眼睛的位置不同而有所改变，难以测准。

可是在光学实验中被测物往往是一个看得见摸不着的像，怎样才能确定标尺和待测像是否紧贴在一起呢？“视差”现象可以帮助我们解决这个问题。一个简单的实验可以帮助大家认识“视差”现象：双手各伸出一只手指，并使一指在前，一指在后且相隔一定距离，让两指平行。用一只眼睛观察，当左右（或上下）晃动眼睛时（眼睛移动方向应与被观察手指垂直），就会发现两手指间有相对移动，这种现象称为“视差”。

通过实验可以发现，离眼近者，其移动方向与眼睛移动方向相反；离眼远者，其移动方向与眼睛移动方向相同。若将两指紧贴在一起，则无上述现象，即无“视差”。由此可知，利用视差现象可以判断待测像与标尺是否紧贴。若待测像和标尺之间有视差，说明它们没有紧贴在一起，此时应稍稍调节像或标尺的位置，并同时微微晃动眼睛观察，直到它们之间无视差后方可进行测量。这一调节步骤称为“消视差”。在光学实验中，“消视差”常常是测量前必不可少的操作步骤。

1.8 实验要求及注意事项

具备良好实验素养的科技工作者，在实验中都十分爱惜各种仪器，而在实验中加强学生爱护仪器的意识也是培养其良好实验素养的重要方面。光学仪器一般都比较精密，光学元件都是用光学玻璃经多项技术加工而成的，其光学表面加工尤其精细，有的还镀有膜层，因此使用时要特别小心，如果使用维护不当，很容易造成光学元件破损和光学表面的污损。使用和维护光学仪器时应注意以下几个方面。

1.8.1 光学元件和仪器的维护

在使用仪器前必须认真阅读实验指导手册，详细了解仪器的结构、工作原理。调节光学仪器时要耐心细致,切忌盲目动手。使用和搬动光学仪器时,应轻拿轻放,避免仪器受震磕碰。光学元件使用完毕后,必须放回光学元件收纳架或元件盒。

保护好光学元件的光学表面,不能用手触及光学表面,以免印上汗渍或指纹。如必须用手拿光学元件时,只能接触其磨砂面,如透镜的边缘、棱镜的上下底面等,如图 1.8.1 所示,图中 1 为光学面,2 为磨砂面。遇光学表面有污迹或光学表面起雾等现象,应及时送实验指导教师做专门处理,学生不要擅自处理。

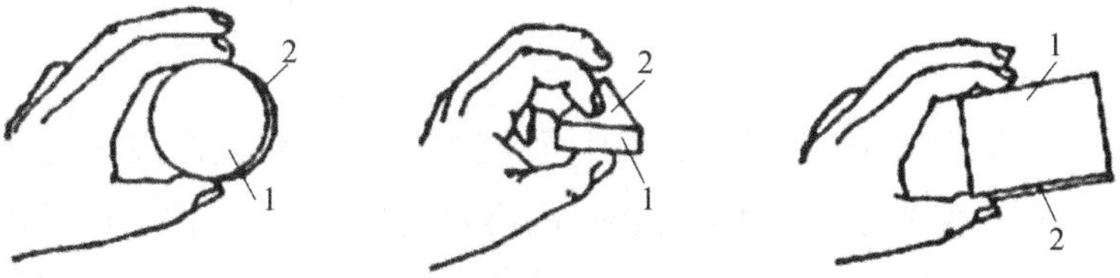

图 1.8.1 手拿光学元件的正确方法

实验前,应检查实验器材是否有缺少或损坏,如有,请及时报告;实验结束后,关闭实验桌上的开关,将所有光学元件按要求放回原处,结束实验。再次检查实验器材,如有缺少或损坏,请及时报告。

1.8.2 关于预习报告和数据处理报告

不要盲目抄书本,要以理解为主。实验报告的撰写,主要依据每个实验中的"课堂问题导引",这些导引问题是本实验要求掌握或理解的相关知识,掌握了这些问题,预习基本上就是有成效的。这些问题的答案有的在本书上能够找到,有的并不在本书中,需要自己查找相关资料。

教师在课堂中会对导引问题进行提问,请各位同学务必认真预习。

数据记录与处理过程要规范,思考题要认真思考与解答。

在应用光学实验过程中,仪器的调节和检验、实验现象的观察与分析等都离不开理论的指导。为了做好应用光学实验,要在实验前做好充分预习,实验时多动手、多思考,实验后认真总结,只有这样才能提高科学实验的素养、培养实验技能、养成理论联系实际的科学作风。

第 2 章　几何光学实验

几何光学是光学学科中以光线为基础，研究光的传播和成像规律的一个重要的实用性分支学科。在几何光学中，把组成物体的物点看作几何点，把它所发出的光束看作无数几何光线的集合，光线的方向代表光能的传播方向。在此假设下，根据光线的传播规律，研究物体被透镜或其他光学元件成像的过程及设计仪器的光学系统等都显得十分方便。

在这里，光线的概念与光的波动性质相违背，因为无论从能量的观点，还是从光的衍射现象来看，这种几何光线都是不可能存在的。因此，几何光学只是波动光学的近似，是当光波的波长很小时的极限情况。做此近似之后，几何光学就可以不涉及光的物理本性，而能以其简便的方法解决光学仪器中的光学技术问题。

实验 2.1　透镜焦距的测量研究

透镜是光学系统中最常用的光学元件，是构成显微镜、望远镜等光学仪器的基础。焦距是表征透镜成像性质的重要参数，测定透镜焦距不仅是一项产品检验工作，而且能为光学系统的设计提供依据。学习透镜焦距的测量，不仅可以加深对几何光学中透镜成像规律的理解，而且有助于训练工程问题的分析能力。

有多种方法可以测量薄透镜的焦距，如物像距法、二次成像法、自准直法等。通过应用光学的学习，我们知道由于像差的存在，理想像面的位置很难确定，因此通过以上几种方法，很难准确测定薄透镜的焦距，那工程上如何准确测定薄透镜的焦距呢？

【实验目的】

1. 掌握光学元件同轴等高的调节方法。
2. 掌握物像距法测量透镜焦距的方法。
3. 掌握磨镜者公式法测量透镜焦距的方法。

【课堂问题导引】

1. 测量薄透镜焦距的方法有哪些？分别有什么优缺点？

2. 凸透镜、凹透镜及反射镜成像时，物距、像距、焦距的符号法则是如何规定的？
3. 使用磨镜者公式测量凸透镜、凹透镜焦距时，曲率半径的符号法则是如何规定的？
4. 凹透镜使实物成虚像，如何利用物像距法测量凹透镜的焦距？
5. 光学元件同轴等高的调节步骤是什么？
6. 半径规测量曲率半径的原理是什么？

【实验器材】

导轨、激光器、光源、小孔板（或可变光阑）2 个、物屏（箭矢物）、凸透镜、凹透镜、光屏。

【实验原理】

焦距是光学系统中衡量光的聚集或发散的度量方式，指平行光入射时从透镜光心到近轴光线聚集焦点的距离。光心是透镜中的一个特殊点，凡是通过该点的光，其传播方向不变（除一条垂直于透镜的光线外，其余光线均有平移）。在空气中的薄透镜，焦距是从透镜的中心至近轴光线焦点的距离。对一个会聚透镜（如凸透镜），焦距是正值，一束平行光通过凸透镜将会聚集在一个点上。对一个发散透镜（如凹透镜），其焦距是负值，一束平行光通过凹透镜之后将会扩散开。

薄透镜是透镜中最基本的一种，其厚度较自身两个折射球面的曲率半径及焦距要小得多，可忽略不计，在近轴条件下，物距 l、像距 l'、焦距 f' 满足高斯公式：

$$\frac{1}{l'}-\frac{1}{l}=\frac{1}{f'} \tag{2.1.1}$$

l,l',f' 的符号规定：自参考点（薄透镜的光心）量起，与光线行进方向一致时为正，反之为负。

无论是物像距法、二次成像法，还是自准直法，实际上都是利用成像的原理来测量薄透镜焦距的，实验的误差主要来自于能否准确判断清晰像面的位置，以及所采用光的颜色。清晰像面的位置很难判断，这不仅仅因为对于一般的薄透镜，其本身存在球差，影响成像的清晰度，而且光学元件之间同轴等高的调整可能引入彗差和像散，也影响成像的清晰度，使得理想像面的位置难以准确确定。

实际工程中对薄透镜焦距的测定主要分为两种情况：① 当透镜材料的折射率已知时，一般采用磨镜者公式法进行测量；② 当透镜材料的折射率未知时，一般采用平行光管进行测量。

本实验主要研究物像距法和磨镜者公式法测量薄透镜焦距的差异，通过实验掌握一般实验和工程测试中光学元件同轴等高的调节方法，同时掌握一种工程上测量薄透镜焦距的方法。通过对比、分析，充分理解理论和工程实际的差异。

1. 物像距法

凸透镜的成像原理比较简单，且在凹透镜焦距测量时需要利用凸透镜辅助成像，因此实验中不再单独测量凸透镜的焦距，而是利用凹透镜成像实验中的数据进行计算。

凹透镜的成像不同于凸透镜，凹透镜是实物成虚像，虚像的像距是不能被直接测得的。因此，为了测量凹透镜的焦距，常用凸透镜作为辅助工具与之组成透镜组，从而得到能用光屏接收的实像，其测量原理如图 2. 1. 1 所示。

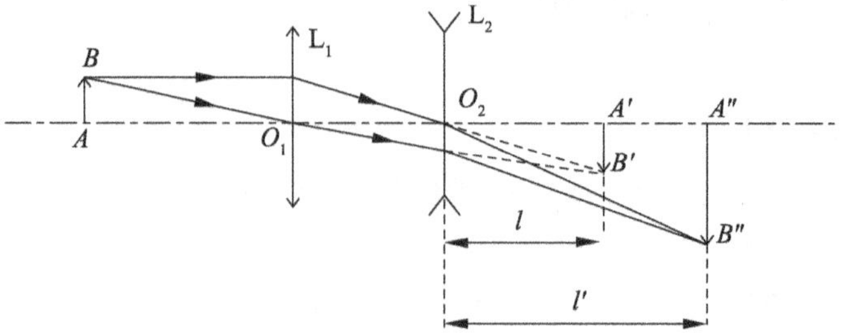

图 2.1.1 物像距法测量凹透镜的焦距

物体 AB 经凸透镜 L_1 成像于 $A'B'$，在 L_1 和 $A'B'$之间插入待测凹透镜 L_2，这样实像 $A'B'$ 就成了凹透镜的虚物，它经凹透镜后成像于 $A''B''$。实验中，调整 L_2 及光屏至合适的位置，就可找到透镜组所成的实像 $A''B''$，因此，可把 O_2A' 看作凹透镜的物距 l，O_2A''看作凹透镜的像距 l'，O_1 和 O_2 分别为凸透镜 L_1、凹透镜 L_2 的光心。

由近轴成像公式可得

$$f' = \frac{ll'}{l - l'} \tag{2.1.2}$$

基于符号法则可知，对于凹透镜，l 和 l'都为正号且 $l < l'$，所以求出的凹透镜 L_2 的焦距 f'为负值。由于凹透镜使光线发散，为了使光线经过凹透镜成像后，像面不至于过大及满足易于判断清晰像面位置的需要，应使物体经过凸透镜 L_1 时，成一缩小的实像（如何实现呢？），且凹透镜 L_2 应靠近像面 $A'B'$。

2. 磨镜者公式法

单球面成像光路如图 2. 1. 2 所示。

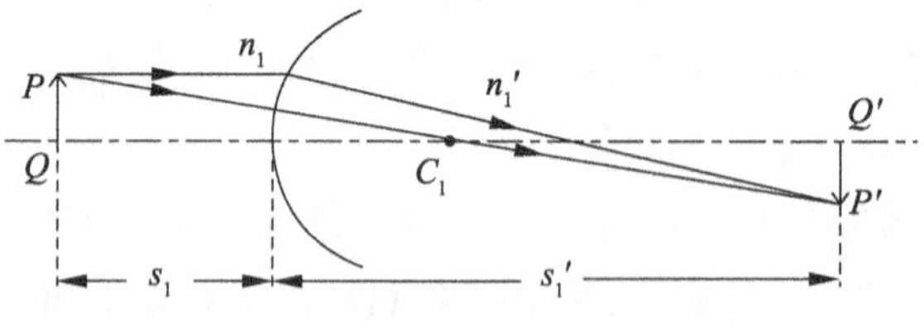

图 2.1.2 单球面成像光路

由成像公式可知

$$\frac{n_1'}{s_1'} - \frac{n_1}{s_1} = \frac{n_1' - n_1}{R_1} \tag{2.1.3}$$

对于单个薄透镜成像,如图 2.1.3 所示。

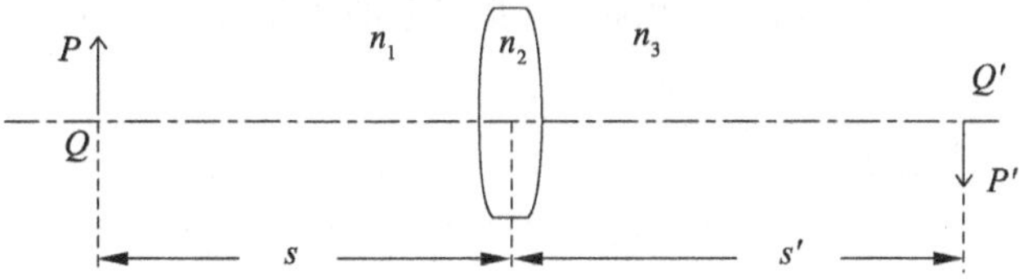

图 2.1.3　单个薄透镜成像光路

它由两个折射球面组成,有如下成像公式:

$$\begin{cases} \dfrac{n_2}{s_1'} - \dfrac{n_1}{s_1} = \dfrac{n_2 - n_1}{R_1} \\ \dfrac{n_3}{s_2'} - \dfrac{n_2}{s_2} = \dfrac{n_3 - n_2}{R_2} \end{cases} \tag{2.1.4}$$

式中,s_1 和 s_1'分别为物体对于第一个球面的物距和像距;n_1 和 n_2 分别为第一个球面物空间和像空间的折射率;s_2 和 s_2'分别为第二个球面的物距和像距;n_2 和 n_3 分别为第二个球面物空间和像空间的折射率;R_1 和 R_2 分别为薄透镜第一个球面和第二个球面的曲率半径。

对于薄透镜,由共轴球面系统成像规律可知 $s_2 = s_1'$。假设 $n_1 = n_3 = n, n_2 = n_L$,式(2.1.4)可变化为

$$\begin{cases} \dfrac{n_L}{s_1'} - \dfrac{n}{s_1} = \dfrac{n_L - n}{R_1} \\ \dfrac{n}{s_2'} - \dfrac{n_2}{s_2} = \dfrac{n - n_L}{R_2} \end{cases} \tag{2.1.5}$$

由式(2.1.5)可得

$$\frac{n}{s_2'} - \frac{n}{s_1} = (n_L - n)\left(\frac{1}{R_1} - \frac{1}{R_2}\right) \tag{2.1.6}$$

如果透镜处于空气介质中,$n = 1$,则式(2.1.6)可变化为

$$\frac{1}{s_2'} - \frac{1}{s_1} = (n_L - 1)\left(\frac{1}{R_1} - \frac{1}{R_2}\right) \tag{2.1.7}$$

式(2.1.7)中,s_1 为薄透镜物距;s_2'为薄透镜像距;R_1,R_2 为透镜两个面的曲率半径;n_L 为透镜材料折射率。

依据高斯公式,式(2.1.7)可变为

$$\frac{1}{f'} = (n_L - 1)\left(\frac{1}{R_1} - \frac{1}{R_2}\right) \tag{2.1.8}$$

式(2.1.8)即为磨镜者公式。由式(2.1.8)可知,只要知道透镜材料的折射率,并测出透镜两个面的曲率半径,即可得到透镜的焦距。此时,R_1,R_2 满足符号法则,即球心在球面与光轴交点(顶点)的左边,曲率半径的符号为负;球心在球面与光轴交点(顶点)的右边,曲率半径的符号为正。

一般情况下,光学材料在出厂时就已经精确测定了材料的折射率,如果能够精确测量

透镜两个面的曲率半径,就可以精确测出薄透镜的焦距。这种方法既可以用于测量凸透镜的焦距,也可以用于测量凹透镜的焦距,但要注意曲率半径的符号法则。

3. 半径规的测量原理及使用说明

(1) 半径规的测量原理

用环式球径仪测量球面曲率半径的原理是通过测量某部分球面对应的矢高及弦半径,计算该球面的曲率半径,这种方法属于间接测量法。

由图 2.1.4 中的几何关系可得

$$R=\frac{C^2}{8S}+\frac{S}{2} \tag{2.1.9}$$

式中,R 为待测球面的曲率半径;C 为部分球面的弦长;S 为对应该部分球面的矢高。

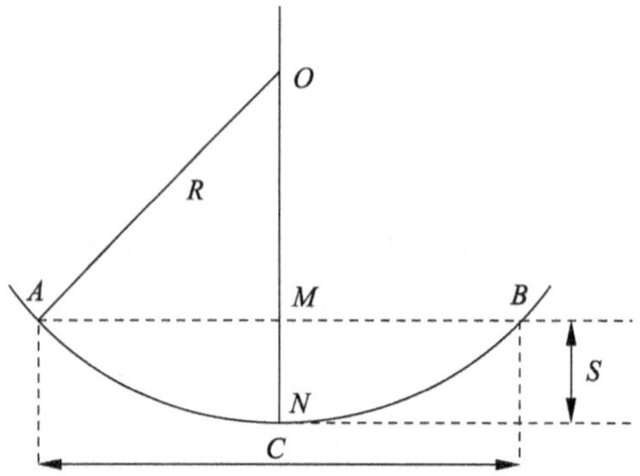

图 2.1.4 球面曲率半径与矢高

为准确地测量弦长 C 值,一般采用一定尺寸的测量环,环半径是经过精密测量的,作为已知数据,所以实际测量球面曲率半径 R 时,只要测出矢高 S 即可。

为提高测量精度,在测量环上装有已知半径为 ρ 的三个小钢球,测量时使被测球面与三个小钢球接触,如图 2.1.5 所示。由图中的几何关系可得到计算球面曲率半径的公式为

$$R=\frac{C^2}{8S}+\frac{S}{2}\pm\rho \tag{2.1.10}$$

式中,C 表示两侧测杆的中心距;S 表示中间测杆相对两侧测杆的移动量;R 表示被测圆弧的半径。

注意: 当被测球面为凹面时,ρ 取“+”;当被测球面为凸面时,ρ 取“-”。

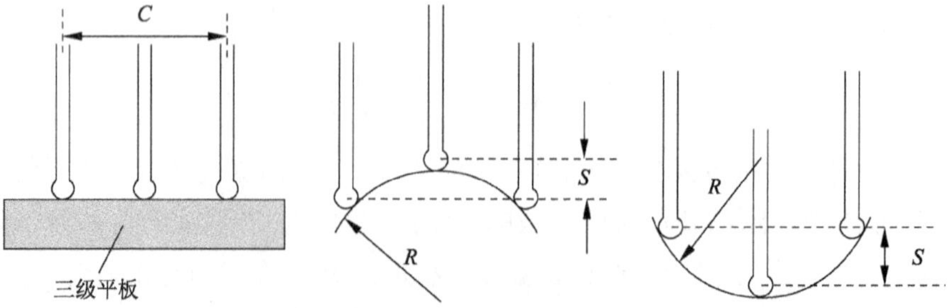

(a) 清零　(b) 测外圆半径　(c) 测内圆半径

图 2.1.5 半径规测量半径

(2) 半径规的使用

半径规的实物如图 2.1.6 所示,具体产品参数见表 2.1.1。

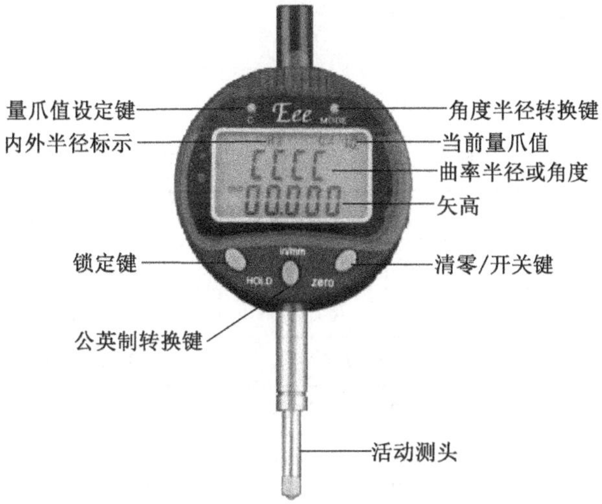

图 2.1.6　半径规实物

表 2.1.1　半径规产品参数

型号	测量范围	分辨力	长度精度	半径精度
KJ - R	0 ~ 12.7 mm	0.01 mm	0.02 mm	<1%

① 各部分具体功能

开机:轻按"ZERO/ON/OFF"键一下即可;

清零:短按"ZERO/ON/OFF"键,可在任意位置清零;

公英制转换:按下"UNIT"键可在公制和英制之间转换;

数据保持及解除:按下"HOLD"键,液晶屏上显示"H"字符,表示进入数据保持状态,再按此键,保持状态解除。

量爪更换:可根据测量对象的具体情况选择合适的测量爪,一般来说,大半径选大测量爪。测量爪从小到大编号为 10,20,30,60,100,更换测量爪后,按"C"键,可改变 C 值(即测量爪规格),在屏幕上会依次显示 $C=10,20,30,60,100$,应使测量爪编号与 C 值对应,如果选 30 的测量爪,则应使 $C=30$。

R_1 为系统进入内圆弧半径测量状态,R_2 为系统进入外圆弧半径测量状态,R_1 与 R_2 状态系统会根据实测状态自动切换。

② 具体操作

a. 选择合适的量爪换上;

b. 开机,选择合适的公英制;点击量爪值设定键,设置 C 值,选择量爪值使之与实际量爪对应;

c. 让三杆同时与一标准平板垂直,清零;

d. 测量半径时,让三根测量杆的球头同时与被测圆弧接触,在液晶显示屏上会实时显示被测圆弧的半径与矢高。

③ 最佳测量范围

半径规的最佳测量范围见表 2. 1. 2。

表 2. 1. 2　半径规的最佳测量范围

C/mm	内圆半径/mm	外弧半径/mm
10	$5<R<13$	$6.5<R<15$
20	$11<R<30$	$14<R<30$
30	$22<R<100$	$27<R<100$
60	$94<R<260$	$94<R<260$
100	$255<R<700$	$255<R<700$

【实验内容及步骤】

1. 检查实验器材

认真检查实验器材是否有缺少或损坏,如有,请及时报告。

2. 光学元件同轴等高调整

依据绪论部分“1. 7. 1 光学元件同轴等高调节”的方法,对图 2. 1. 3 中所用的光学元件进行同轴等高调节。依次调整 LED(绿光)灯的高度,使光源中心与激光束基本同轴;调节透镜,使透镜与激光束同轴(将透镜放到两小孔板之间,让激光束穿过两个小孔)。在调节透镜时,要逐一调节,不能一起调节,避免相互补偿。每调节好一个元件则需连带滑块一起拿起,轻轻放到一边或元件架上待用,再用时直接放到导轨上即可,无需再进行同轴等高调节。

3. 利用物像距法测量透镜焦距(测量两组数据)

(1) 调节凸透镜与物体(为了便于观察,物体用 LED 光源照亮)的间距,一般在 $2f'_1$ 到 $3f'_1$ 之间,然后固定凸透镜,调整光屏的位置使光屏上得到一个清晰的、缩小的像,利用卷尺记录下物距 l_1、像距 l'_1,在数据记录时务必根据符号法则写上符号。

(2) 将凹透镜置于凸透镜和光屏之间,靠近光屏,记录凹透镜到光屏的距离 l_2;移动光屏,使光屏上的像清晰,再次记录凹透镜到光屏的距离 l'_2。

(3) 改变物距 l_1 和 l_2,重复步骤(1)和(2),分别再记录一组数据,将测量的数据记录在表 2. 1. 3 中。

表 2.1.3　物像距法测量薄透镜焦距原始数据　　单位：mm

光源颜色：						
待测凸透镜规格或编号：				待测凹透镜规格或编号：		
序号	l_1	l_1'	f_1'	l_2	l_2'	f_2'
1						
2						

4. 利用磨镜者公式法测量透镜焦距

(1) 利用半径规测量凸透镜两个面的曲率半径，测量2次(H为矢高)。

(2) 利用半径规测量凹透镜两个面的曲率半径，测量2次。

将测量数据记录在表2.1.4中。

表 2.1.4　磨镜者公式法测量薄透镜焦距原始数据　　单位：mm

半径规量爪规格：										
待测凸透镜规格或编号：				口径：		材料折射率：				
待测凹透镜规格或编号：				口径：		材料折射率：				
待测凸透镜						待测凹透镜				
序号	H_1	R_1	H_2	R_2	f_1'	H_3	R_3	H_4	R_4	f_2'
1										
2										

5. 实验结束

关闭实验桌上的电源开关，将所有光学元件按要求放回原处，结束实验。检查实验器材，如有缺少或损坏，请及时报告。

【实验数据处理要求】

1. 利用物像距公式分别计算出凸透镜、凹透镜的焦距。

2. 透镜材料的折射率 $n_d=1.516$(n_d为绿光的折射率)，利用磨镜者公式分别计算凸透镜、凹透镜的焦距。

3. 以教师给定的透镜实际焦距为真值，分别计算以物像距法和磨镜者公式法测量的凸透镜、凹透镜焦距的相对误差。

思考题

1. 某工厂有一批同一型号的透镜，已知透镜材料的折射率为 n，请根据所学知识设计一个精确测量透镜焦距的方案，需包括所用的实验器材、实验原理及公式(无需推导公式)、实验中的待测量及实验的关键点等。

2. 利用所学知识,分析物像距法和磨镜者公式法测量透镜焦距哪一个精度更高,为什么?

实验 2.2 透镜组的基点测量

从单个折射球面、单个透镜至多个透镜构成的组合,无论其结构是简单还是复杂,都可以看成是共轴的光具组。对于任何共轴光具组,不论其结构复杂与否,物像之间的共轭关系完全由几对特殊的点和面所决定,这就是共轴光具组的基点和基面。简而言之,给入射光线和出射光线定位的那些点和面称为基点和基面。

【实验目的】

1. 加深对共轴光学系统基点的理解和认识。
2. 通过实验理解高斯公式对薄透镜和透镜组均适用。
3. 学习测定透镜组基点和焦距的方法。
4. 掌握对透镜组图解法求像的方法。

【课堂问题导引】

1. 什么是共轴光学系统?什么是理想光学系统?
2. 理想光学的基点、基面有哪些?其特性如何?
3. 物距、像距及焦距是如何定义的?
4. 如何调节出激光扩束光路?
5. 透镜组基点测量的原理是什么?

【实验器材】

导轨、激光器、光源、小孔板(或可变光阑)2 个、准直物镜、节点镜头、分划板、光屏。

【实验原理】

共轴光学系统有三对基点,分别为:一对主点、一对节点和一对焦点。当光学系统的物空间与像空间的媒质不同时,其前后焦距不等,主点与节点也不重合。但当光具组处在同一媒质中时,其前后主点与前后节点分别重合,其前后焦距也相等,这时从后节点(即后主点)到后焦点的距离即为光具组的后焦距。

物距是从第一主面到物面的距离,像距是从第二主面到像面的距离,系统的像方焦距是从第二主面到像方焦点的距离。

对于由球面透镜组合而成的共轴光学系统,物和像的位置仍然可由高斯公式确定。

$$\frac{1}{l'}-\frac{1}{l}=\frac{1}{f'} \tag{2.2.1}$$

式(2.2.1)不仅适用于单透镜,也适用于厚透镜及透镜组。对于单透镜,物距、像距及像方焦距的量度的参考点均为薄透镜的光心。那么,对于一般的光学镜头(或称光学系统),如何确定物距、像距和焦距呢? 透镜组的"光心"是什么? 对于透镜组,物距为物方主平面至物面的距离,像距为像方主平面至像面的距离,物方焦距为物方主平面至物方焦点的距离,并保持单透镜成像公式中所规定的符号法则。因此,透镜组的"光心",就是主平面,只是对于薄透镜而言,物方主平面与像方主平面重合。

1. 主点和主平面

图2.2.1表示如何确定透镜组主面和焦距。入射平行光线(或其延长线)与出射会聚光线(或其延长线)相交,就能确定折射主面,这个想象的平面与镜头光轴相交处就是主点。像方主点和无穷远光线形成的焦平面(焦点)之间的距离称为复合镜头的焦距(严格来说,是有效焦距)。用同样的原理,也可以确定物方主面和物方焦距。

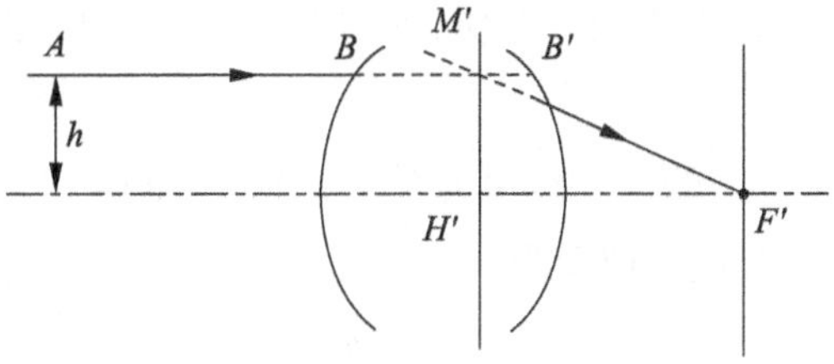

图2.2.1　主面和焦距示意图

各量的符号从各相应的主面沿光线行进的方向测量为正,反向为负。共轴球面系统的物和像的位置还可由牛顿公式表示

$$xx'=ff' \tag{2.2.2}$$

式中,x 为从物方焦点量起的物方焦点到物点的距离;x' 为从像方焦点量起的像方焦点到像点的距离;物方焦距 f 和像方焦距 f' 分别是由第一、第二主面量到物方焦点和像方焦点的距离,符号规则同上。

共轴球面系统中横向放大率 $\beta=+1$ 的一对共轭垂直平面为主平面,如图2.2.2所示。BC 和 $B'C'$ 是共轴球面系统中透镜组的第一界面和最后一个界面。物方空间中平行主光轴的任一入射光线通过系统后,其折射光线与主光轴交于像方焦点 F',自物方焦点发出的任一入射光线通过系统后,其像方空间折射光线与主光轴平行。平行于主光轴的光线 AB 的延长线与光线 $A'B'$ 的延长线相交于点 M';光线 AC 的延长线与平行于主光轴的光线 $C'A'$ 的反向延长线相交于 M 点。通过 M 和 M' 分别作垂直于主光轴的平面 MH 和 $M'H'$,MH 称为物方主平面,$M'H'$ 称为像方主平面。H 称为物方主点,H' 称为像方主点。平行于主光轴的平行光束经过系统的多次折射后,可等效于该平行光束在像方主平面上的一次偏折作用而交于像方焦点 F';由物方焦点 F 发出的同心光束经过系统的多次折射后,也可等效于该同心光束在物方主平面的一次偏折作用而转化为平行于主光轴的平行光束。

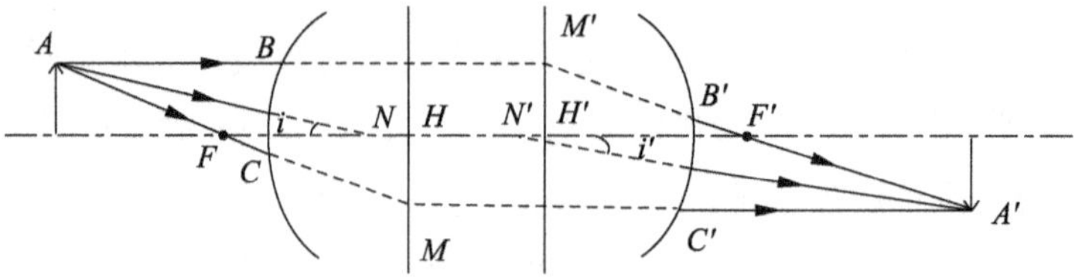

图 2.2.2　透镜组光路示意图

2. 节点与节平面

共轴球面系统(光具组)主光轴上角放大率 $\gamma = +1$ 的一对共轭点为节点,如图 2.2.2 所示。物空间某入射光线经共轴球面系统交于主光轴上的点 N,其像空间的出射光线通过点 N',入射光线和出射光线平行,入射光线与主光轴夹角为 i,出射光线与主光轴夹角为 i',角的放大率 $\gamma = i'/i = +1$,则入射光线与主光轴的交点 N 称为物方节点,出射光线与主光轴的交点 N' 称为像方节点。过节点且与主光轴垂直的平面称为节平面。若透镜组置于同一介质中,即物方与像方为同一介质,则物方主点 H 与物方节点 N 重合,像方主点 H' 与像方节点 N' 重合。

若已知两个薄透镜 L_1,L_2 的像方焦距为 f'_1,f'_2。L_1 在前 L_2 在后,组成光具组时二者的间隔为 d,物方节点和像方节点的位置为

$$\begin{cases} l_H = \dfrac{f'_1 d}{(f'_1 + f'_2) - d} \\ l'_H = \dfrac{-f'_2 d}{(f'_1 + f'_2) - d} \end{cases} \tag{2.2.3}$$

计算时注意,l_H 是从第一透镜中心量起,l'_H 是从第二透镜中心量起。

根据节点的性质,若透镜组绕通过像方节点 N' 而与主光轴垂直的轴线做较小范围的来回转动,由原来的平行光束形成的像点(即像方焦点)不移动,根据这一特性制成的仪器称为测节器。它可以用来测定该系统在同种介质中节点(即主点)的位置。

3. 焦点和焦平面

平行光束经过光学系统后的光线(或其延长线)与主光轴的交点称为焦点。过焦点且垂直于主光轴的平面称为焦平面;物方主点 H 至物方焦点 F 间的距离称为物方焦距 f;像方主点 H' 至像方焦点 F' 间的距离称为像方焦距 f'。

若已知两个薄透镜 L_1,L_2 的像方焦距为 f'_1,f'_2。L_1 在前 L_2 在后,组成光具组时二者的间隔为 d,则此光具组的焦距为

$$f' = \frac{f'_1 f'_2}{(f'_1 + f'_2) - d} \tag{2.2.4}$$

近轴理论中的图解法求像,不论对薄透镜或复杂的透镜组,都是利用系统基点、基面作图求解。而基点、基面的选择方案原则上有无穷多种,但公认的最方便的选择方案是选

择 $\beta=+1$ 的共轭面（物方主平面和像方主平面），再选三对轴上的共轭点（实际使用时选两对共轭点就够了）。必须指出，利用系统的基点、基面作图求像，实质上是对特定入射光线的共轭出射光线定位的一种手段，切不可将定位手段中画出的所有线段都理解为真实的光线。真实光线当然要在入射光线与不同介质界面的相交处发生折射。引入主平面的概念后，可以用光束在主平面上的一次偏折来替代系统的许多实际偏折。

图 2.2.3 为测量透镜组基点位置的示意图，设 L 为焦距等于 f_0' 的凸透镜，待测透镜组的主点（节点）为 $H(N)$，$H'(N')$，像方焦点为 F'。当物 AB（高度已知）放在 L 的前焦点处时，它经过 L 及透镜组成的像 $A'B'$ 在透镜组的后焦面上。因为 $AO/\!/A'N'$，$AB/\!/A'B'$，OB 与 $N'B'$ 在同一条直线上，所以 $\triangle AOB \backsim \triangle A'N'B'$，有

$$\frac{AB}{-f_0'}=\frac{A'B'}{f'} \tag{2.2.5}$$

透镜组的焦距为

$$f' = -f_0'\frac{A'B'}{AB} \tag{2.2.6}$$

因此，可以通过测量 $A'B'$ 的值，得到 f' 的数值。由于是平行光入射到透镜组上，所以像 $A'B'$ 的位置就是像方焦点 F' 的位置。F' 的位置既然确定，而 $N'F'=f'$，则 N' 的位置也就确定了。把透镜组的入射方向和出射方向互相颠倒，即可测定 F 和 N 的位置。

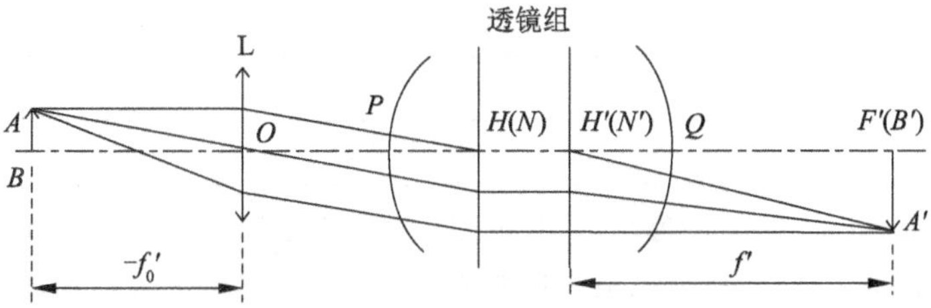

图 2.2.3 测量透镜组基点示意图

本实验中节点和主点重合，所以 H 和 H' 的位置也可以确定。

在光学系统中还有两个概念需要了解：前焦距（或前焦长）是指系统前方的焦点至第一个光学表面顶点的距离；后焦距（或后焦长）是指系统最后一个光学表面顶点至后方焦点的距离。这与一般意义上的焦距不同。

【实验内容及步骤】

1. 检查实验器材

认真检查实验器材是否有缺少或损坏，如有，请及时报告。

2. 各光学元件同轴等高调节

依据绪论部分“1.7.1 光学元件同轴等高调节”的方法，对图 2.2.3 中所用的光学元件进行同轴等高调节。物体用分辨率板的 2 号或 4 号线条，并用绿色光源进行照明。2 号

黑线条宽度为 0.5 mm，4 号黑线条宽度为 0.25 mm。

3. 测量节点镜头基点

（1）调节分辨率板与准直物镜 L 之间的距离为准直物镜的焦距，并将准直透镜（平凸透镜）的平面朝向分辨率板。以分辨率板 2 号或 4 号线条作为物，使其以光轴为中心，并垂直于光轴。

（2）调节节点镜头的长度为 60 mm，在准直物镜后面安装节点镜头（待测透镜组），小头朝向光源，移动光屏，最终可在光屏上观察到清晰的像，测量像宽大小及像面到节点镜头靠近像面镜筒上刻线的距离。记录各元件之间的间隔、分辨率板的编号（其线宽可看作物体 AB 的亮度）和像 $A'B'$ 的高度。

（3）将节点镜头旋转 180°，重复步骤（2），即可获得物方节（主）点的位置。再次记录像的大小 $A'B'$，像面到节点镜头靠近像面镜筒上刻线的距离。

（4）调节节点镜头的长度为 100 mm，重复步骤（2）和（3）。

将所有数据记录在表 2.2.1 中。

表 2.2.1　透镜组基点位置测量原始数据　　单位：mm

光的颜色：					
节点镜头透镜间隔	物高	像高（大头朝向物体时）	像点到镜筒上刻线的距离	像高（小头朝向物体时）	像点到镜筒上刻线的距离
60					
100					
小头透镜焦距：			大头透镜焦距：		

注：实验中节点镜头的小头透镜焦距为 $f_1' = 200$ mm，大头透镜焦距为 $f_2' = 350$ mm。节点镜头两透镜之间的间隔读数方法为：48 + 内镜筒的示数值。例如，在外镜筒合紧时，两透镜之间的间隔为 48 + 12 = 60 mm。

4. 结束实验

关闭实验桌上的开关，将所有光学元件按要求放回原处，结束实验。检查实验器材，如有缺少或损坏，请及时报告。

【实验数据处理要求】

1. 分别计算出实验中 2 次不同间隔时，节点镜头的物方节点和像方节点位置的测量值和理论值。

2. 计算相对误差。

3. 根据测量的数据，按照一定的比例尺画出两透镜间隔为 60 mm 时，透镜组基点及参考点的相对位置图。

思考题

1. 利用基点法作图,完成图 2.2.4 中的成像光路,并说明基点法作图的要点。

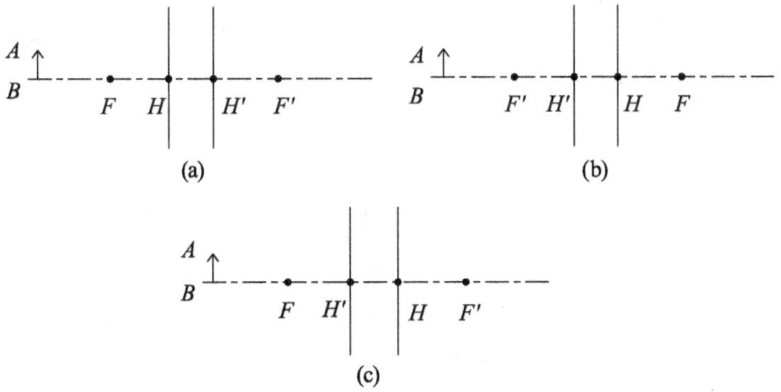

图 2.2.4 利用基点作图法完成光路

2. 验证两薄透镜组成的透镜组主平面特性,即垂轴放大率 $\beta = +1$。如果能有实验进行验证,那么对组成该透镜组的 f_1',f_2'及间隔 d 有什么要求?

实验 2.3 望远系统的搭建和放大倍率的测量

望远镜是帮助人们看清远处物体,以便观察、瞄准与测量的一种助视仪器。望远镜是如何把远处的景物移到人们眼前来的呢?这靠的是组成望远镜的两块透镜。望远镜的前面有一块直径大、焦距长的凸透镜,叫物镜;后面有一块直径小、焦距短的透镜,叫目镜。物镜把来自远处景物的光线在它的后面会聚成倒立、缩小的实像,相当于把远处景物一下子移到成像的地方。而这景物的倒像又恰好落在目镜的前焦点处,对着目镜望去,就好像拿着放大镜看东西一样,可以看到一个放大了许多倍的虚像,这样,远处的景物在望远镜里看来就仿佛近在眼前一样。

【实验目的】

1. 深入了解望远镜的构造及原理。
2. 掌握望远镜放大率的基本测量方法。

【课堂问题导引】

1. 什么是望远系统的视放大率?
2. 入瞳、出瞳、入窗、出窗分别指什么?
3. 伽利略望远镜的特点有哪些?画出伽利略望远镜的光路图。

4. 开普勒望远镜的特点有哪些？画出开普勒望远镜的光路图。

【实验器材】

导轨、激光器、光源、光屏、小孔板（或可变光阑）2 个、准直透镜、凹透镜（目镜）、凸透镜（物镜）、目标物（刻度尺）。

【实验原理】

1. 望远镜简介

望远镜是一种利用透镜或反射镜及其他光学器件观测遥远物体的光学仪器。望远镜的第一个作用是放大远处物体的张角，使人眼能看清角距更小的细节；望远镜的第二个作用是把物镜收集到的比瞳孔直径（最大 8 mm）粗得多的光束送入人眼，使观测者能看到原来看不到的暗弱物体。1608 年，荷兰的一位眼镜商汉斯·李普希偶然发现用两块镜片可以看清远处的景物，受此启发，他制造了人类历史上的第一架望远镜。1609 年意大利佛罗伦萨人伽利略·伽利雷发明了 40 倍望远镜，这是第一部投入科学应用的实用望远镜。伽利略发明的望远镜在人类认识自然的历史进程中占有重要地位。它由一个凹透镜（目镜）和一个凸透镜（物镜）构成，如图 2.3.1 所示。其优点是结构简单，能直接成正像。

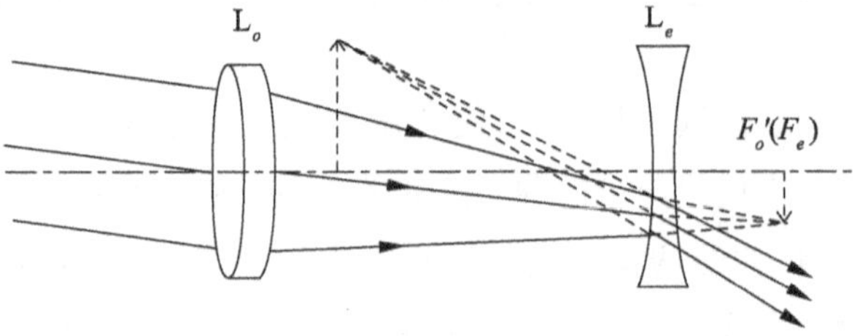

图 2.3.1　伽利略望远系统光路示意图

几乎同时，德国的天文学家开普勒也开始研究望远镜，他在《屈光学》里提出了另一种天文望远镜，这种望远镜由两个凸透镜组成，这就好比给放大镜“戴上了一副眼镜”，它成的像是倒立的，但这对天文观测并没有什么影响。在物镜成像的地方加上“十字丝”，可以测量恒星的位置，但开普勒没有制造他所研究的望远镜，直到 1613—1617 年间，沙伊纳首次制作出了这种望远镜。

开普勒望远镜由两个凸透镜构成，如图 2.3.2 所示。由于两凸透镜之间有一个实像，可方便地安装分划板，成像质量优良，所以目前的军用望远镜、小型天文望远镜等专业级的望远镜都采用此种结构。但这种望远镜成像是倒立的，所以要在中间增加正像系统。为能观察到远处的物体，物镜应用较长焦距的凸透镜，目镜应用较短焦距的凸透镜。远处射来的光线（视为平行光）经过物镜后，会聚在距后焦点很近的位置，成一倒立、缩小的实像。目镜的前焦点和物镜的后焦点是重合的，所以物镜的像又作为目镜的物，通过目镜可看到远处物体的倒立虚像。

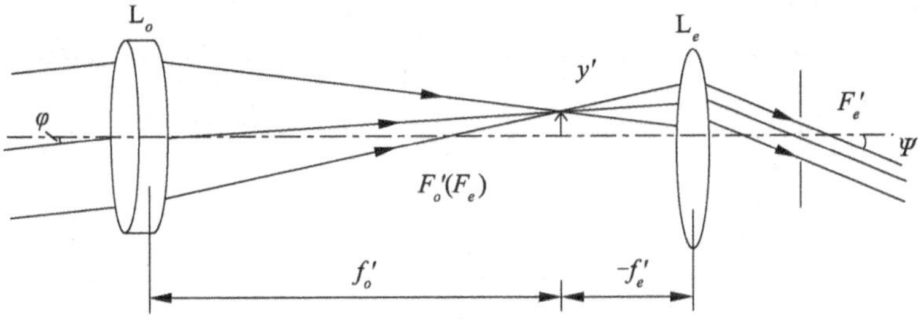

图 2.3.2　开普勒望远系统光路示意图

伽利略的望远镜与李普希发明的一样，都是由凹透镜和凸透镜组成的，人们称它为“折射式望远镜”。这种望远镜有一个重要缺陷就是所有的图像都带有彩色的边缘，这种情况有点像彩色电视机图像发生叠影时一样，科学家们称它为透镜的“色差”。如何才能克服这一缺陷呢？1668 年英国物理学家牛顿设计并制成了第一架反射式望远镜模型，镜筒直径约为 2.5 cm，全长约 15 cm，解决了“折射式望远镜”的色差问题。1671 年，他又制成了经过改造的第二架反射式望远镜，这架望远镜至今还保存在英国皇家学会的图书馆里。现在制造的反射式望远镜的构造与牛顿的反射式望远镜基本相同。

2. 望远镜的视放大率

当观测无限远处的物体时，物镜的焦平面和目镜的焦平面重合，物体通过物镜成像在它的后焦面上，同时也处于目镜的前焦面上，因而通过目镜观察时成像于无限远。光学仪器所成的像对人眼的张角为 ψ，物体直接对人眼的张角为 φ，则视放大率为

$$\Gamma=\frac{\tan\psi}{\tan\varphi} \tag{2.3.1}$$

由几何光路可知

$$\begin{cases}\tan\varphi=\dfrac{y'}{f_o'}\\ \tan\psi=\dfrac{y'}{f_e'}\end{cases} \tag{2.3.2}$$

因此，望远镜的视放大率

$$\Gamma=\frac{f_o'}{f_e'} \tag{2.3.3}$$

由此可见，望远镜的视放大率 Γ 等于物镜和目镜焦距之比。若要提高望远镜的视放大率，可增大物镜的焦距或减小目镜的焦距。

当用望远镜观测近处物体时，其成像的光路可用图 2.3.3 来表示。

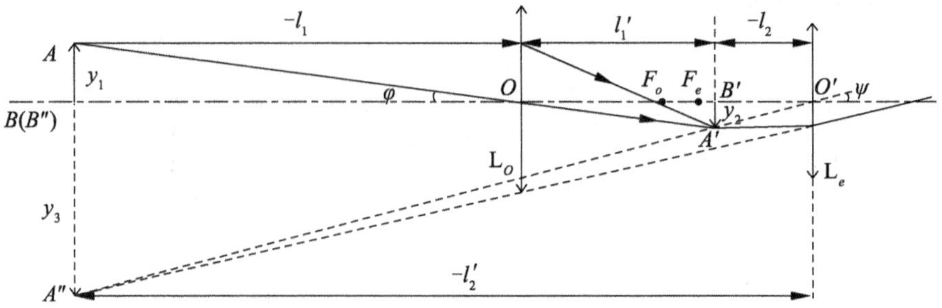

图 2.3.3 观察近处物体时望远镜的光路图

图中 l_1,l_1'和 l_2,l_2'分别为透镜 L_o 和 L_e 成像时的物距和像距，由图 2.3.3 可得

$$\tan\psi=\frac{A'B'}{O'B'}=-\frac{y_2}{l_2} \tag{2.3.4}$$

$$\tan\varphi=\frac{AB}{O'B}=\frac{y_1}{-l_1+l_1'-l_2}=\frac{y_2\,l_1}{l_1'(-l_1+l_1'-l_2)} \tag{2.3.5}$$

故观察近处物体时望远镜的视觉放大率为

$$\Gamma=\frac{\tan\psi}{\tan\varphi}=\frac{l_1'(-l_1+l_1'-l_2)}{-l_1\,l_2} \tag{2.3.6}$$

在满足近轴光线和薄透镜条件的前提下，利用透镜成像公式可得

$$\begin{cases} l_1'=\dfrac{f_o'l_1}{f_o'+l_1} \\ l_2=\dfrac{f_e'l_2'}{f_e'-l_2'} \end{cases} \tag{2.3.7}$$

为了把放大的虚像 y_3 与物体 y_1 直接比较，必须使 y_3 和 y_1 处于同一平面内，即要求 $l_2'=l_1-l_1'+l_2$，同时引入望远镜镜筒长度 $l=l_1'-l_2$，并利用上述 l_1'和 l_2 两个表达式得

$$\Gamma=\frac{l_1'l_2'}{l_1l_2}=\frac{f_o'(-l_1+l+f_e')}{f_e'(l_1+f_o')} \tag{2.3.8}$$

在测出f_o',f_e',l 和 l_1 后，由式(2.3.8)可算出望远镜的放大率。显然，当物距 $l_1\gg f_o'$时，式(2.3.8)中括号内的量接近于 1，式(2.3.8)变回式(2.3.3)。

实际测量望远镜的视放大率时，由图 2.3.3 所示的光路图可知，当物体距望远镜较近时，即物距

$$l_1<f_o'\left(1+\frac{f_o'}{f_e'}\right) \tag{2.3.9}$$

时，物体 y_1 经物镜所成的像会位于目镜右侧（实像）或左侧（虚像），再经目镜后，即成缩小的实像 y_3，于是视放大率

$$\Gamma=\frac{f_o'}{f_e'}=\frac{y_3}{y_1} \tag{2.3.10}$$

当望远镜的被观测物位于有限远时，望远镜的视放大率可以通过移动目镜把像 y_3 推

远到与物 y_1 在一个平面上来测量。

【实验内容及步骤】

1. 检查实验器材

认真检查实验器材是否有缺少或损坏,如有,请及时报告。

2. 各光学元件同轴等高调节

依据绪论部分“1.7.1 光学元件同轴等高调节”的方法,对图 2.3.1 和图 2.3.3 中所用的光学元件进行同轴等高调节。

3. 伽利略望远镜的组装和放大率的测量

(1) 在导轨上依次放置目镜(凹透镜)、物镜(平凸透镜)、目标物,调整目镜到物镜的距离(自己计算一下此距离应为多少),使物镜到目标物的距离为 1100 mm 左右。一只眼睛直接观察标尺,同时另外一只眼睛通过望远镜的目镜看标尺的像,移动目镜,使从目镜中能看到望远镜放大的和直观的标尺的叠加像。一边轻轻晃动眼睛,一边缓慢移动目镜位置,使标尺与其像之间基本没有视差。视场中标尺和像如图 2.3.4 所示,图中左边是像,右边是标尺。

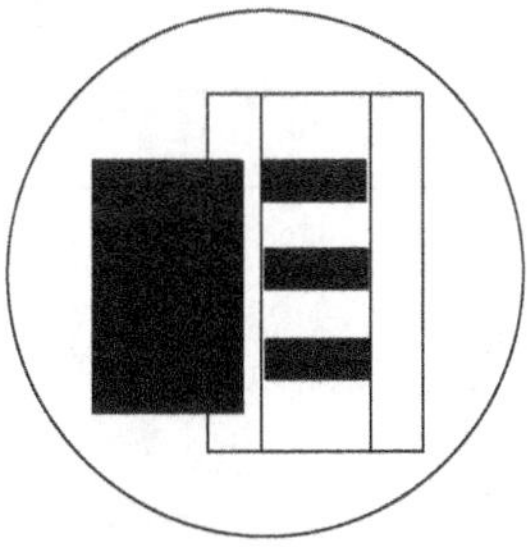

图 2.3.4　物及放大像的示意图

(2) 记录下物体到物镜的距离、物镜到目镜的距离及观察到的目标物上一格(黑或白)的像对应的目标物上的格数(保留小数点后一位)。

(3) 调整凸透镜到目标物的距离为 1300 mm 左右,重复上述步骤(1)和(2),将数据记录到表 2.3.1 中。

表 2.3.1　伽利略望远镜组装与放大倍率测量的原始数据　　单位:mm

<table>
<tr><td colspan="6">物镜编号或型号:　　　　口径:　　　　焦距:</td></tr>
<tr><td colspan="6">目镜编号或型号:　　　　口径:　　　　焦距:</td></tr>
<tr><td rowspan="2">望远镜类型</td><td rowspan="2">物镜焦距</td><td rowspan="2">目镜焦距</td><td colspan="2">间隔</td><td rowspan="2">实际放大倍率</td></tr>
<tr><td>物体到物镜</td><td>物镜到目镜</td></tr>
<tr><td rowspan="2">伽利略型</td><td rowspan="2"></td><td rowspan="2"></td><td></td><td></td><td></td></tr>
<tr><td></td><td></td><td></td></tr>
</table>

4. 开普勒望远镜的组装和放大率的测量

（1）在导轨上依次放置目镜（凸透镜）、物镜（平凸透镜）、目标物，调整目镜到物镜的距离（自己计算一下此距离应为多少），使物镜到目标物的距离为 1100 mm 左右，一只眼睛直接观察标尺，同时另外一只眼睛通过望远镜的目镜看标尺的像，移动目镜，使从目镜中能看到望远镜放大的和直观的标尺的叠加像。一边轻轻晃动眼睛，一边缓慢移动目镜位置，使标尺与其像之间基本没有视差。

（2）记录下物体到物镜的距离、物镜到目镜的距离及观察到的目标物上一格（黑或白）的像对应的目标物上的格数（保留小数点后一位）。

（3）调整凸透镜到目标物的距离为 1300 mm 左右，重复上述步骤（1）和（2），将数据记录到表 2.3.2 中。

表 2.3.2　开普勒望远镜组装与放大倍率测量的原始数据　　单位：mm

<table>
<tr><td colspan="3">物镜编号或型号：</td><td colspan="2">口径：</td><td>焦距：</td></tr>
<tr><td colspan="3">目镜编号或型号：</td><td colspan="2">口径：</td><td>焦距：</td></tr>
<tr><td rowspan="2">望远镜类型</td><td rowspan="2">物镜
焦距</td><td rowspan="2">目镜
焦距</td><td colspan="2">间隔</td><td rowspan="2">实际放大倍率</td></tr>
<tr><td>物体到物镜</td><td>物镜到目镜</td></tr>
<tr><td rowspan="2">开普勒型</td><td rowspan="2"></td><td rowspan="2"></td><td></td><td></td><td></td></tr>
<tr><td></td><td></td><td></td></tr>
</table>

5. 结束实验

关闭实验桌上的开关，将所有光学元件按要求放回原处，结束实验。检查实验器材，如有缺少或损坏，请及时报告。

【实验数据处理要求】

1. 计算出自组装伽利略和开普勒望远镜实际放大率和理论放大率，求实际放大率的平均值。

2. 分别计算自组装伽利略望远镜和自组装开普勒望远镜放大率的相对误差。

思考题

1. 什么是“视差”？实验中如何消除视差？

2. 怎样证明望远镜物镜镜框内径就是入射光瞳 D？

实验 2.4　望远系统特性参数的测量

特性参数是用于表征物质或现象特性的参数。望远镜的光学特性参数有出瞳直径、出瞳距离、放大率、视场及分辨率等。

【实验目的】

1. 深入了解望远镜的各种光学特性，进一步加深对望远系统的理解。
2. 掌握望远系统的入瞳直径、出瞳直径及出瞳距的测量方法。
3. 掌握望远镜的视差的测量。

【课堂问题导引】

1. 什么是孔径光阑？
2. 什么是出瞳及出瞳距？

【实验器材】

平行光管、望远系统、测量显微镜（或倍率计）、被测望远镜、读数显微镜、光阑、前置镜、视度筒。

【实验原理】

1. 孔径光阑、出瞳、出瞳距

在几何光学中，把限制轴上点光束孔径的光阑称为孔径光阑；把限制光学仪器所能观察到的视场大小的光阑称为视场光阑。把孔径光阑经过它的前方所有的光学系统部分所成的像称为入瞳，把孔径光阑经过它的后方所有的光学系统部分所成的像称为出瞳。

图 2.4.1 所示为最简单的开普勒望远镜成像示意图。从图中可以看出，限制进入光学系统的轴上点光束孔径是物镜框，因此物镜框是孔径光阑。限制望远镜所能观察到的视场大小的是分划板框，所以分划板是视场光阑。由于孔径光阑的前方已没有其他光学系统，因此这个光学系统的入瞳就是孔径光阑本身（即物镜框）。孔径光阑经过它后方所有光学系统所成的像就是出瞳。出瞳到目镜最后一个表面上的距离就是出瞳距，用 l'_z 表示。

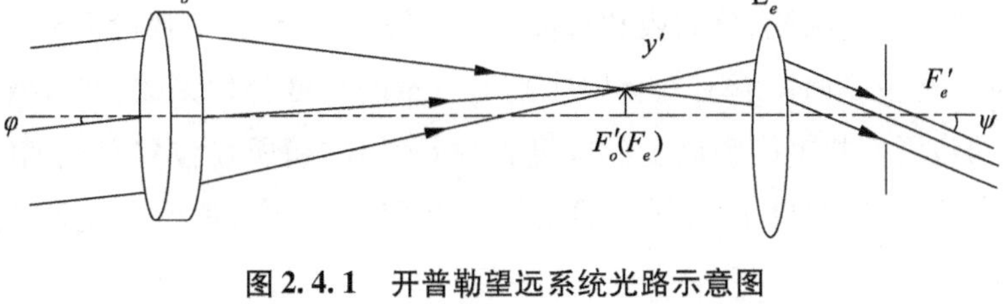

图 2.4.1　开普勒望远系统光路示意图

2. 视场

望远镜的视场是指人眼通过该仪器所能见到的物空间的最大范围。在无渐晕或渐晕不大的情况下,人眼位于仪器的出瞳位置观察物体。望远镜的物方视场用所能见到的物空间最大范围的边缘向入瞳中心所引的张角的角度值 2φ 来表示。仪器所能观察到的物空间经过望远系统成像后的像空间大小,称为像方视场。像方视场用像空间的边缘向出瞳中心所引的张角的角度值 2ψ 来表示。通常所讲的望远镜视场都是指物方视场。

3. 望远镜的视度调节

一般观察者的眼睛有正常眼、近视眼和远视眼三种情况,对于正常人眼,将望远镜的出射光束调节到平行光束观察物体最为舒适。当调节到出射光束为发散光束时,供近视眼观察物体;当调节到出射光束为会聚光束时,供远视眼观察物体。光学仪器的这种调节能力称为视度(SD)调节。视度的单位用屈光度(m^{-1})表示,其计算公式为

$$SD = \frac{1000\Delta}{f_e'^2} \tag{2.4.1}$$

式中,f_e' 为目镜的像方焦距,mm;Δ 为光学间隔,mm。

Δ 也表示目镜或物镜的移动量。当 $\Delta = 0$ 时,表示目镜物方焦点与物镜像方焦点重合;当 $\Delta < 0$ 时,表示目镜前移;当 $\Delta > 0$ 时,表示目镜后移。目镜的前移和后移是相对于望远镜视度为零时目镜所处的位置来说的。

4. 望远镜的视差

在目视仪器中,把分划板和被观察物体所成的像的不重合现象称为视差。表示望远镜视差大小的方法通常有两种,一种是用视差角来表示,另一种是用视度差来表示。

视差量的大小和分划板离开物像平面的距离 b 有关。当视差量用角度(°)来表示时,可写成

$$\varepsilon = \frac{D'b}{f_o'f_e'} \times 3440' \tag{2.4.2}$$

式中,f_o' 为望远物镜的像方焦距;f_e' 为望远目镜的像方焦距;D' 为出瞳直径。

当视差量用人眼通过目镜分别对分划板和物像进行观察时产生的视度差来表示时,则

$$\Delta SD = \frac{1000b}{f_e'^2} \tag{2.4.3}$$

为了发现和消除望远镜的视度装定误差,通常用视度筒来检验望远镜的视度。普通视度筒的光学系统是由物镜、分划板和目镜组成的望远系统,其中物镜可相对分划板和目镜做轴向移动。在视度筒镜管上刻有用屈光度表示的视度分划刻线,在镜管上还有一个窗口,从这里可以看到物镜内镜筒上的标度,它指示出物镜所在位置对应的视度值,如图 2.4.2 所示。镜管上的视度分划刻线的格值为 0.25 屈光度,视度分划范围为 ±1.5 屈光度。

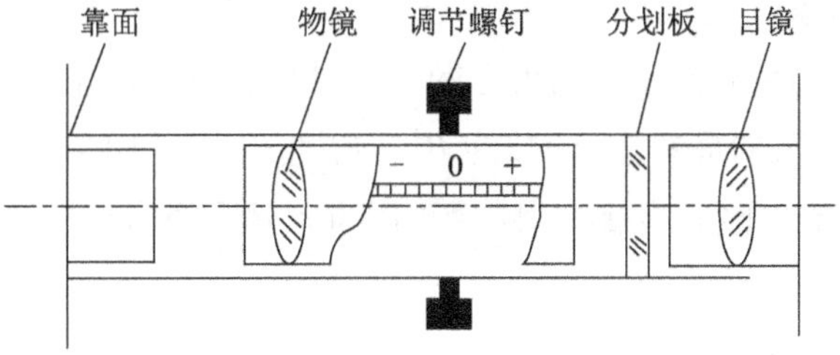

图 2.4.2　视度筒外形图

视度分划刻线之间的间隔 Δ 和被测仪器的视度 SD 之间的关系为

$$\Delta = -\frac{\mathrm{SD}f'}{\dfrac{1000}{f'} + \mathrm{SD}} \tag{2.4.4}$$

式中，f' 为视度筒物镜的焦距；Δ 为视度筒物镜的移动量，它和视度分划刻线的间隔大小是一致的。

视度检测原理如图 2.4.3 所示。在检测时，把被检望远镜对向平行光管，使平行光管分划板成像在被检仪器的物镜焦面（物像面）上。通过视度筒分别测出被检望远镜分划板的视度值和物像平面的视度值，两数之差就是用视度差表示的被测望远镜的视差值。

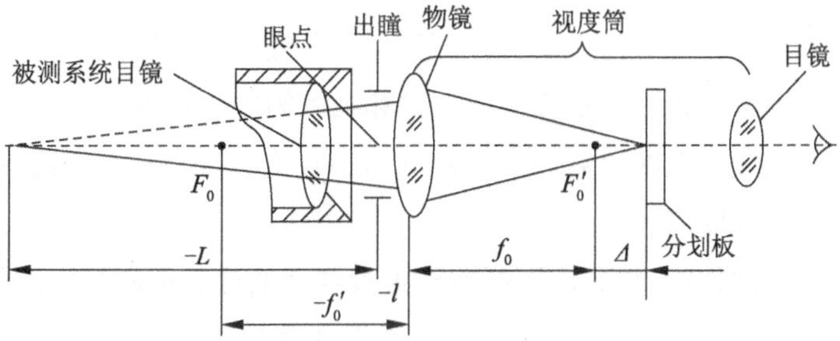

图 2.4.3　视度检测原理图

【实验内容及步骤】

1. 检查实验器材

认真检查实验器材是否有缺少或损坏，如有，请及时报告。

2. 各光学元件同轴等高调节

依据绪论部分"1.7.1 光学元件同轴等高调节"的方法，对平行光管、待测望远镜、读数显微镜及视度筒进行同轴等高调节。

3. 望远系统入瞳直径、出瞳直径、出瞳距的测量

（1）在导轨上依次放置平行光管、待测望远镜和读数显微镜，通过读数显微镜观察望远系统物镜框所成之像，并对出瞳亮斑调焦，从而使被测系统的出瞳在读数显微镜分划板

中心部位上成清晰的像。

(2) 转动鼓轮使测量显微镜分划板上的刻线对准亮斑的最左边,读数为 A,继续转动鼓轮,使刻线移动到亮斑的最右边,读数为 B,出瞳直径 $D' = |A - B|$。这样读 3 次,取平均值,即可得到测系统出瞳直径的大小 D'。用直尺测量物镜的通光口径,即为入瞳直径 D。

(3) 当测量显微镜调焦在出瞳面上时,通过光具座可以读得一个读数,此读数即为沿轴方向的出瞳面的位置 E。沿光具座拉动显微镜,将它调焦在被测系统目镜的最后一个表面顶点上,此时再次记下光具座上的读数 F。两次读数之差就是被测系统的出瞳距 P',即 $P' = |E - F|$。

将所有测量结果记录到表 2.4.1 中。

表 2.4.1 望远系统入瞳直径、出瞳直径、出瞳距测量的原始数据 单位:mm

望远镜参数	测量数据记录		测量结果
入瞳直径 D			
出瞳直径 D'	$A =$	$B =$	
出瞳距 P'	$E =$	$F =$	

4. 望远镜视差的测量

(1) 在导轨上依次放置平行光管、待测望远镜及视度筒,调节视度筒的物镜,直到通过视度筒能够观察到平行光管分划板刻线的像和视度筒的分划板。

(2) 记录视度筒镜管上的读数 SD_0,SD_0 就是平行光管分划板刻线面成像在被检望远系统物镜焦平面上的视度值。

(3) 调节视度筒的物镜,直到能同时看清被检仪器的分划板和视度筒的分划板,并用摆头法判断两者不发生相对位移。此时,从视度筒镜管上又得到一个读数 SD_1,该读数就是被检仪器分划板经过目镜后的视度值。

(4) SD_1 和 SD_0 的差值就是被检望远镜的视差值 ΔSD。

将所测量结果记录到表 2.4.2 中。

表 2.4.2 视度测量原始数据 单位:屈光度(D)

望远镜参数	测量数据记录	测量结果
视度 SD	$SD_0 =$	
视差 ΔSD	$SD_1 =$	

5. 结束实验

关闭实验桌上的电源开关,将所有光学元件按要求放回原处,结束实验。检查实验器材,如有缺少或损坏,请及时报告。

【实验数据处理要求】

1. 计算出瞳直径 D' 的值。
2. 计算出瞳距 P' 的值。
3. 计算视差 ΔSD。

思考题

开普勒望远镜和伽利略望远镜中的视场光阑分别是什么？为什么？

实验 2.5　显微镜搭建与放大率的测量

显微镜是由一个透镜或几个透镜组合而成的一种光学仪器，是人类进入原子时代的标志。显微镜自 15 世纪发展起来，从在简单的放大镜基础上设计出来的单透镜显微镜到结构复杂的复式显微镜，以及相差、荧光、偏光显微观察方式的出现，使显微镜更广泛地应用于医学、生物学、金属材料、化工等领域。

光学显微镜于 1590 年由荷兰的詹森父子发明。现在的光学显微镜可把物体放大 1600 倍，分辨的最小极限达观察光波长的 1/2。荷兰籍微生物学家列文虎克对显微镜的研制有巨大贡献，他第一次描述了许多肉眼看不见的微小植物和动物。

【实验目的】

1. 了解显微镜的基本光学系统和放大原理，以及视觉放大率等概念。
2. 掌握按一定的原理自行组装仪器的技能及调节光路的方法。
3. 学会测量显微镜的视觉放大率。

【课堂问题导引】

1. 人眼的明视距离是多少？
2. 显微镜的成像原理是什么？
3. 什么是显微镜的视放大率？
4. 要求设计一个显微镜，物距为 105 mm，物镜（平凸透镜）焦距为 75 mm，目镜（平凹透镜）焦距为 30 mm，观察点位于目镜后焦点、成像于人眼明视距离 $D = 250$ mm 处。思考：如何计算物镜与目镜的间距及该显微镜的视放大率？

【实验器材】

导轨、激光器、光源、光屏、小孔板(或可变光阑)2 个、凸透镜(物镜)、凸透镜(目镜)、分光镜、分辨率板、目标物(刻度尺)。

【实验原理】

随着科学技术的进步,人类越来越需要去了解微观世界,显微镜突破了人类的视觉极限,使人们能看到肉眼无法看清的细微结构。

1. 显微镜的基本光学系统

显微镜由物镜及目镜构成,被观测的物体经显微镜的物镜放大后,其像再经目镜放大以供人眼观察,是一个二次成像的过程,如图 2. 5. 1 所示。对于显微镜而言,分划板是其视场光阑,显微镜的线视场主要取决于视场光阑的大小,且显微镜的视觉放大率越大,它的物空间的线视场越小。

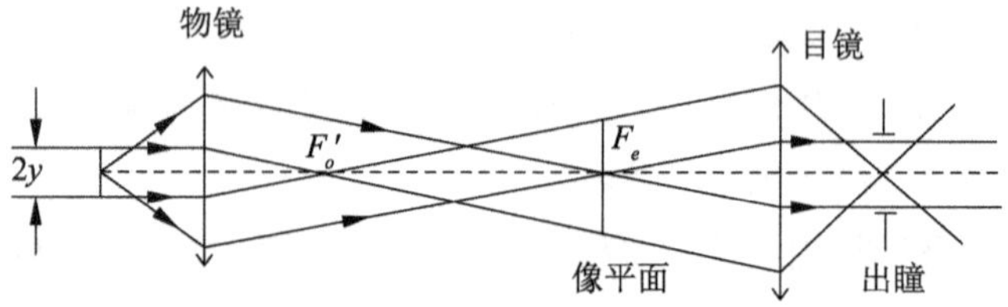

图 2. 5. 1 显微镜的基本光学系统

2. 显微镜的视放大率

显微系统的放大率是指视放大率,表示人眼处于出瞳位置通过显微镜观察时,物体在人眼视网膜上所成像的大小与人眼位于明视距离处直接观察同一物体时,在视网膜上所成像的大小之比,即物体经显微系统所成的像对人眼的张角的正切值和物体在明视距离($D=250$ mm)处时直接对人眼的张角的正切值之比。于是,由三角关系得

$$\Gamma_M=\frac{y'/f_e'}{y/D}=\frac{Dy'}{f_e'y}=\frac{D\Delta}{f_e'f_0'}=\beta_0\Gamma_e \tag{2.5.1}$$

其中,$\beta_0=y'/y=\Delta/f_0'$为物镜的线放大率,Δ 为光学间隔;$\Gamma_e=D/f_e'$为目镜的视放大率。从式(2. 5. 1)可以看出,显微镜的物镜和目镜焦距越短,光学间隔越大,显微镜的放大倍数越大。显微镜成像于有限远时的光路如图 2. 5. 2 所示。

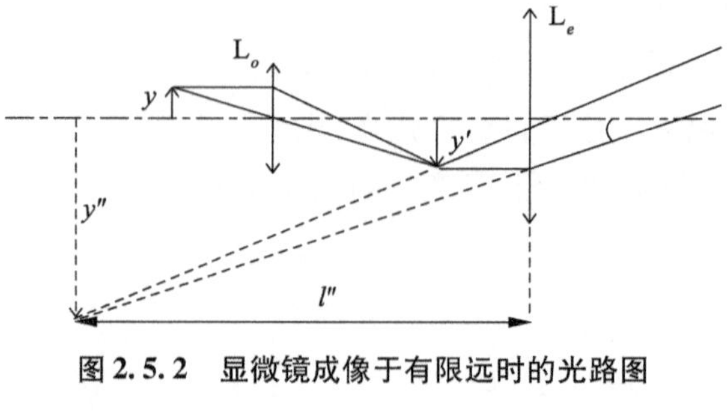

图 2. 5. 2 显微镜成像于有限远时的光路图

当显微镜成虚像于距目镜为 l'' 的位置上，而人眼在目镜后焦点处观察时，显微镜的视放大率为

$$\Gamma_M=\frac{y''/(l''+f'_e)}{y/D}=\frac{y''/(l''+f'_e)}{y'/D}\frac{y'}{y}=\frac{Dy'}{f'_e y}=\beta_0\Gamma_e \tag{2.5.2}$$

中间像并不在目镜的物方焦平面上，$\beta_0=y'/y\neq\Delta/f'_0$。这时，视放大率的测量可通过一个与主光轴成 45°的半透半反镜把标尺成虚像至显微镜的像平面，直接比较测量像长 y''，即可得出视放大率

$$\Gamma_M=\frac{y''}{y} \tag{2.5.3}$$

【实验内容及步骤】

1. 检查实验器材

认真检查实验器材是否有缺少或损坏，如有，请及时报告。

2. 各光学元件同轴等高调节

依据绪论部分“1.7.1 光学元件同轴等高调节”的方法，对图 2.5.3 中所用的光学元件进行同轴等高调节。在目镜同轴等高调节时，需要在目镜支杆上安装交叉杆架，在支杆架另外一孔中安装分光镜，调整分光镜与目镜中心同高并成 45°反射角。

3. 显微镜视放大率的直接测量方法

（1）请按照图 2.5.3 组装显微镜，其中目标物为分辨率板，物体用分辨率板的 2 号或 4 号条纹，物体用绿色光源进行照明。2 号黑线条宽度为 0.5 mm，4 号黑线条宽度为 0.25 mm。

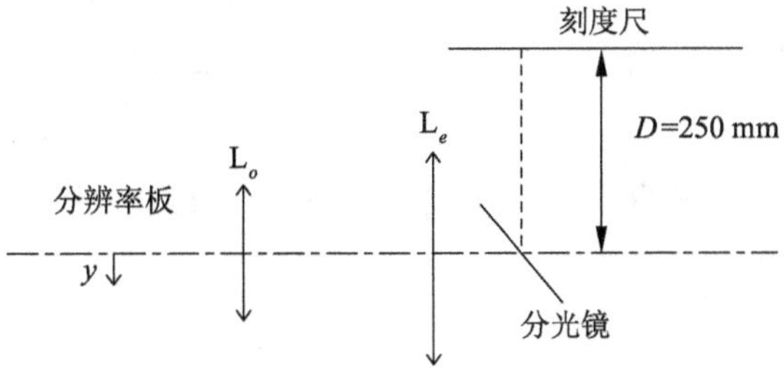

图 2.5.3　测显微镜视放大率的仪器装配示意图

（2）根据“课堂问题导引”中设计的显微镜参数，将目标板（物体）与物镜之间的距离定为 105 mm，按自己设计的实验调整方案，调整物镜与目镜之间的距离适当，使之满足显微镜成像条件。调整交叉杆架带动分光镜旋转 45°，使眼睛能贴着目镜，沿着主光轴方向观察物体经系统所成的像，微调目镜使像清晰。

（3）调整交叉杆架带动分光镜回旋 45°，使分光镜回到原先位置。调节刻度尺与分光镜的距离为明视距离 250 mm，眼睛靠近分光镜，微调分光镜，在视场中同时看到刻度尺和

物体的像，调整两个照明光源的亮度，使刻度尺与物体的像能同时被看清，如图 2.5.4 所示。

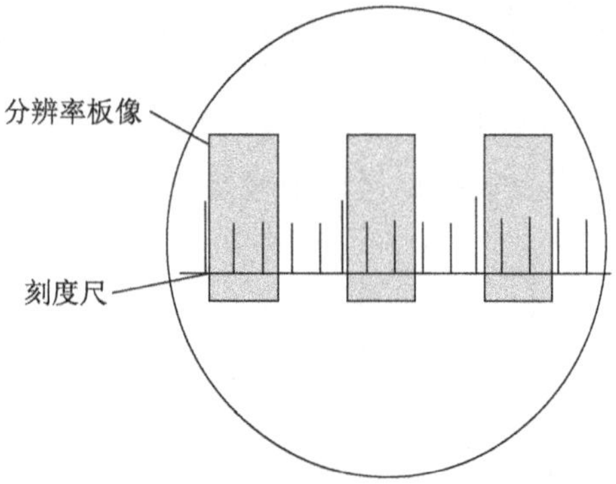

图 2.5.4 视野中刻度尺与分辨率板的像

（4）上下左右移动眼睛，寻找到清晰完整的条纹，通过刻度尺测定一个黑色条纹像的宽度 y''。根据公式(2.5.3)计算出显微镜放大倍数的实验值 Γ_M。

（5）重复步骤(4)，通过刻度尺测定一个黑色和一个白色条纹像的宽度或两个黑色和两个白色条纹像的宽度 y''，将测量数据记录在表 2.5.1 中。

表 2.5.1 显微镜搭建与放大率测量的原始数据　　单位：mm

物镜编号或型号：		口径：		焦距：
目镜编号或型号：		口径：		焦距：
物体到物镜距离	物镜到目镜距离	物高	像高	放大倍率

4. 结束实验

关闭实验桌上的开关，将所有光学元件按要求放回原处，结束实验。检查实验器材，如有缺少或损坏，请及时报告。

【实验数据处理要求】

1. 计算出显微镜的理论视放大率及实际视放大率的平均值。
2. 计算出自组装显微镜视放大率的相对误差。

思考题

1. 显微镜视场大小受什么条件控制？
2. 查阅相关资料，说明望远目镜与显微目镜的异同点。

实验 2.6　生物显微镜的使用及物镜数值孔径的测量

生物显微镜是一种用来观察生物切片、生物细胞、细菌及活体组织培养、流质沉淀及其他透明或者半透明物体、粉末、细小颗粒等的精密光学仪器。生物显微镜在医疗卫生单位、高等院校、研究院所常用于微生物、细胞、细菌、组织培养、悬浮体、沉淀物等的观察,可连续观察细胞、细菌等在培养液中繁殖分裂的过程。在细胞学、寄生虫学、肿瘤学、免疫学、遗传工程学、工业微生物学、植物学等领域中应用广泛。

显微镜的光学技术参数包括数值孔径、分辨率、放大率、焦深、视场宽度、工作距离等。这些参数之间既相互联系,又相互制约,实际应用中应当在保证分辨率的基础上,根据镜检的目的和实际情况来协调参数间的关系。

【实验目的】

1. 了解生物、医学显微镜的基本结构,掌握其使用方法。
2. 学会用显微镜的测微目镜测定微小长度。
3. 掌握显微物镜数值孔径 NA 的测量方法。

【课堂问题导引】

1. 若一显微物镜上标明 160/0.17,40/0.65,这些数值分别表示什么意思?
2. 什么是光学间隔? 什么是共轭距?
3. 什么是数值孔径? 什么是相对孔径?

【实验器材】

待测显微镜、测微目镜、标准刻尺、半反半透镜、照明光源、标准柱等。

【实验原理】

1. 生物显微镜的基本结构

生物显微镜的基本结构如图 2.6.1 所示。

(1) 镜座:位于显微镜底部,用于支持全镜。

(2) 镜臂:位于镜筒后面,通常为弓形,用于支持镜筒和搬移显微镜时握持用。

(3) 镜筒:位于显微镜上方,上接目镜,下接物镜转换器。

(4) 物镜转换器:位于镜筒下方的转盘,通常有 3 ~4 个圆孔,可装配不同放大率的物镜,可使每个物镜通过镜筒与目镜构成一个放大系统。

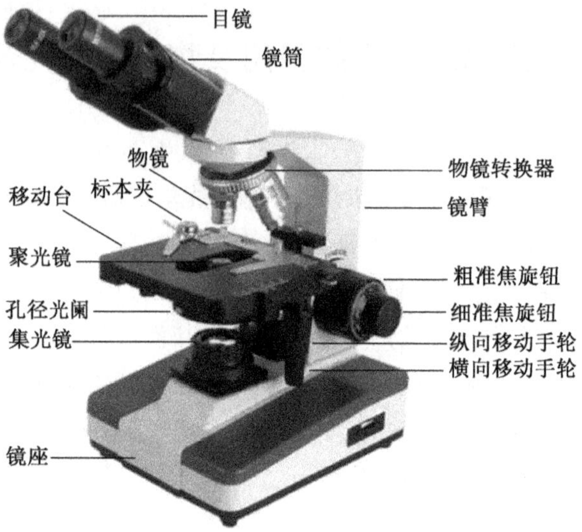

图 2.6.1 生物显微镜结构图

(5) 移动台:又名载物台、工作台或镜台,用于放置标本。移动台上有两个金属压片夹称为标本夹,用于固定玻片标本。有的载物台上装有推片器用来移动标本,有的载物台本身可以移动。

(6) 调焦装置:有粗准焦旋钮和细准焦旋钮。为了得到清晰的图像,必须调节物镜与标本之间的距离,使物镜的焦点对准标本,这一操作称为调焦。

(7) 物镜:安装在镜筒下端的物镜转换器下方,因为它靠近被视物体,故又称接物镜。

(8) 目镜:安装在镜筒上端,因为它靠近观察者的眼睛,又称接目镜。目镜的作用是将由物镜放大的实像进一步放大成一个正立的虚像,其作用相当于一个放大镜。但它并不提高显微镜的分辨力。目镜的视野内有一条黑线,叫"指针",可以指示所观察的部位。根据需要,目镜内也可安装测微尺,用以测量所观察物体的大小。一般显微镜备有几个放大倍数不同的目镜,其放大倍数刻在目镜边框上,如"5 ×""10 ×""15 ×"等(显微镜的总放大倍数 = 物镜放大倍数 × 目镜放大倍数)。

(9) 聚光镜:安装在移动台下方支架上,主要由聚光镜和孔径光阑组成。聚光镜的作用是聚集光镜的光线,增加标本的照明。孔径光阑又称光圈,用来调节光线的强弱,在孔径光阑下面,通常还有一个圆形的滤光片架,可根据镜检需要放置滤光片。

(10) 光源:通常安装在显微镜的镜座内用以提供光源。

2. 生物显微镜的使用方法

(1) 取用和放置。从镜箱中取出显微镜时,必须一手握持镜臂,一手托住镜座,保持镜身直立,切不可用一只手倾斜提携,防止摔落目镜。要轻取轻放,放置时使镜臂朝向自己,置于距桌子边缘 5 ~ 10 cm 处。放置显微镜的桌子要水平,桌面清洁,避免阳光直射。

（2）开启光源。打开电源开关。

（3）放置玻片标本。先将待镜检的玻片标本放置在移动台上，使其中材料正对聚光镜中央；然后用弹簧压片夹在玻片的两端，防止玻片标本移动；再通过调节玻片移动器或调节移动台，将材料移至正对聚光镜中央的位置。

（4）低倍物镜观察。用显微镜观察标本时，应先用低倍物镜找到物像，因为低倍物镜观察范围大，容易找到物像并定位到需进行精细观察的部位。

具体方法如下：

① 转动粗准焦旋钮，使镜筒下降，眼睛从侧面观望，直至低倍物镜距标本 0.5 cm 左右为止。

② 从目镜中观察，用手慢慢转动粗准焦旋钮，使镜筒缓缓上升，直到视野内的物像清晰为止。此后改用细准焦旋钮，稍稍调节焦距，使物像最清晰。

③ 微调移动台或玻片移动器，找到欲观察的部分。注意，通常显微镜视野中的物像为倒像，移动玻片时应向相反方向移动。

（5）高倍观察。在低倍观察的基础上，若想增加放大倍数，可进行高倍观察。

具体方法如下：

① 将欲观察的部分移至低倍镜视野正中央，物像要清晰。

② 旋转物镜转换器，使高倍物镜移到正确的位置上，随后微调细准焦旋钮，即可使物像清晰。

③ 微调移动台或玻片移动器，定位至欲仔细观察的部位。

注意：使用高倍物镜时，由于物镜与标本之间距离很近，因此不能旋转粗准焦旋钮，只能用细准焦旋钮。

（6）换片。观察完毕，如需换用另一玻片标本时，将物镜转回低倍，取出玻片，再换新片，稍加调焦即可观察。不允许在高倍物镜下换片，以防损坏镜头。

3. 显微镜使用注意事项

（1）显微镜是精密仪器，使用时必须按照操作规范，做到细心和耐心，切勿操之过急、动作过猛，以防因操作失误而损坏构件。

（2）不要用手触摸光学玻璃部分，同时应防止因剧烈碰撞而损坏构件。

（3）观察时一定要加盖玻片，不能让玻片上的水流到移动台上，更不能让酸、碱及其他化学药品接触显微镜，不能让显微镜在阳光下曝晒。

（4）使用细准焦旋钮时，如遇到不能继续向同一方向转动时，不能蛮拧，应向相反方向退转，并转动粗准焦旋钮，然后再用细准焦旋钮进行细调。

（5）目镜或物镜如有不洁时，要用专门的镜纸按直线方向揩拭，切勿用手指或手帕、棉布涂擦。目镜或物镜如沾有油污，可先用专门的镜纸蘸少许二甲苯（或无水乙醇和乙醚 1∶1）擦拭干净，再用干净擦镜纸揩拭一遍。

4. 显微物镜

显微物镜主要参数包括:放大倍数、工作距离和数值孔径。

放大倍数是指眼睛看到像的大小与对应标本大小的比值。它指的是长度的比值而不是面积的比值。例如,放大倍数为“100×”,指的是长度是 1 μm 的标本,放大后像的长度是 100 μm,若是以面积计算,则放大了 10000 倍。

显微镜的总放大倍数等于物镜和目镜放大倍数的乘积。

工作距离是指当所观察的标本最清晰时物镜的前端面到标本的盖玻片上表面的距离。物镜的工作距离与物镜的焦距有关,物镜的焦距越长,放大倍数越低,其工作距离越长。

物镜外壳上刻有不同的标记,如浸液记号、物镜类别、放大率、数值孔径、机械筒长度、盖玻片厚度。其中,“油”表示浸液为松柏油;“100×/1.25”表示物镜放大率为 100 倍,数值孔径为 1.25;“160/0”表示机械镜筒长度为 160 mm,“0”表示无盖玻片(或 160/0.17,表示盖玻片的标准厚度为 0.17 mm)。

5. 数值孔径

数值孔径表征物镜的聚光能力,是物镜的重要性质之一,通常以“NA”表示,

$$NA = n\sin\theta \tag{2.6.1}$$

式中,n 为显微物镜物方介质折射率;θ 为显微物镜物方孔径角的一半。

物镜的数值孔径大小决定了物镜的分辨(鉴别)能力及有效放大倍数。

增大物镜的数值孔径有两条途径:

(1) 增大透镜的直径或减小物镜的焦距,即设计短焦距的物镜,以增大孔径半角 θ。但此法会导致像差增加及制造困难,一般不采用。实际上,$\sin\theta$ 的最大值只能达到 0.95。

(2) 增大物镜与观察物之间的介质折射率 n。干系物镜是以空气为介质的,折射率 $n=1$,通常用于低倍物镜。油系物镜常以松柏油($n=1.515$,NA = 1.4)为介质,用于高倍物镜。油系物镜的数值孔径可达 1.30 ~ 1.40,其放大倍数可达 100 ~ 140 倍。干系物镜不能随便用油作为介质。

数值孔径与物镜的放大倍数、工作距离、景深有直接关系。一般来说,它与分辨率、放大率成正比;焦深与数值孔径的平方成反比。NA 值增大,视场宽度与工作距离都会相应地变小。

虽然数值孔径与分辨率成正比,但这并不是说在选择物镜时数值孔径(NA)越大越好,因为物镜还有很多其他重要参数,如荧光透过率、工作距离等,要根据具体的实际进行选择。

当显微镜的数值孔径值不大时,可采用如图 2.6.2 所示的方法进行测量。

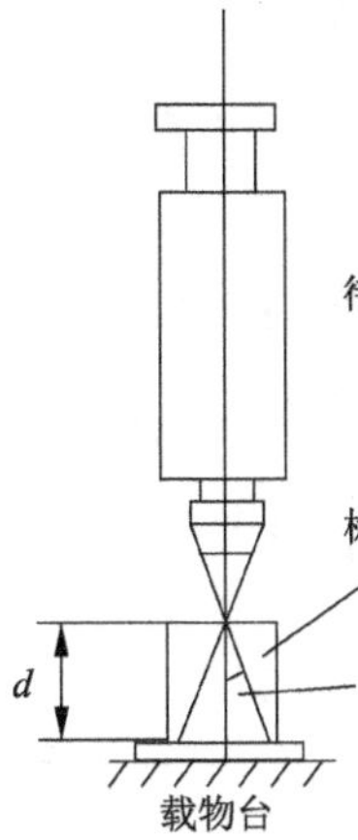

图 2.6.2 显微镜数值孔径测量原理图

将已知高度为 d 的标准圆柱放在刻尺上，使待测显微镜以标准圆柱的上端面为中心进行调焦，取下标准圆柱及显微镜目镜，用眼睛直接读取视场所见的标准刻尺分划的格数 m，则有

$$\tan\theta=\frac{m}{2d} \tag{2.6.2}$$

根据式(2.6.2)即可求出物方孔径角的大小，再利用式(2.6.1)即可求出被测量显微镜的数值孔径。

标准刻尺如图 2.6.3 所示，在玻璃片黑圈内有一总长为 2 mm 的微尺，最小分度值为 0.01 mm。

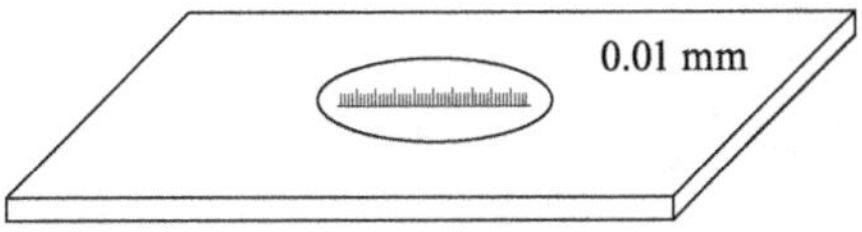

图 2.6.3 标准刻尺

在显微镜批量生产检测时，可依据此检测原理制成专用的数值孔径仪检测 NA，以提高检测效率。

【实验内容及步骤】

1. 生物显微镜的使用（显微物镜放大倍率测量实验）

(1) 调节反光镜（或光源），使目镜中视场清晰明亮。

(2) 将微尺所在的玻璃面向下，小心地放在镜台上，并用压簧片固定好。调节镜台上的微尺位置，先用低倍物镜（5×）调焦，找到黑圈内的微尺像，再用高倍物镜（10×）调焦观察，使位于正中央视场中的微尺像清晰、刻度竖直。

(3) 取下显微镜的目镜，换上测微目镜，调焦使微尺像清晰，转动测微目镜，使十字叉丝竖线平行于微尺刻度，旋转测微目镜鼓轮，使叉丝竖线与某刻度（第 0 条刻度线）重合，

记下测微目镜读数 a_1。

(4) 同方向转动测微目镜鼓轮,使叉丝竖线在微尺刻度线上移动到与第 n 条刻度线重合为止,记下测微目镜读数 a_2。

(5) 重复测量 2 次,将测量数据记录到表 2.6.1 中,并计算物镜放大率 β_0。

表 2.6.1 测定显微物镜放大倍率的原始数据 单位:mm

次数	a_1	a_2	$n\times0.01$	$\lvert a_1-a_2\rvert$	β_0
1					
2					

2. 显微镜数值孔径的测量

(1) 将标准刻尺放置在被测量显微镜的载物台上,固定好位置,然后将已知高度的标准小圆柱放置于标准刻尺上,并用光源照明。

(2) 调整显微镜,对此小圆柱的上端面进行调焦,直至在目镜中看到小圆柱上端面的清晰的像。

(3) 先取下目镜,再移走小圆柱,直接通过人眼来观察标准刻尺经显微物镜所成的像,上下移动人眼的位置,直至能够看见刻尺的清晰的像。数出视场中刻尺的格值 m,并代入公式(2.6.1)和(2.6.2)中,即可求出该被测显微镜的数值孔径。

【实验数据处理要求】

1. 计算显微物镜的放大倍率。
2. 计算显微镜的数值孔径。
3. 计算数值孔径的相对误差。

思考题

1. 如用小孔光阑代替标准圆柱,如何检测显微镜的数值孔径?
2. 对于显微镜而言,其物方线视场的大小与哪些因素有关?

实验 2.7 平行光管的调节和使用

平行光管是一种能发射平行光束的精密光学仪器,它是校验和调整光学仪器的重要工具,也是重要的光学量度仪器。它装有一个焦距数值经过精确测定的质量优良的准直物镜,其分划板置于物镜的焦平面上。因此,当光源照亮分划板后,分划板上每一点发出的光经过透镜后,都成为一束平行光。若配用不同的分划板及测微目镜或读数显微镜,则平行光管可测定或检验透镜(透镜组)的焦距、分辨率及其成像质量等。

【实验目的】

1. 了解平行光管的结构及工作原理。
2. 掌握平行光管同轴等高的调节方法。
3. 学会用平行光管测量薄透镜的焦距。

【课堂问题导引】

1. 平行光管是如何产生平行光束的？
2. 利用反射镜可以制作平行光管吗？如果可以，对反射镜有何要求？如果不可以，请说明原因。
3. 扩束器与平行光管有什么不同？

【实验器材】

导轨、平行光管、水平气泡仪、小孔板（或可变光阑）2 个、凸透镜、“10×”目镜（带刻度）、光屏。

【实验原理】

根据几何光学原理，无限远处的物体经过透镜后将成像在焦平面上；反之，从透镜焦平面上发出的光线经透镜后将成为一束平行光。如果将一个物体放在透镜的焦平面上，那么它将成像在无限远处。

图 2.7.1 为平行光管的结构原理图。它由物镜及置于物镜焦平面上的分划板、光源及为使分划板被均匀照亮而设置的毛玻璃组成。由于分划板置于物镜的焦平面上，因此，当光源照亮分划板后，分划板上每一点发出的光经过透镜后，都成为一束平行光。又由于分划板上有根据需要而刻成的分划线或图案，这些刻线或图案将成像在无限远处。这样，对观察者来说，分划板又相当于一个无限远距离的目标。

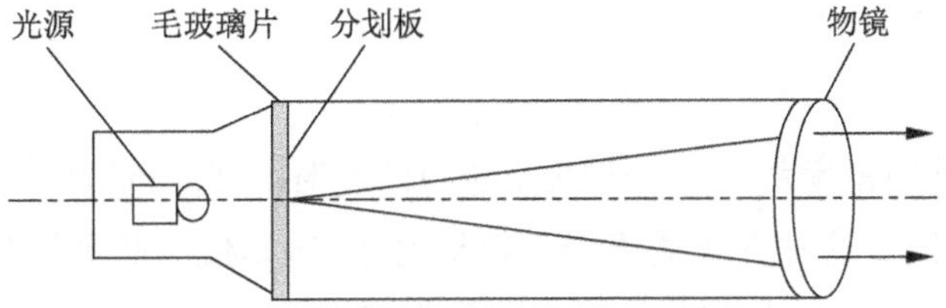

图 2.7.1　平行光管的结构原理图

根据平行光管要求的不同，分划板可刻有各种各样的图案。图 2.7.2 是本实验选配的分划板图案形式，横向或竖向的两条刻线之间的间隔是 0.1 mm，小圆直径是 1 mm，它可用在测量透镜焦距的平行光管上。

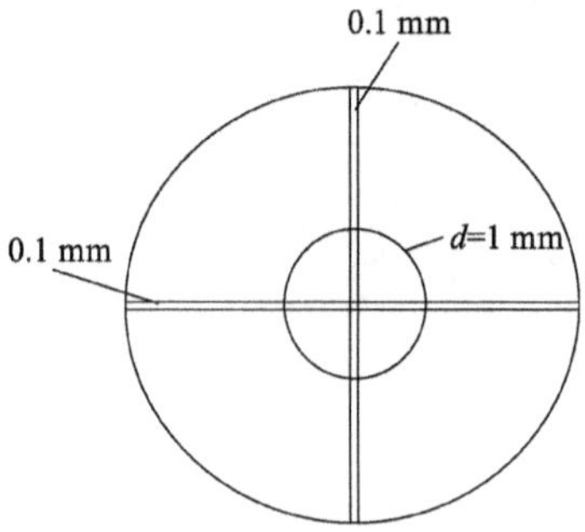

图 2.7.2　分划板的图案形式

用平行光管法测量凸透镜焦距的光路图如图 2.7.3 所示。

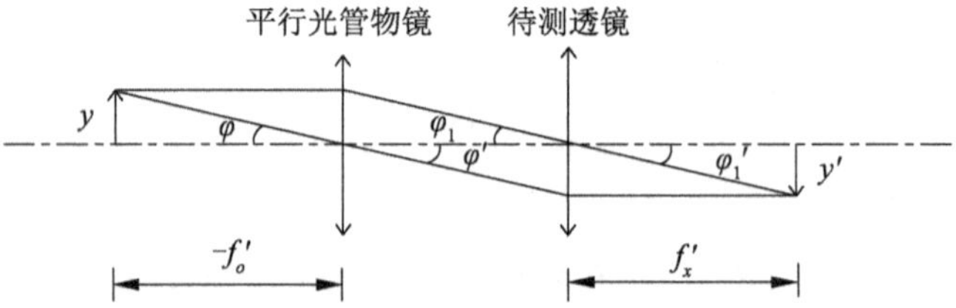

图 2.7.3　用平行光管法测量凸透镜焦距光路图

由光路图 2.7.3 可以看出

$$\begin{cases}\tan\varphi=\dfrac{y}{f_o'}\\ \tan\varphi_1'=\dfrac{y'}{f_x'}\end{cases} \tag{2.7.1}$$

平行光管射出的是平行光，且通过透镜光心的光线不改变方向，因此

$$\varphi=\varphi'=\varphi_1=\varphi_1' \tag{2.7.2}$$

由式(2.7.1)和(2.7.2)可得

$$\frac{y}{f_o'}=\frac{y'}{f_x'} \tag{2.7.3}$$

所以，待测透镜的焦距f_x'表示为

$$f_x'=\frac{y'}{y}f_o' \tag{2.7.4}$$

式中，f_o'为平行光管物镜焦距；y 为分划板上选择的线对的间隔；y'为用显微目镜读出的分划板上线对像的间隔。这种方法适用于材料折射率未知时，对凸透镜焦距的测量。实验时，关键是要保证各光学元件同轴等高，且平行光管出射平行光。

【实验内容及步骤】

1. 检查实验器材

认真检查实验器材是否有缺少或损坏，如有，请及时报告。

2. 观察平行光管的结构

打开平行光管物镜盖，取下光源，观察平行光管的结构，了解其基本原理，平行光管物镜盖中心开一直径为2 mm的小孔。

3. 平行光管的调节

（1）按图2.7.4安装平行光管，将平行光管调整到适当高度。

（2）调节精密调节杆架，用水平气泡仪检查，使平行光管基本水平。

（3）盖上平行光管物镜盖，安装光源（不加针孔及毛玻璃片，光源为绿色），打开光源开关，使平行光管发出的光经物镜盖中心的小孔发出，适当调节光源亮度，此光束可以看作平行光管的光轴。

（4）参照绪论部分“1.7.1 光学元件同轴等高调节”中激光器的调节方法，对平行光管进行同轴等高调节。

4. 利用平行光管测量透镜的焦距

（1）参照绪论部分“1.7.1 光学元件同轴等高调节”的方法，对图2.7.4中的待测透镜及目镜进行同轴等高调节。

（2）按照图2.7.4所示光路放置好光学元件，并打开平行光管物镜盖，凸透镜到测微目镜的距离约等于凸透镜的焦距。目镜分划板上的刻线总长为10 mm，一共被分为100小格，一格的实际长度为0.1 mm，如图2.7.5所示。

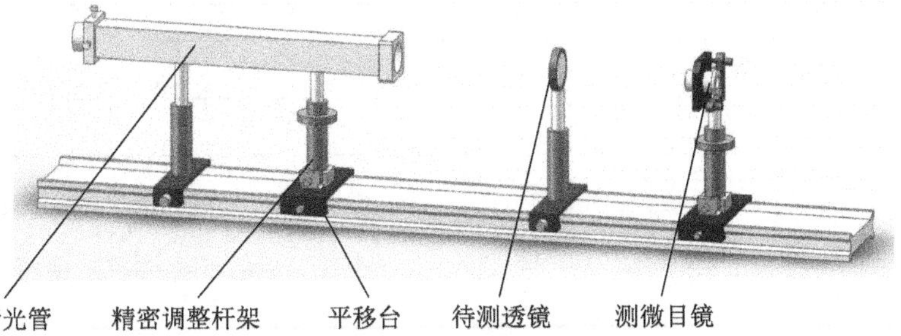

图2.7.4 平行光管实验装配图

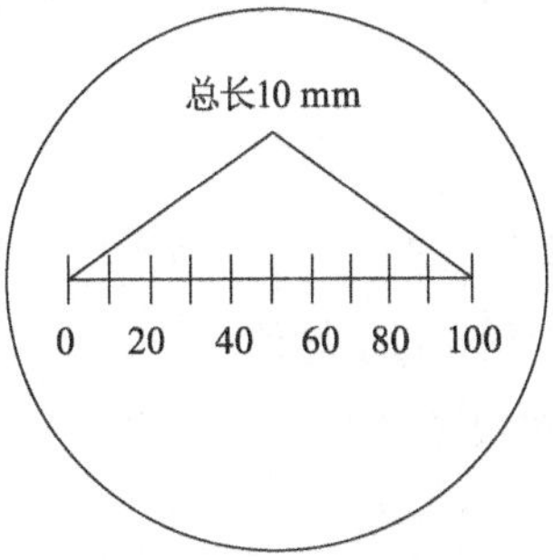

图2.7.5 目镜标尺示意图

（3）前后移动凸透镜，使平行光管中的分划板成像于测微目镜的标尺上，表明凸透镜的焦平面与测微目镜的焦平面重合，效果如图 2.7.6 所示。

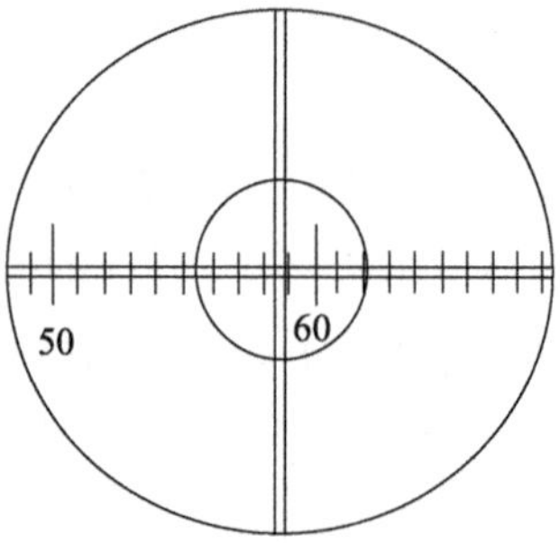

图 2.7.6　观测时的效果图

（4）用测微目镜测出平行光管内实际直径为 1 mm 的圆所成像的直径的测量值 y'（估读至小数点后一位），读出平行光管的焦距实测值 f_o'（本实验所配的平行光管焦距为 400 mm），重复测量 3 次，将测量数据记录在表 2.7.1 中。

表 2.7.1　用平行光管测量透镜焦距的原始数据

单位：mm

平行光管的规格：			
待测凸透镜编号或型号：	口径：	焦距：	
序号	透镜到光屏间隔	物高 y	像高 y'
1			
2			
3			
平行光管出射光的颜色：			

5. 结束实验

关闭实验桌上的开关，将所有光学元件按要求放回原处，结束实验。检查实验器材，如有缺少或损坏，请及时报告。

【实验数据处理要求】

1. 计算凸透镜的焦距，并求焦距的平均值。
2. 计算待测透镜焦距的相对误差。

思考题

1. 某工程中用到一准直物镜（平凸透镜），不知其焦距，也不知其材料折射率，请根据所学知识设计一种高精度的准直物镜焦距测量方案，列出所需实验器材，并画出实验原理图，写出实验原理公式和待测物理量，指出实验过程中的关键点。

2. 如何调整平行光管与光轴同轴等高？请设计出调整方案。

实验 2.8　眼镜的光学原理

眼睛是可以感知光线的器官，对于很多脊椎动物和一些软体动物，眼睛通过把光投射到对光敏感的视网膜上成像，光线被眼睛接收转化成信号并通过视神经传递到脑部。通常眼睛是球状的，其中充满透明的凝胶状物质，有一个聚焦用的晶状体，通常还有一个可以控制进入眼睛光线多少的虹膜。眼睛是人类感官中最重要的器官，大脑中大约有 80% 的信息都是通过眼睛获得的。

要形成一个物体清晰的影像，眼睛必须使从物体反射来的光线发生偏折，使光线直接落在视网膜上。近视者仅能看清近距离的物体，远距离的物体看起来很模糊，这是因为物体的像被聚焦到了视网膜的前方。矫正的方法是让近视者戴凹透镜，这样可使聚焦后的像稍向后移，恰好落到视网膜上。远视者眼球的前后径变短，近距离的物体发出的光线聚焦到视网膜后方，这样看起来就很模糊，只有远距离的物体才能看清晰。远视者可戴凸透镜，使光线稍向内折屈，使成像落在视网膜上。眼球到眼镜中心的距离一般为 1.2 cm 左右。

【实验目的】

1. 了解近视眼和远视眼的形成。
2. 掌握近视眼和远视眼矫正原理的成像光路。
3. 掌握运用矫正光路和光学方法测量眼镜片焦距的原理。

【课堂问题导引】

1. 近视眼和远视眼是如何形成的？
2. 散光眼是如何形成的？
3. 近视眼和远视眼影响成像的清晰度属于什么像差？

【实验仪器】

导轨、激光器、光源、小孔板（或可变光阑）2 个、各种屈光度的近视眼及远视眼镜片、凸透镜、凹透镜、分划板。

【实验原理】

1. 眼睛的屈光系统

图 2.8.1 所示为眼睛的结构图,光线由一种物质射入另一种光密度不同的物质时,其光线的传播方向发生偏折,这种现象称为屈光现象,表示这种屈光能力大小(屈光力)的单位是视度(缩写为"D")。通常采用非正常眼远点距离的倒数来表示视度,若距离以米为单位,则视度的单位就是屈光度。

例如,对于远点距离为 -0.5 m 的近视眼,其近视程度就是 -2 个近视单位,即 $-2D$。若用光焦度来表示眼睛屈光的能力,则屈光度越大,焦距越短。屈光度 D 和焦距换算公式为

$$f' = \frac{1000}{D} \tag{2.8.1}$$

凸透镜的屈光度以"+"号表示,凹透镜的屈光度以"-"表示,1 屈光度或 $1D$ 等于人们常说的"100 度"。

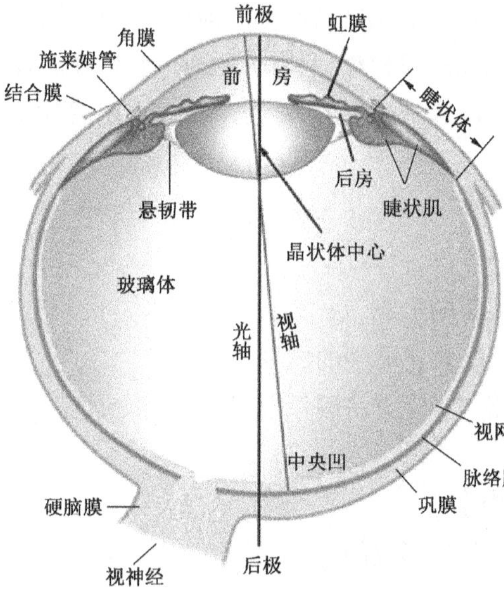

图 2.8.1 眼睛的结构

来自外界物体的光,进入眼球产生生理的光学作用,被曲折后在视网膜上成清晰的物像。眼睛的屈光系统主要包括角膜、房水、晶状体和玻璃体。眼睛的全部屈光中,很大部分是由角膜表面完成的。

生物学上通常把眼简化成为一个单球面屈光系统,叫"简约眼"。如图 2.8.2 所示,L_1 表示眼球的简约透镜。眼睛不使用调节时的屈光状态,称为静态屈光,标准眼静态屈光的光焦度为 $-58.64D$。人眼在使用调节时的屈光状态,称为动态屈光,其光焦度强于静态屈光的光焦度。若人的眼睛屈光度不良,造成不能准确在视网膜上成像时,就是视力缺

陷，一般情况需要佩戴眼镜，通过镜片补充和矫正眼睛本身的屈光度，达到在视网膜成像清晰的目的。

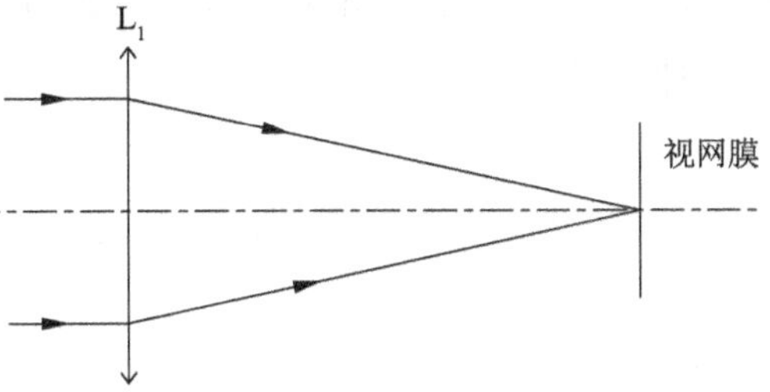

图 2.8.2　简约眼

2．近视眼形成的光学原理与矫正

近视眼也称短视眼，因为这种眼只能看近不能看远。这种眼处在休息状态时，从无限远处来的平行光，经过眼的屈光系统折光之后，在视网膜前方集合成焦点，则在视网膜上成不清晰的像，远视力明显降低，但近视力尚且正常。从光学原理角度分析，近视眼分为两种：① 眼睛的眼轴过长，导致成像在视网膜之前，这种通常是先天原因形成的；② 眼球的屈光力太大，导致整个眼球作为一个透镜系统的焦距缩短，同样成像于视网膜之前，这常与后天用眼习惯密切相关。

如图 2.8.3 所示为近视眼矫正光路，L_1 表示眼球的简约透镜，L_2 等效于眼睛产生了近视而引入的凸透镜，L_3 是对眼睛产生的近视进行矫正需要引入的凹透镜，即近视者所佩戴的眼镜。图 2.8.3 的光路满足

$$|f_2'| = |f_3'| + d \tag{2.8.2}$$

利用式(2.8.2)可以通过已知的眼镜的 f_3' 得到近视眼相对于正常眼屈光度的变化。

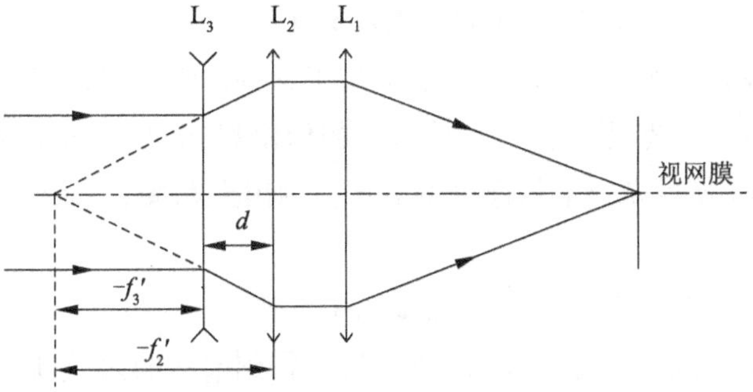

图 2.8.3　近视眼矫正光路

3．远视眼形成的光学原理与矫正

远视眼也称老花眼，这种眼处在休息状态时，平行光在视网膜的后方形成焦点，因而在视网膜上所形成的像是模糊不清的。从光学原理角度分析，远视眼分为两种：一是轴性远视，因为眼轴长度太短，使得物体反射的光线进入人眼后聚焦在视网膜之后，而不能在视网膜上成清晰的像；二是屈光性远视，眼球屈光系统的屈光力太小，导致物体成像在视

网膜的后方。

如图 2.8.4 所示为远视眼矫正光路，L_1 表示眼球的简约透镜，L_2 等效于眼睛产生了远视而引入的凹透镜，L_3 是对眼睛产生的远视进行矫正需要引入的凸透镜，即远视者所佩戴的眼镜。图 2.8.4 的光路满足

$$|f_3'| = |f_2'| + d \tag{2.8.3}$$

利用式(2.8.3)可以通过已知的眼镜的 f_3' 得到远视眼相对于正常眼屈光度的变化。

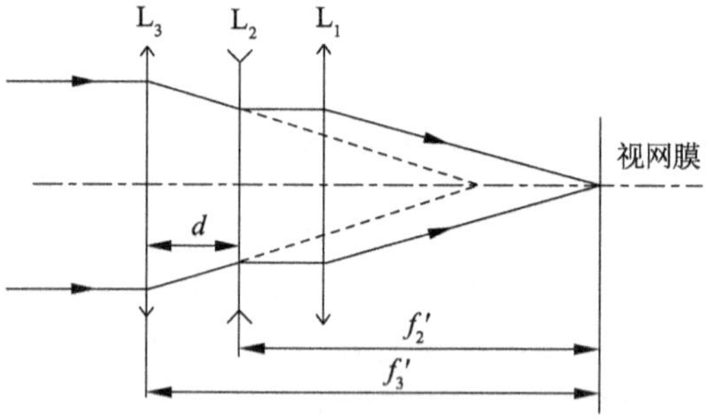

图 2.8.4 远视眼矫正光路

【实验内容及步骤】

1. 检查实验器材

认真检查实验器材是否有缺少或损坏，如有，请及时报告。

2. 各光学元件同轴等高调节

依据绪论部分“1.7.1 光学元件同轴等高调节”的方法，对图 2.8.3 和图 2.8.4 中所用的光学元件进行同轴等高调节。

3. 搭建近视眼矫正成像光路图(如图 2.8.3 所示)

首先，利用透镜产生平行光，通过 L_1 在光屏上得到清晰的像，然后把代表眼球近视后所引入的透镜 L_2 放置在光具座上，此时光屏上的像模糊，根据 L_2 选择适当的近视镜片 L_3 放入光具座，移动 L_3 使得光屏上的像再度清晰。画出光路图，记录此时光具座上各光学元件的位置。

4. 搭建远视眼矫正成像光路图(如图 2.8.4 所示)

首先，利用透镜产生平行光，通过 L_1 在光屏上得到清晰的像，然后把代表眼球远视后所引入的透镜 L_2 放置在光具座上，此时光屏上的像模糊，根据 L_2 选择适当的远视镜片 L_3 放入光具座，移动 L_3 使得光屏上的像再度清晰。画出光路图，记录此时光具座上各光学元件的位置。

5. 结束实验

关闭实验桌上的开关，将所有光学元件按要求放回原处，结束实验。检查实验器材，如有缺少或损坏，请及时报告。

【实验数据处理要求】

1. 通过已知的f_2',计算矫正近视眼所用的凹透镜 L_3 的焦距f_3'。
2. 通过已知的f_2',计算矫正远视眼所用的凸透镜 L_3 的焦距f_3'。

思考题

1. 散光是什么像差？试从像差的角度分析如何矫正眼睛的散光。

2. 实验中保持f_3'不变,通过改变 d 来矫正视力,实际在配眼镜时恰好相反,一般是保持 d 不变(d 一般为 1.2 cm),通过改变f_3'来达到目的。试利用实验中矫正近视眼的数据,计算出实际配镜时镜片的焦距。

实验 2.9 基于全反射原理测量液体折射率

折射率和平均色散是表征物质光学特性的两个重要参数,借助它们可以了解物质的光学性能、纯度、浓度及色散大小等。

阿贝折射仪是最常用的测量物质折射率与平均色散的仪器,在石油工业、制药、制漆、食品加工、制糖、日用化工等行业中有着极其广泛的应用。

【实验目的】

1. 加深理解全反射原理及其应用。
2. 掌握阿贝折射仪的工作原理。
3. 掌握阿贝折射仪的调整和使用方法。
4. 掌握液体折射率的测定方法。

【课堂问题导引】

1. 什么是全反射原理?
2. 测量固体或液体折射率的方法有哪些?

【实验仪器】

阿贝折射仪、待测液体、葡萄糖溶液(不同浓度值)、无水酒精、蒸馏水、镜头纸、滴管若干。

【实验原理】

1. 测量原理

当光从一种媒质进入另一种媒质时，在两种媒质的分界面上，会发生反射和折射现象，如图 2.9.1 所示。

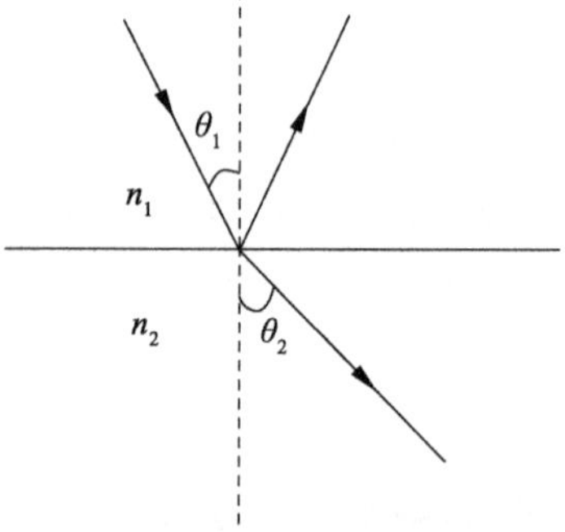

图 2.9.1 光的反射与折射

在折射现象中有

$$n_1 \sin \theta_1 = n_2 \sin \theta_2 \tag{2.9.1}$$

显然，若 $n_1 > n_2$，则 $\theta_1 < \theta_2$。其中，绝对折射率较大的媒质称为光密媒质，绝对折射率较小的媒质称为光疏媒质。当光线从光密媒质 n_1 进入光疏媒质 n_2 时，折射角 θ_2 恒大于入射角 θ_1，且 θ_2 随 θ_1 的增大而增大，当入射角 θ_1 增大到某一数值 θ_0 而使 $\theta_2 = 90°$时，则发生全反射现象，入射角 θ_0 称为临界角。

若有两个直角棱镜 ABC 和 DEF，按照图 2.9.2 放置，则棱镜 ABC 称为进光棱镜，棱镜 DEF 称为折光棱镜，在两棱镜间可放入待测液体。进光棱镜的表面 AB 为磨砂面，从反光镜 M 射入进光棱镜的光照亮了整个磨砂面，由于磨砂面的漫反射，使液层内有各种不同方向的入射光。

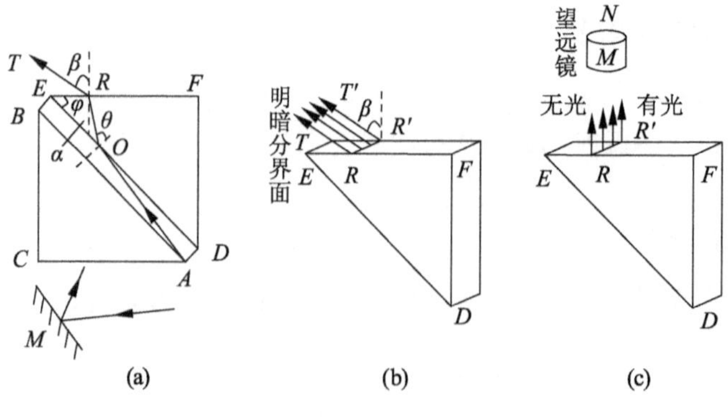

图 2.9.2 棱镜光路示意图

假设入射光为单色光，图中入射光线 AO（入射点 O 实际在靠近点 E 处）的入射角为最大，由于液层很薄，这个最大入射角非常接近直角。设待测液体的折射率 n_2 小于折光棱镜的折射率 n_1，则在待测液体与折光棱镜界面上入射光线 AO 和法线的夹角近似为 90°，而折射光线 OR 和法线的夹角为 θ_0，由光路的可逆性可知，此折射角 θ_0 即为临界角。

根据折射定律有

$$n_1 \sin\theta_0 = n_2 \sin 90° \tag{2.9.2}$$

$$n_2 = n_1 \sin\theta_0 \tag{2.9.3}$$

可见，临界角 θ_0 的大小取决于待测液体的折射率 n_2 及折光棱镜的折射率 n_1。

当 OR 光线射出折射棱镜进入空气（其折射率 $n=1$）时，又要发生一次折射，设此时的入射角为 α，折射角为 β（或称出射角），则根据折射定律有

$$n_1 \sin\alpha = \sin\beta \tag{2.9.4}$$

根据三角形的外角等于不相邻两内角之和的几何原理，由 $\triangle ORE$ 得

$$\theta_0 + 90° = \alpha + 90° + \varphi \tag{2.9.5}$$

将式(2.9.3)、(2.9.4)、(2.9.5)联立，解得

$$n_2 = \sin\varphi \sqrt{n_1^2 - \sin^2\beta} + \sin\beta\cos\varphi \tag{2.9.6}$$

式中，棱镜的棱角 φ 和折射率 n_1 均为定值，因此只要能够准确测出 β 角，就可算出液体的折射率 n_2。

阿贝折射仪就是依据此原理制成的。在所有入射到折射棱镜 DE 面的入射光线中，光线 AO 的入射角等于 90°已经达到了最大的极限值，因此其出射角 β 也是出射光线的极限值，凡入射光线的入射角小于 90°，在折射棱镜中的折射角必小于 θ_0，其出射角也必小于 β。由此可见，以 RT 为分界线，在 RT 的右侧可以有出射光线，在 RT 的左侧不可能有出射光线，如图 2.9.2(a)所示。必须指出，图 2.9.2(a)所示的只是棱镜的一个纵截面，若考虑折射棱镜这个整体及光线在整个折射棱镜中传播的情况，就会出现如图 2.9.2(b)所示的明暗分界面 $RR'T'T$。在 $RR'T'T$ 面的右侧有光，在 $RR'T'T$ 面的左侧无光，此分界面与棱镜顶面的法线成 β 角，当棱镜转动 β 角后，使明暗分界面通过望远镜中的十字线交点，这时从望远镜中可看到半明半暗的视场，如图 2.9.2(c)所示。由于在阿贝折射仪中直接刻出了与 β 角所对应的折射率，所以使用时可从仪器上直接读数而无需计算，阿贝折射仪对折射率的测量范围是 1.3000 至 1.7000。

2. 阿贝折射仪

阿贝折射仪结构如图 2.9.3 所示。其光学系统主要由望远系统和读数系统组成，如图 2.9.4 所示。待测液体放置在进光棱镜和折射棱镜之间，形成液层。阿贝折射仪采用白光照明，光经反射后进入进光棱镜，再经磨砂面漫反射后以各种方向进入折射棱镜。阿米西棱镜起抵消待测物体和折射棱镜产生的色散的作用。其读数系统由小反射镜、毛玻璃、刻度盘等组成。

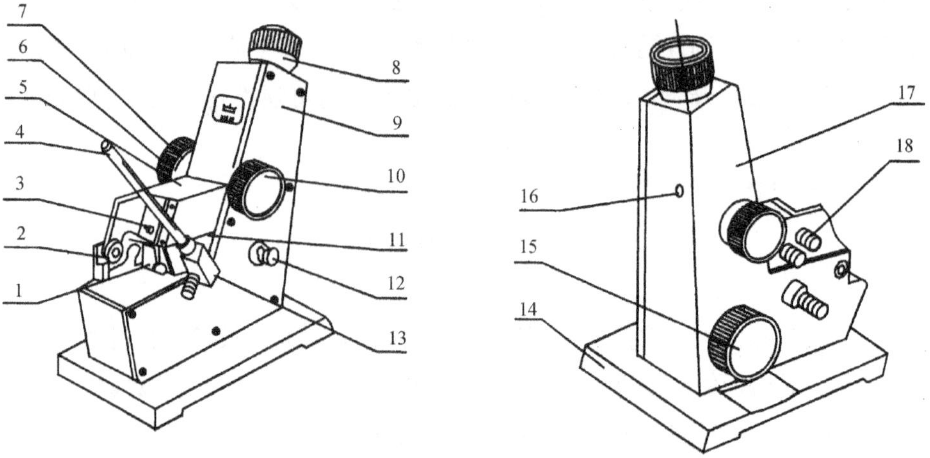

1—反射镜；2—转轴；3—遮光板；4—温度计；5—进光棱镜座；6—色散调节手轮；7—色散值刻度圈；8—目镜；9—盖板；10—棱镜锁紧手轮；11—折射棱镜座；12—照明刻度盘镜；13—温度计座；14—底座；15—刻度调节手轮；16—小孔；17—壳体；18—恒温器接头

图 2.9.3　阿贝折射仪结构图

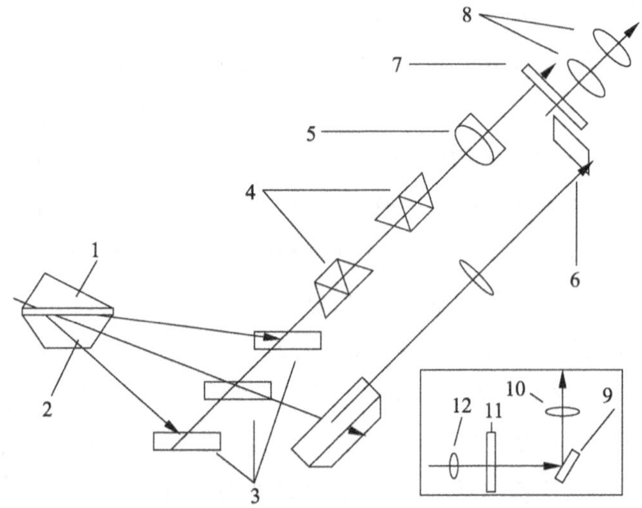

1—进光棱镜；2—折射棱镜；3—摆动反光镜；4—消色散棱镜组；5—望远物镜组；6—平行棱镜；7—分划板；8—目镜；9—读数物镜；10—反光镜；11—刻度板；12—聚光镜

图 2.9.4　阿贝折射仪望远系统及读数系统光路图

(1) 望远系统

进光棱镜 1 与折射棱镜 2 之间有一微小均匀的间隙，被测液体就放在此空隙内。当光线(日光或普通灯光)射入进光棱镜 1 时便在磨砂面上产生漫反射，使被测液层内有各种不同角度的入射光，再经折射棱镜 2 产生一束折射角均大于出射角的光线。由摆动反光镜 3 将此束光线射入消色散棱镜组 4 后会出现一明暗分界线，此消色散棱镜组由一对等色散阿米西棱镜组成，其作用是获得一可变色散来抵消由于折射棱镜对不同被测物体所产生的色散。望远镜 5 将此明暗分界线成像于分划板 7 上，分划板上有十字分划线，通过目镜 8 能看到如图 2.9.5 上半部分所示的像。

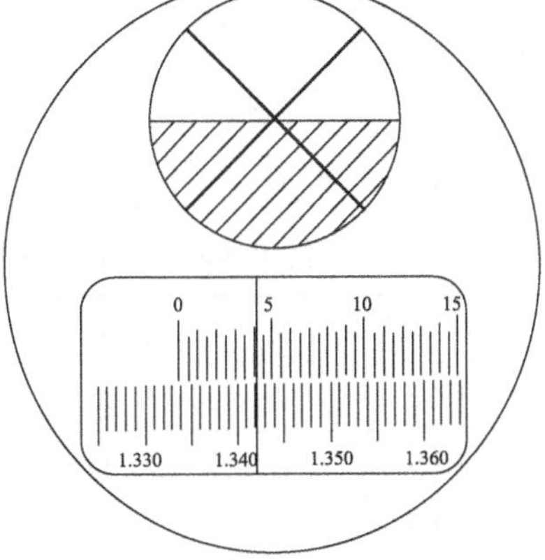

图 2.9.5　阿贝折射仪目镜视场

（2）读数系统

光线经聚光镜 12 照亮刻度板 11（刻度板与摆动反射镜 3 连成一体，同时绕刻度中心做回转运动）。通过反光镜 10、读数物镜 9、平行棱镜 6 将刻度板上不同部位的折射率示数成像于分划板 7 上，通过目镜 8 能看到如图 2.9.5 下半部分所示的像。下部刻度对应折射率的示数，其读数精确到小数点后 3 位，读数应有四位小数；上部刻度对应蔗糖溶液浓度，其读数只有一位小数。

阿贝折射仪用白光（日光或普通灯光）作为光源，而白光是连续光谱。由于液体的折射率与波长有关，对于不同波长的光线有不同的折射率，因而不同波长的入射光线，其临界角 θ_0 和出射角 β 也各不相同。所以，用白光照射时就不能观察到明暗半影，而将呈现一段五彩缤纷的彩色区域，也就无法准确地测量液体的折射率。为了解决这个问题，在阿贝折射仪的望远镜筒中装有阿米西棱镜，又称"光补偿器"。测量时，旋转阿米西棱镜手轮使色散为零，各种波长的光的极限方向都与钠黄光的极限方向重合，视场仍呈现出半边黑色、半边白色，黑白的分界线就是钠黄光的极限方向。另外，光补偿器还附有色散值刻度圈，读出其读数，利用仪器附带的卡片，还可以求出待测物的色散率。

（3）注意事项

① 阿贝棱镜质地较软，用滴管加液时，不能让滴管碰到棱镜表面，以免划伤。并合棱镜时，应防止待测液层中存在气泡。

② 实验前，应先用蒸馏水或标准玻璃块来校正阿贝折射仪的读数。

③ 测固体折射率时，接触液溴化萘的用量要适当，不能涂得太多，否则待测玻璃或固体容易滑下或损坏。

④ 实验后，用清洁液（如乙醚、乙醇等易挥发的液体）擦洗棱镜并擦干，整理放妥。

【实验内容及步骤】

1. 校准仪器(A,B 方案二选一)

- A 方案:用蒸馏水校准

(1) 记录室温,由表 2.9.1 确定蒸馏水的折射率 n_D。将棱镜锁紧手轮 10 松开,并将棱镜擦拭干净(注意:需用无水酒精或其他易挥发溶剂擦拭,用镜头纸擦干)。

表 2.9.1 蒸馏水的折射率与温度对照表

温度/℃	折射率(n_D)	温度/℃	折射率(n_D)
18	1.33316	25	1.33250
19	1.33308	26	1.33239
20	1.33299	27	1.33228
21	1.33289	28	1.33217
22	1.33280	29	1.33205
23	1.33270	30	1.33193
24	1.33260		

(2) 用滴管将两三滴蒸馏水滴入两棱镜中间,合上并锁紧。调节刻度调节手轮 15,使折射率读数恰为 n_D(如:室温为 20 ℃时,$n_D=1.3330$,此时水对应的浓度值为 $c_水$)。

(3) 通过测量镜筒观察黑白分界线是否与叉丝交点重合。若不重合,则在小孔 16 处用小起子慢慢旋转,使叉丝交点准确地和分界线重合,如图 2.9.6 所示。若视场出现色散,可调节色散调节手轮 6 至色散消失。

- B 方案:用标准玻璃块校准

(1) 松开棱镜锁紧扳手,将进光棱镜拉开。在玻璃块的抛光底面上滴溴化萘(高折射率液体),把它贴在折光棱镜的 DE 面上,玻璃块的抛光侧面应向上,以接收光线,使测量镜筒视场明亮,如图 2.9.7 所示。

(2) 调节刻度调节手轮 15,使折射率读数恰为标准玻璃块已知的折射率值。

(3) 通过测量镜筒观察,若分界线不与叉丝交点重合,则在小孔 16 处用小起子慢慢旋转,使得它们重合;若有色散,则调节手轮 6 消除色散。

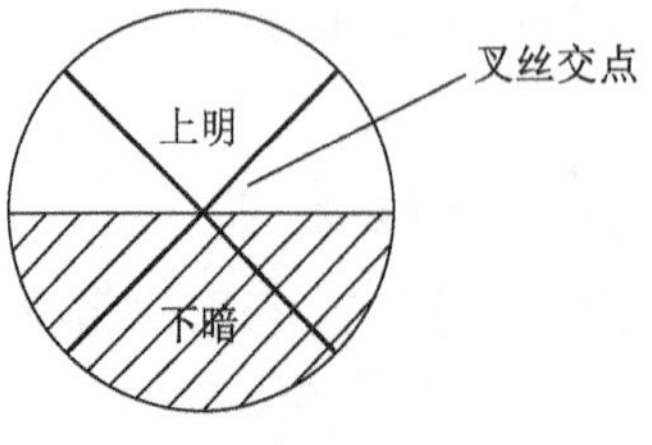

图 2.9.6 叉丝交点与分界线重合

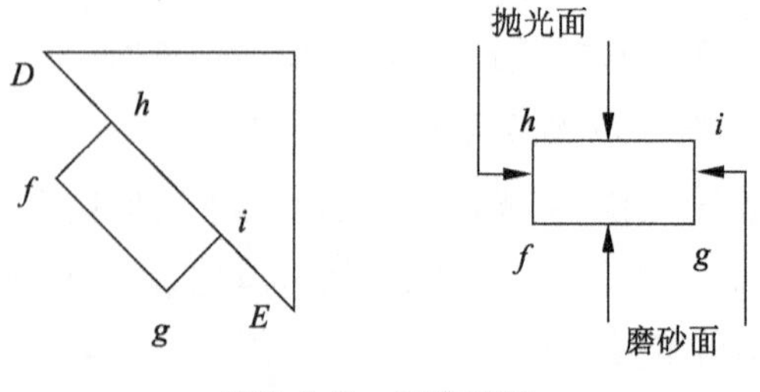

图 2.9.7 标准玻璃

2. 测葡萄糖溶液的折射率 n 和浓度 c

(1) 将进光棱镜和折光棱镜擦拭干净。

(2) 滴两三滴葡萄糖溶液在进光棱镜的磨砂面上,并锁紧。(若溶液易挥发,须通过棱镜组侧面的小孔加以补充)。

(3) 旋转刻度调节手轮 15,在测量镜筒中将观察到黑白分界线上下移动(若有彩色,则转动手轮 6 消除色散,使分界线黑白分明),直至视场中黑白分界线与叉丝交点重合。

(4) 在读数镜筒中读出分划板中葡萄糖溶液的折射率 n 和浓度 c。再对不同浓度的葡萄糖溶液样品进行测量,将测量结果记录在表 2.9.2 中。

表 2.9.2　测量葡萄糖溶液的折射率 n 和浓度 c 的原始数据

溶液编号		次数						平均
		1	2	3	4	5	6	
1 号	浓度 c(%)							
	折射率 n_1							
2 号	浓度 c(%)							
	折射率 n_2							
室温:		$n_{水}$ =						

【实验数据处理要求】

计算溶液的折射率 n 和浓度 c 的平均值,并根据 $c_{水}$ 修正其浓度值。

思考题

1. 如果待测液体的折射率 n 大于折射棱镜的折射率,问能不能用掠入射法来测定其折射率 n?

2. 在测量蒸馏水的折射率随温度变化的实验时,若水分蒸发完了,会出现什么现象?为什么?

第3章　像差测量实验

光学系统所成实际像与理想像的差异称为"像差",只有在近轴区且以单色光所成的像才是完善的(此时视场趋近于0,孔径趋近于0)。但实际的光学系统均需对有一定大小的物体以一定的宽光束进行成像,故此时的像已不具备理想成像的条件及特性,即像并不完善。像差的大小反映了光学系统成像质量的优劣。

像差由球面本身的特性所决定,即使透镜的折射率非常均匀,球面加工得非常完美,像差仍会存在。用高斯公式、牛顿公式或近轴光线计算得到的像的位置和大小是理想像的位置和大小;而实际光路计算所得到的像的位置和大小相对于理想像的偏差,可作为像差的尺度。像差又有几何像差和波像差之分。

几何像差:它是实际像点与理想像点的几何位置与大小的偏差,用于光学设计时的初始结构计算。

波像差:它是实际波面与理想波面之间的光程差,可以直接用于成像质量检验与评价。

像差的检测与评价是像差理论的重要内容,而像差理论是应用光学课程中的重要内容,通过一系列像差的测量实验,可以加深对应用光学理论的理解。

实验3.1　像差的星点法观察及测量

根据几何光学的观点,光学系统的理想状况是点物成点像,即物空间中某一点发出的光能在像空间集中在一点上,但由于像差的存在,在实际光学系统中是不可能出现的。评价一个光学系统像质优劣的依据是物空间中某一点发出的光能量在像空间的分布情况。在传统的像质评价过程中,人们先后提出了许多像质评价的方法,其中用得最广泛的有分辨率法、星点法和阴影法(刀口法)。

星点法评价光学系统像差是通过观察点光源(星点)经过物镜所成像斑的不同形状来评价系统成像质量的优劣。理论上,星点法是光学系统成像质量检验最基本、最简便的方法。

【实验目的】

1. 理解球差、彗差、像散等单色像差的概念。
2. 了解色差的产生原理。
3. 了解星点法的原理。
4. 掌握星点法测量成像系统单色像差的方法。
5. 能够依据透镜的像差特点，选择应用合适的透镜。

【课堂问题导引】

1. 什么是理想光学系统？像差如何定义与分类？
2. 主光线、子午面、弧矢面的定义是什么？
3. 什么是星点检验法？
4. 如何依据实验原理设计球差、色差等实验的测量光路？

【实验器材】

导轨、刀口、探测器、电子计算机、凸透镜、平行光管、环带光阑、小孔板（或可变光阑）2个、光屏。

【实验原理】

几何像差主要有七种：球差、彗差、像散、场曲、畸变、位置色差及倍率色差，前五种为单色像差，后两种为色差。

1. 球差

轴上某点发出的同心光束经光学系统后不再是同心光束，不同入射高度的光线交光轴于不同位置，相对近轴像点（理想像点）有不同程度的偏离，这种偏离称为轴向球差，简称球差（$\delta L'$），如图3.1.1所示。

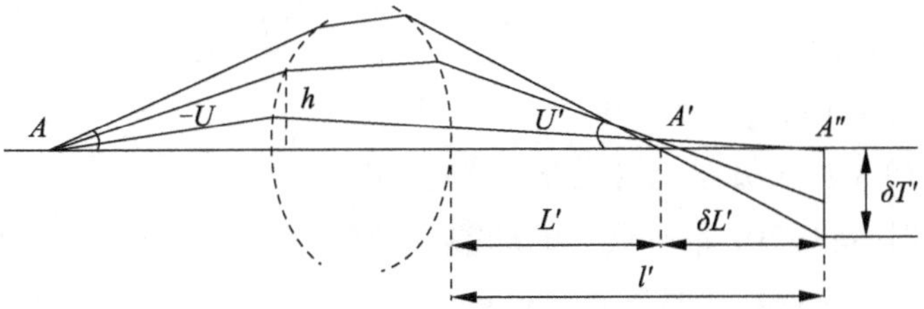

图3.1.1 轴上点球差

由于球差的存在，使得高斯像面上得到的不是点像，而是一个圆形弥散斑，其半径即为垂轴球差，即 $\delta T' = \delta L' \tan U'$。可见，球差越大，高斯像面上的弥散斑也越大，这将使像变得模糊不清。为使光学系统成像清晰，则必须校正球差，尤其对于大孔径系统，其对校正球差的要求更为严格。

球差的展开式为

$$\begin{cases}\delta L' = A_1 h^2 + A_2 h^4 + A_3 h^6 + \cdots \\ \delta L' = B_1 U^2 + B_2 U^4 + B_3 U^6 + \cdots\end{cases} \tag{3.1.1}$$

球差是入射高度 h 或孔径角 U 的偶函数,具有对称性。式(3.1.1)中的第一项称为初级球差,第二项称为三级球差,第三项称为五级球差。三级以上球差称为高级球差。$A_1(B_1)$,$A_2(B_2)$,$A_3(B_3)$分别为初级球差系数、三级球差系数、五级球差系数。孔径较小时,主要存在初级球差;孔径较大时,高级球差增大(如强光镜头、大准直系统)。

光学系统的球差是由系统各个折射面产生的球差传递到系统像方空间后相加而成,故系统的球差可以表示成系统各个面对应球差的贡献之和,即所谓的球差分布式。当对实际物体成像时,对于由 k 个面组成的光学系统,球差的分布式为

$$\delta L' = -\frac{1}{2n_k' u_k' \sin U_k'} \sum_1^k S_1 \tag{3.1.2}$$

式中,ΣS_1 为光学系统球差系数;S_1 为每个面上的球差分布系数;n_k'为光学系统第 k 个面的像方折射率;u_k'为第 k 个面的像方近轴光线的半孔径角;U_k'为第 k 个面的像方边缘光线的半孔径角。

球差使像点成为弥散斑,影响成像质量。孔径越大,球差越大,弥散斑越大,像就越模糊。球差的校正方法如下:

① 正、负透镜组合。球差是折射球面的固有像差,单个表面无法校正球差。单正透镜产生负球差,单负透镜产生正球差。

② 选择高折射率的材料。在保证光焦度不变时,提高透镜的折射率能增大球面曲率半径,减小球差。

③ 配曲法。球差随着透镜形状按二次抛物面的规律变化,存在一个球差最小的透镜最优形状。对于单个透镜,可以通过改变两折射球面的曲率来改变透镜形状。

校正球差只能使某带的球差为零。在实际设计光学系统时,常通过使初级球差与三级球差相补偿,将边缘带的球差校正到零,即

$$\delta L_m' = A_1 h_m^2 + A_2 h_m^4 = 0 \tag{3.1.3}$$

对于仅含有初级和三级球差的光学系统,当边缘带的球差为零时,在 0.707 带有最大的球差,其值为边缘带高级球差的 -1/4,如图 3.1.2 所示。

由最大孔径角的边缘光线求得的球差,称为边光球差;由 0.707 带孔径光线求得的球差,称为 0.707 带光线球差,简称“带球差”。

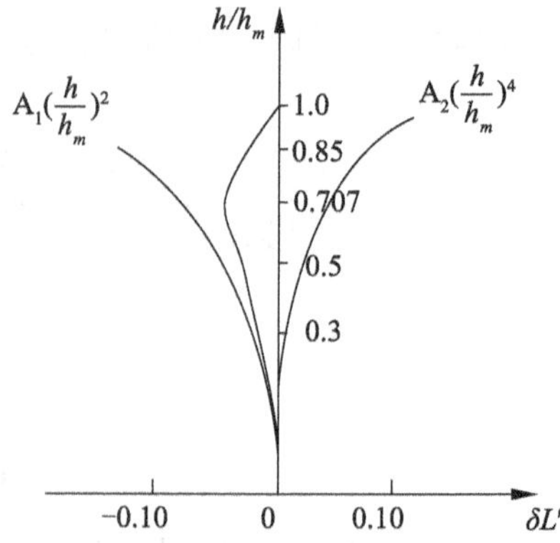

图 3.1.2 球差曲线

2. 彗差

彗差是轴外像差之一,它体现的是轴外物点发出的宽光束经系统成像后的失对称情况,像方光线不再以主光线为对称轴——轴外球差。彗差既与孔径相关,又与视场相关。若系统存在较大的彗差,则将导致轴外像点成为彗星状的弥散斑,影响轴外像点的清晰程度,如图 3.1.3 所示。

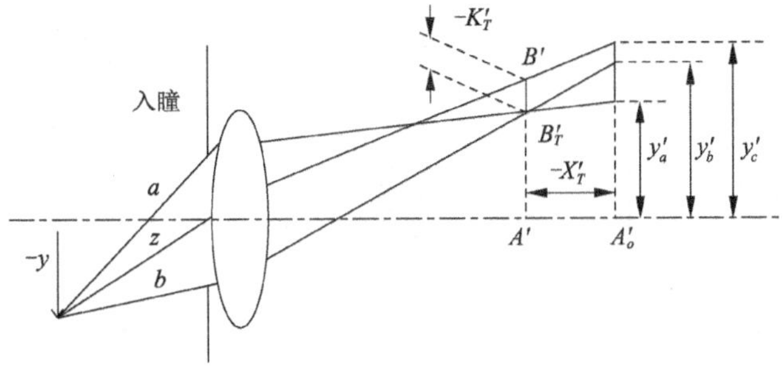

图 3.1.3 彗差

对于轴外物点,主光线不是系统的对称轴,对称轴是通过物点和球心的辅助轴。由于球差的影响,对称于主光线的同心光束经光学系统后不再相交于一点,在垂轴方向也不与主光线相交,即相对于主光线失去对称性。彗差可用来表示这种失对称性,而正弦差仅用来表示小视场时宽光束成像的不对称性。彗差与正弦差无本质区别,只是需要计算的光线有所不同。

3. 像散

轴外物点成像时形成两条相互垂直且相隔一定距离的短线像的一种非对称性像差,称为像散。由子午光束形成的像是一条垂直子午面的短线 t,称为子午焦线;由弧矢光束形成的像是一条垂直弧矢面的短线 s,称为弧矢焦线。这两条短线的光能量最为集中,两条短线之间沿主光线方向的距离为光学系统的像散。

$$x'_{ts} = x'_t - x'_s \tag{3.1.4}$$

式中,x'_{ts}表示像散大小;x'_t, x'_s分别表示子午焦线和弧矢焦线至理想像面的距离,如图 3.1.4 所示。在子午焦线和弧矢焦线中间,物点的像是一个圆斑,在其他位置呈椭圆形弥散斑。随视场的增大,像散迅速增大。

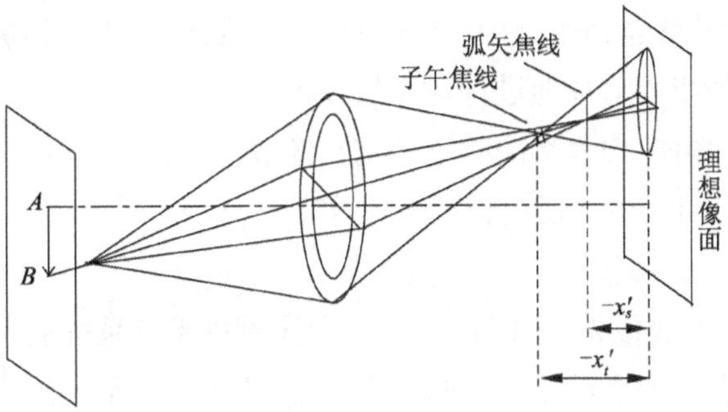

图 3.1.4 像散

当系统存在像散时，不同的像面位置会得到不同形状的物点像。若光学系统对直线成像，由于像散的存在，其成像质量与直线的方向有关，如图 3. 1. 5 所示。例如，若直线在子午面内，其子午像是弥散的，而弧矢像是清晰的；若直线在弧矢面内，其弧矢像是弥散的，而子午像是清晰的；若直线既不在子午面内也不在弧矢面内，则其子午像和弧矢像均不清晰，故而影响轴外像点的成像清晰度。

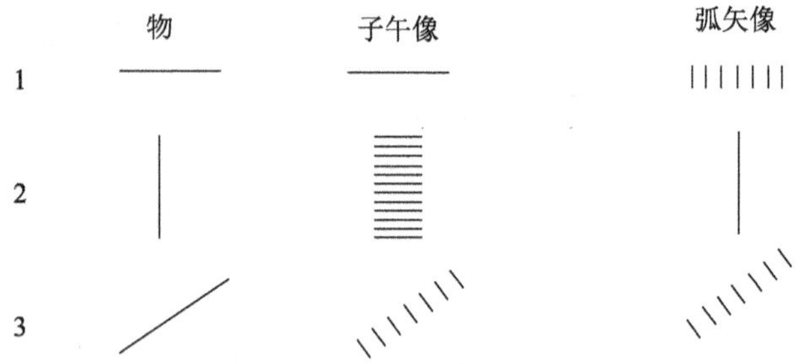

图 3. 1. 5　像散对成像质量的影响

像散校正方法：一般是通过改变光阑位置校正像散。

4. 场曲

使垂直光轴的物平面成曲面像的像差称为场曲，如图 3. 1. 6 所示。

子午细光束的交点沿光轴方向到高斯像面的距离，称为细光束的子午场曲；弧矢细光束的交点沿光轴方向到高斯像面的距离，称为细光束的弧矢场曲。即使像散消失(即子午像面与弧矢像面重合)，场曲依旧存在(像面是弯曲的)。

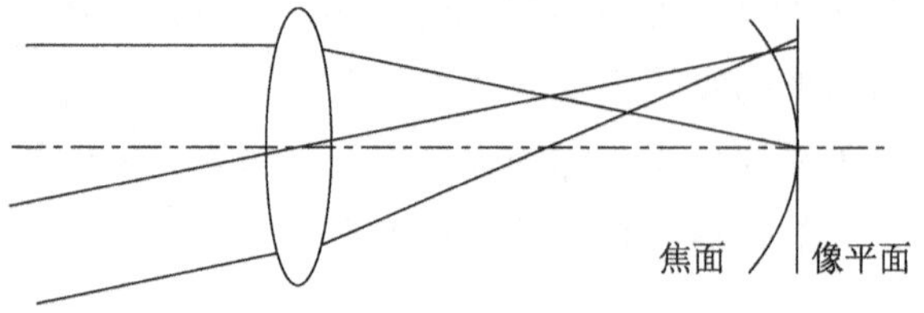

图 3. 1. 6　场曲

场曲是视场的函数，它随着视场的变化而变化。当光学系统存在严重场曲时，不能使一个较大的平面物体上的各点同时在同一像面上成清晰的像。当把中心调清晰，边缘就会变得模糊；反之，把边缘调清晰，中心会变得模糊。因此，对于照相机、投影仪等物镜，其底片或屏都是平面，所以要对场曲进行很好的校正。

有像散必然存在场曲，但有场曲时不一定有像散。

场曲校正方法：① 正、负透镜组合；② 厚透镜。

5. 畸变

畸变描述的是主光线像差，不同视场的主光线通过光学系统后与高斯像面的交点高度并不等于理想像高，其差别就是系统的畸变，如图 3. 1. 7 所示。

由畸变的定义可知，畸变是垂轴像差，它只改变轴外物点在理想像面的成像位置，使像的形状产生失真,但不影响像的清晰度。因此,对于一般光学系统,只要眼睛感觉不出像的明显变形,这种像差就无妨碍。

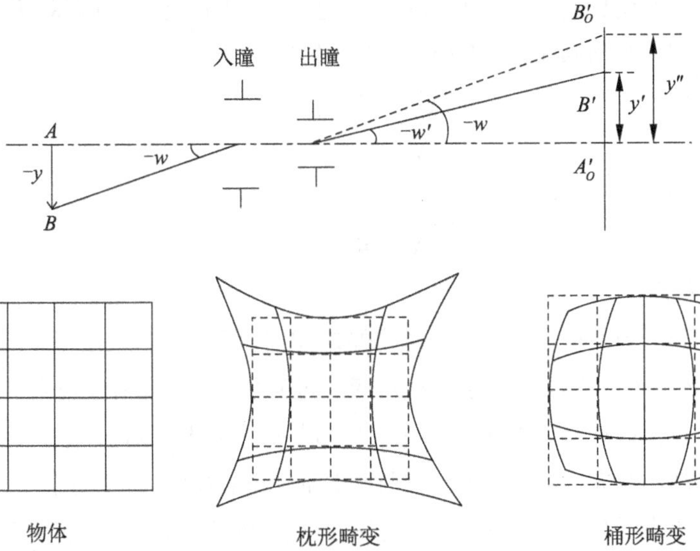

图 3.1.7 畸变

枕形畸变即正畸变,实际像高 > 理想像高;桶形畸变即负畸变,实际像高 < 理想像高。

畸变的校正方法:① 全对称系统(结构对称,物像对称),不产生畸变;② 孔径光阑与薄系统重合时,不产生畸变;③ 对于单薄透镜,光阑前移产生负畸变,光阑后移产生正畸变。

6. 色差

光学材料对不同波长的色光有不同的折射率,因此同一孔径不同色光的光线经过光学系统后与光轴有不同的交点。波长越短,折射率越大;波长越长,折射率越小。同一薄透镜对不同单色光都有不同的焦距,按色光的波长由短到长,它们的像点离开透镜由近到远地排列在光轴上。在任何像面位置,物点的像是一个彩色的弥散斑,如图 3.1.8 所示。各种色光之间成像位置和成像大小的差异称为色差。

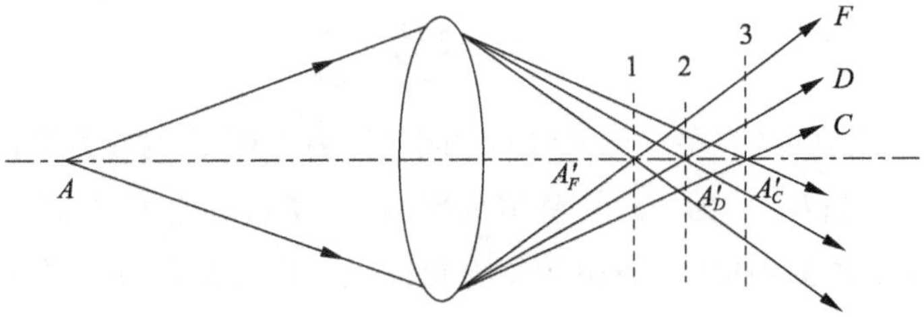

图 3.1.8 轴上点色差

轴上点两种色光成像位置的差异称为位置色差,也叫轴向色差。对目视光学系统用 $\Delta L'_{FC}$ 表示,即系统对 F 光(451 nm)和 C 光(690 nm)消色差

$$\Delta L'_{FC} = L'_F - L'_C \tag{3.1.5}$$

对近轴区域则表示为

$$\Delta l'_{FC} = l'_F - l'_C \tag{3.1.6}$$

根据定义可知，位置色差在近轴区就已产生。为计算色差，只需对 F 光和 C 光进行近轴光路计算，就可求出系统的近轴色差和远轴色差。

倍率色差是指 F 光与 C 光的主光线的像点高度之差，即

$$\Delta Y'_{FC} = Y'_F - Y'_C \tag{3.1.7}$$

近轴倍率色差表示为

$$\Delta y'_{FC} = y'_F - y'_C \tag{3.1.8}$$

7. 星点法检测

光学系统对相干照明物体或自发光物体成像时，可将物体光强分布看成无数个具有不同强度的独立发光点的集合。每一发光点经过光学系统后，由于衍射和像差及其他工艺疵病的影响，在像面处得到的星点像光强分布是一个弥散光斑，即点扩散函数。在等晕区内，每个光斑都具有完全相似的分布规律，像面光强分布是所有星点像光强的叠加结果。因此，星点像光强分布规律决定了光学系统成像的清晰程度，也在一定程度上反映了光学系统对任意物分布的成像质量。上述的点基元观点是进行星点检验的基本依据。

星点检验法是通过考察一个点光源经光学系统后在像面及像面前后不同截面上所成衍射像（通常称为星点像）的形状及光强分布，来定性评价光学系统成像质量好坏的一种方法。由光的衍射理论得知，一个光学系统对一个无限远的点光源成像，其实质就是光波在其光瞳面上的衍射结果，焦面上的衍射像的振幅分布就是光瞳面上的振幅分布函数，亦称光瞳函数的傅里叶变换，光强分布则是振幅模的平方。对于一个理想的光学系统，光瞳函数是一个实函数，而且是一个常数，代表一个理想的平面波或球面波，因此星点像的光强分布仅仅取决于光瞳的形状。在圆形光瞳的情况下，理想光学系统焦面内星点像的光强分布就是圆域函数的傅里叶变换的平方，即爱里斑光强分布

$$\begin{cases} \dfrac{I(r)}{I_0} = \left[\dfrac{2J_1(\psi)}{\psi}\right]^2 \\ \psi = kh\theta = \dfrac{\pi D}{\lambda f'}r = \dfrac{\pi r}{\lambda F} \end{cases} \tag{3.1.9}$$

式中，$I(r)/I_0$ 为相对强度（在星点衍射像的中间规定为 1.0）；r 为在像平面上离开星点衍射像中心的径向距离；$J_1(\psi)$ 为一阶贝塞尔函数；$k = 2\pi/\lambda$，称之为波数，其中 λ 为光的波长；$h = D/2$，D 为光学系统通光孔径；θ 为衍射角；f' 为系统的焦距；$F = f'/D$ 为光学系统的 F 数。

通常，光学系统也可能在有限共轭距内是无像差的，在此情况下 $k = 2\pi\sin u'/\lambda$，其中 u' 为成像光束的像方半孔径角。

无像差星点衍射像如图 3.1.9 所示，在焦点上中心圆斑最亮，外面围绕着一系列亮度迅速减弱的同心圆环。衍射光斑的中央亮斑集中了全部能量的 80% 以上，其中第一亮环

的最大强度不到中央亮斑最大强度的2%。在焦点前后对称的截面上，衍射图形完全相同。光学系统的像差或缺陷会引起光瞳函数的变化，从而使对应的星点像产生变形或改变其光能分布。待检系统的缺陷不同，星点像的变化情况也不同。故通过将实际星点衍射像与理想星点衍射像进行比较，可反映出待检系统的缺陷并由此评价像质。

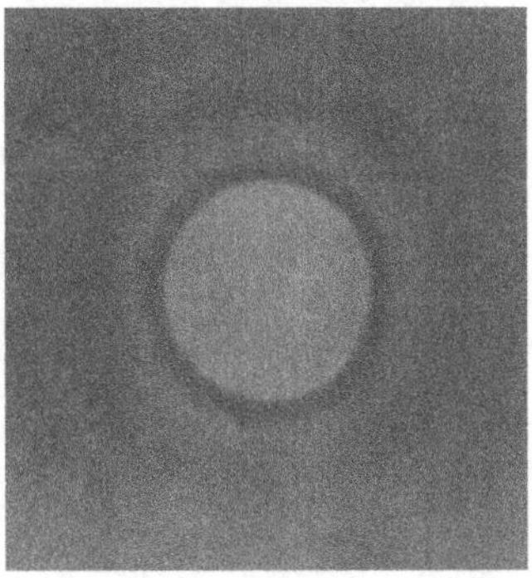

图 3.1.9 无像差星点衍射像

【实验内容及步骤】

1. 检查实验器材

认真检查实验器材是否有缺少或损坏，如有，请及时报告。

2. 观察平行光管结构

打开平行光管物镜盖，取下光源，观察平行光管结构，了解其基本原理，平行光管物镜盖中心开一直径为2 mm的小孔。

3. 调节平行光管与导轨平行等高

(1) 按图3.1.10安装平行光管，将平行光管调整到适当高度。

(2) 调节精密调节杆架，用水平气泡仪检查，使平行光管基本水平。

(3) 盖上平行光管物镜盖，安装光源(不加针孔及毛玻璃片)，打开光源开关，使平行光管发出的光经物镜盖中心的小孔发出，适当调节光源亮度，此光束可以看作平行光管的光轴。

(4) 参照绪论部分“1.7.1 光学元件同轴等高调节”的方法，对环带光阑、待测透镜及相机做同轴等高调节。实验中有三种直径的环带光阑可供选择，如图3.1.11所示。

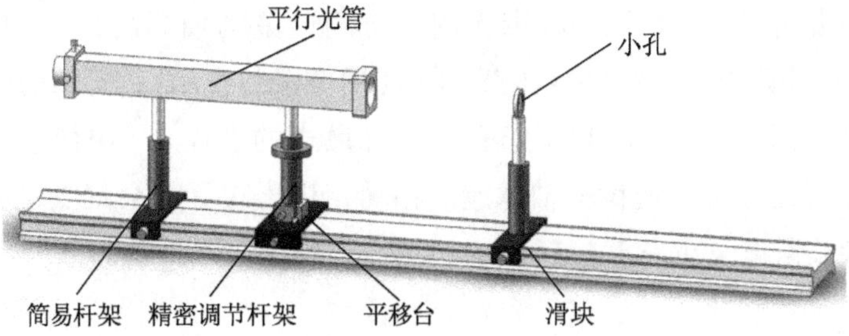

图 3.1.10 安装平行光管

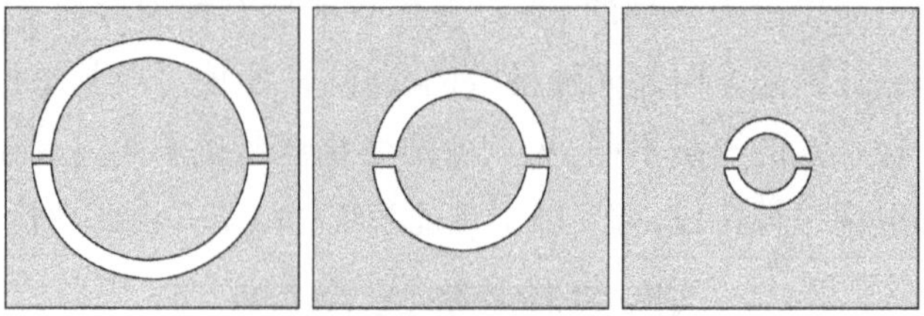

图 3.1.11 环带光阑示意图

4. 球差测量

参考图 3.1.1,自行设计并搭建观测单透镜轴上点球差的实验装置。取下平行光管的光源,安装针孔及毛玻璃片,再装上光源。沿光轴方向前后移动相机,找到轴上点通过被测透镜后星点像中心光最强的位置。前后轻微移动相机,观测星点像的变化,可看到球差现象,请画出球差的效果图。

相机的使用说明

(1) 双击桌面相机图标,打开相机应用软件。

(2) 单击左边导航栏“This PC”目录下的“HV1351UM”,单击上方工具条的“连续采集”图标,实现相机实时显示功能,此时相机开始工作。

(3) 单击左边“属性”导航栏,“视频模式”可以调整采集区域分辨率,一般选择“mode 0(1280×1024)”。

(4) 单击左边“属性”导航栏的快门控制,可以控制相机快门。快门就是用来控制光线射入相机时间长短进而控制进光量的装置。快门开启的时间越长,光线进入的时间越长,进光量越多,图像越亮;快门开启的时间越短,进光量自然越少,图像越暗。

(5) 单击左边“属性”导航栏的增益控制,可以控制相机增益。增益一般只是在信号弱,但不想增加曝光时间的情况下使用。增益越小,噪点越少;增益越大,噪点越多。

(6) 单击“摄像机”下侧的红色“停止采集”图标,可通过保存设置将图像存储到本机。

选用最小环带光阑(注意调整环带光阑与待测透镜同轴等高),移动相机找到会聚点,读取平移台丝杆读数 X_1 及会聚点的直径 d_1(用像素数表示);分别换用中等环带光阑和最大环带光阑,相机靶面上呈现弥散斑,记录弥散斑的直径 d_2(用像素数表示)。弥散斑与会聚点的半径之差即为透镜垂轴球差。移动相机再次寻找会聚点,读取平移台丝杆读数 X_2,将测量数据记录在表 3.1.1 中。

表 3.1.1　星点法测量球差的原始数据　　单位：mm

平行光管的规格：				
待测凸透镜编号或型号：		口径：	焦距：	
环带光阑	透镜到光屏距离 X_1	会聚点的直径 d_1	透镜到光屏距离 X_2	弥散斑的直径 d_2
小				
中				
大				

5. 彗差的观察

利用球差测量的实验装置，拿掉环带光阑，沿光轴方向前后移动相机，找到光线通过透镜后星点像中心光最强的位置。转动透镜，轻微调节使透镜与光轴成一定夹角，相机中的星点像即为彗差，画出效果图。

6. 像散的测量

利用球差测量的实验装置，沿光轴方向前后移动相机，找到光线通过透镜后星点像中心光最强的位置。转动透镜，使透镜光轴与原光轴成一定夹角（15°左右），沿光轴方向移动相机，分别找到子午焦面和弧矢焦面，画出光斑形状并读取平移台的示数 X_3 和 X_4，计算两个位置的距离，即为透镜的像散。将测量数据记录在表 3.1.2 中。

表 3.1.2　星点法测量像散的原始数据　　单位：mm

平行光管的规格：		
待测凸透镜编号或型号：　口径：　焦距：		
透镜微转角度：		
透镜到光屏的距离	子午焦面的坐标 X_3	弧矢焦面的坐标 X_4
光斑形状		

7. 色差的测量（选做）

利用球差测量的实验装置，平行光管选用蓝色 LED 光源，沿光轴方向移动相机，使得相机上光斑亮度最强，记下此时平移台上螺旋丝杆的读数 X_5。将光源换为红色 LED，相机靶面上呈现一个弥散斑，弥散斑与会聚点的半径差即是透镜的倍率色差；沿光轴方向调节平移台，使相机再次观测到一个会聚的亮点，记下此时平移台上螺旋丝杆的读数 X_6。将测量数据记录在表 3.1.3 中。

单击“停止”使相机停止采集，分别单击光环直径的左右位置，可以获得像素坐标 (a,b) 和 (c,b)，直径的像素值是 $(c-a)$。

表 3.1.3 星点法测量色差的原始数据 单位:mm

<table>
<tr><td colspan="5">平行光管的规格:</td></tr>
<tr><td colspan="3">CCD 相机像素数:</td><td colspan="2">像元大小:</td></tr>
<tr><td colspan="5">待测凸透镜编号: 口径: 形状:</td></tr>
<tr><td>序号</td><td>颜色</td><td>位置色差读数</td><td colspan="2">倍率色差读数</td></tr>
<tr><td>光源 1</td><td></td><td></td><td></td><td></td></tr>
<tr><td>光源 2</td><td></td><td></td><td colspan="2"></td></tr>
</table>

8. 结束实验

关闭实验桌上的开关,将所有光学元件按要求放回原处,结束实验。检查实验器材,如有缺少或损坏,请及时报告。

【实验数据处理要求】

1. 计算不同环带透镜轴向球差和垂轴球差的大小,并说明球差大小与哪些因素有关。
2. 计算透镜像散 $\Delta_2 X = X_4 - X_3$,并说明彗差、像散的大小与哪些因素有关。
3. 计算位置色差 $\Delta_3 X = X_6 - X_5$,并将位置色差与球差进行比较。
4. 计算倍率色差。

思考题

1. 在像散测量实验装置中,哪个是子午面或弧矢面?哪个是子午焦线或弧矢焦线?
2. 在像散测量实验中,如果不加环带光阑,效果如何?

实验 3.2 刀口阴影法测量光学系统像差

刀口检验技术是评估光学表面、光学零件或光学系统质量的一种经典方法。刀口仪是傅科(Foucault)于 1858 年提出的。这种方法是利用小孔光源或狭缝光源照明被检测的光学元件,当被检测的光学元件存在几何像差时,不同区域的光将会聚在像空间的不同位置上,刀口在像面附近切割成像光束,就可以看到具有特定形状的阴影图。

刀口仪是定性检测的仪器,检测镜面有没有误差是它的强项,也可以用它来估计镜面误差的大小。在光学冷加工中,刀口仪用于检验球面和非球面的质量;测定光学零件或光学系统的像差,如球差、像散等;测定凹球面的曲率半径;检验光学材料中的缺陷,如条纹、不均匀性等。在光学系统的检验和装配中,刀口仪用于检验各种非球面及大口径的球面和平面。

【实验目的】

1. 掌握球差、像散阴影图的特征。
2. 掌握测量轴向球差的图像处理方法。

【课堂问题导引】

1. 彗差产生的原因是什么？有何影响？
2. 像散产生的原因是什么？有何影响？
3. 场曲对成像质量有何影响？
4. 畸变产生的原因是什么？有何影响？
5. 刀口阴影法的检测原理是什么？

【实验器材】

导轨、刀口、探测器、电子计算机、凸透镜、平行光管、环带光阑、小孔板（或可变光阑）2个、光屏。

【实验原理】

刀口仪特别适用于大口径、长焦距、凹面镜光学元件的检验。刀口检测法的出现使天文光学仪器中光学元件的生产、加工等领域发生了根本性的变革。对于大表面的凹面镜，由于不能采用标准样板进行检验，在刀口仪发明之前，对技能的要求较高，且在很大程度上需要运气才能得到满意的面形。运用刀口仪，则可以简单、直观地判断元件的波面形状，大大提高了产品的合格率和加工效率。因此，一百多年来，虽然光学元件检测方式不断推陈出新，但刀口仪以其灵敏度高、直观性强、操作方便、简单灵活、成本低、速度快等优点，至今仍是光学加工中最为常用的检测仪器之一。

对于理想成像系统，成像光束经过系统后的波面是理想球面，如图3.2.1所示，所有光线都会聚于球心O。

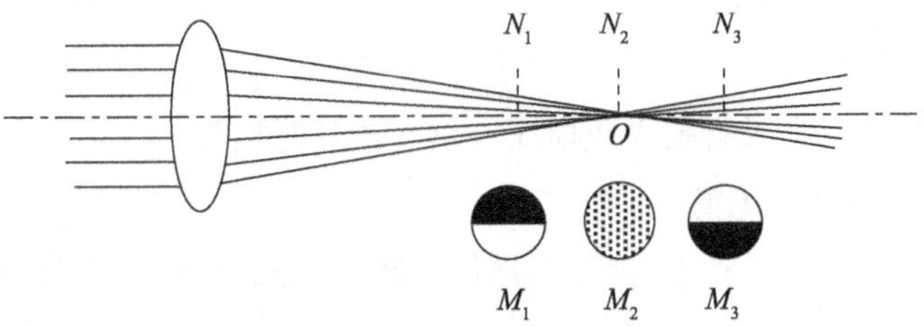

图3.2.1　理想系统刀口阴影图

（1）当刀口正好位于光束会聚点 O 处（位置 N_2，焦点处）时，则原本被照亮的视场会变暗一些，但整个视场仍然是均匀的（阴影图 M_2，焦点处）。

（2）阴影与刀口同方向移动（阴影图 M_1），则刀口位于光束会聚点之前（位置 N_1，焦前）。

（3）阴影与刀口反方向移动（阴影图 M_3），则刀口位于光束会聚点之后（位置 N_3，焦后）。

一般测量透镜的焦距，可以利用平行光（或无穷远光源）经过凸透镜于镜后成像的位置，粗略估计其焦点；若要精确测量透镜焦距，可使用刀口阴影法。

实际光学系统由于存在球差，成像光束经过系统后不再会聚于轴上同一点。此时，如果用刀口切割成像光束，根据系统球差的不同情况，视场中会出现不同的图案形状。图3.2.2中的（a）和（b）图分别为球差校正不足和球差校正过度的情况，相当于单片正透镜和单片负透镜球差情况。这两种情况在设计和加工质量良好的光学系统中一般极少见到，除非是把某些镜片装反了，或是检验时把整个光学镜头装反了，或是系统中某个光学间隔严重超差所致。（c）和（d）图所示为实际光学系统中常见的带球差情况。

利用刀口阴影法对系统轴向球差进行测量，就是要判断出与视场图案中亮暗环带分界（呈均匀分布的半暗圆环）位置相对应的刀口位置。一般系统球差的表示以近轴光束的焦点作为球差原点。

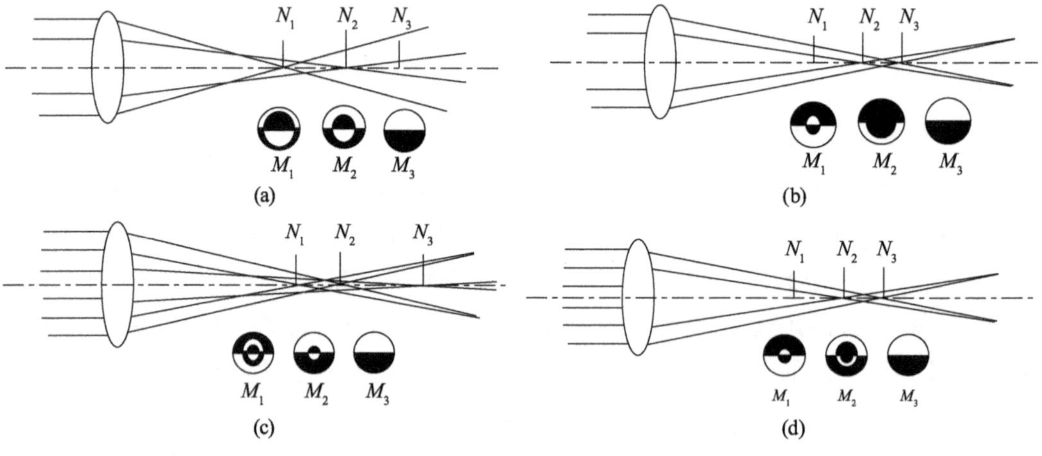

图3.2.2 系统存在球差时的阴影图

【实验内容及步骤】

1. 检查实验器材

认真检查实验器材是否有缺少或损坏，如有，请及时报告。

2. 调节光学元件平行等高

首先调节平行光管与导轨平行等高，再调节环带光阑、待测透镜及相机等光学元件与平行光管同轴等高。

3. 球差的测量

（1）参照图3.2.2的光路，自主设计并搭建刀口阴影法测量球差的实验装置，要求刀口在竖直方向与光轴垂直。

（2）平行光管的出射光经过最小环带光阑及待测透镜后会聚，调整相机使环带光阑的像大小适当；在会聚焦点附近放置刀口，旋转刀口底座平移台的测微螺杆，使刀口切割光轴，根据阴影现象寻找聚焦点，记录刀口分别在聚焦点（焦点）前、聚焦点上及聚焦点后切割时的阴影图，并记下所用光源的颜色和会聚焦点的位置；分别换上中等和最大孔径环带光阑，旋转刀口底座平移台的测微螺杆，使刀口切割光轴，根据阴影现象寻找会聚点，分别记录会聚焦点的位置，将测量数据记录在表 3. 2. 1 中。

表 3. 2. 1　刀口法测量球差的原始数据　　单位：mm

<table>
<tr><td colspan="2">平行光管的规格：</td></tr>
<tr><td colspan="2">待测凸透镜编号或型号：　　口径：　　焦距：</td></tr>
<tr><td>环带光阑孔径</td><td>透镜到刀口的距离</td></tr>
<tr><td>小</td><td></td></tr>
<tr><td>中</td><td></td></tr>
<tr><td>大</td><td></td></tr>
</table>

注：实验成败的关键是寻找聚焦点，当刀口切到聚焦点时，相机可以看到光斑逐渐、同时变暗。

4. 像散的测量

利用球差测量的实验装置，采用最小孔径光阑选光，将待测透镜旋转一个固定角度（15°左右），调整刀口至与竖直方向成 45°，放置在焦前并切割光轴，使阴影图一半消失。将刀口沿光轴方向移动，使阴影图只有右半部分；将刀口沿光轴方向向焦后移动，使阴影图只有上半部分；继续将刀口沿光轴方向向焦后移动，会观察到与以上阴影互补的阴影图。分别画出上述移动过程观察到的 4 幅阴影图，并记录其位置，将测量数据记录在表 3. 2. 2 中。假设相邻出现竖向和横向阴影图对应的平移台示数为 X_1，X_2，则 $|X_1 - X_2|$ 即为像散测量值。

表 3. 2. 2　刀口法测量像散的原始数据　　单位：mm

<table>
<tr><td colspan="5">平行光管的规格：</td></tr>
<tr><td colspan="5">待测凸透镜编号或型号：　　口径：　　焦距：</td></tr>
<tr><td>序号</td><td colspan="2">平移台示数</td><td colspan="2">图样</td></tr>
<tr><td>1</td><td>X_1</td><td></td><td rowspan="2">1</td><td rowspan="2">2</td></tr>
<tr><td>2</td><td>X_2</td><td></td></tr>
<tr><td>3</td><td>X_3</td><td></td><td rowspan="2">3</td><td rowspan="2">4</td></tr>
<tr><td>4</td><td>X_4</td><td></td></tr>
</table>

5. 结束实验

关闭实验桌上的开关,将所有光学元件按要求放回原处,结束实验。检查实验器材,如有缺少或损坏,请及时报告。

【实验数据处理要求】

1. 分别计算最小孔径环带光阑与中等孔径及最大孔径环带光阑的球差大小,并说明球差与孔径的关系。

2. 计算像散的大小。

思考题

1. 利用刀口可以准确判断透镜的焦点位置。请根据所学知识设计实验方案来测量透镜的焦距,列出所需实验器材,画出实验原理图并说明焦点位置的判断方法。

2. 球差产生的原因是什么?单透镜球差有何特点?会产生什么影响?

实验 3.3 剪切干涉测量光学系统像差

剪切干涉是利用待测波面自身干涉的一种检测方法。它具有一般光学干涉测量方法的优点,即非接触性、灵敏度高和精度高。同时,由于它无需参考光束,采用共光路系统,因此干涉条纹稳定,对环境要求低,仪器结构简单,造价低。在光学检验中,它可以用来检验一般光学零件、大型光学镜面及各种光学系统的质量。在光学测量中,应用剪切干涉仪可以测量光学零件参数,检验仪器精度和评定光学仪器装配质量等。

剪切干涉法可以检验各种大尺寸光学玻璃、晶体等的均匀性及其他缺陷。剪切干涉仪还对监测运转中的高功率铁玻璃多级放大器的激光束波面有特殊的意义,是获得激光光束性能及参量的重要手段之一。在特殊光学元件检验方面,尤其是在非球面检验中的应用也是一个重要方面。在气体动力学的流场研究中,剪切干涉也展现了新的应用前景。

【实验目的】

1. 熟悉光的相干条件。

2. 掌握剪切干涉测量透镜球差系数和离焦量的原理。

【课堂问题导引】

1. 光的相干条件是什么?

2. 什么是光程?什么是光程差?光程差与相位差之间有何关系?

3. 什么是等倾干涉?什么是等厚干涉?

4. 什么是分波面干涉？什么是分振幅干涉？

【实验器材】

导轨、探测器、电子计算机、小孔板(或可变光阑)2 个、扩束镜、准直镜、可变光阑、激光器、标准平晶、光屏。

【实验原理】

如图 3.3.1 所示，假设 W 和 W' 分别为原始波面和剪切波面，原始波面相对于平面波的波像差(光程差)为 $W(\xi,\eta)$，其中 $P(\xi,\eta)$ 为波面上的任意一点 P 的坐标，当波面在 ξ 方向上有一位移 S(即剪切量为 S)时，在同一点 P 上剪切波面上的波像差为 $W(\xi-S,\eta)$，所以原始波面与剪切波面在点 P 处的光程差(波像差)为

$$\Delta W(\xi,\eta)=W(\xi,\eta)-W(\xi-S,\eta) \tag{3.3.1}$$

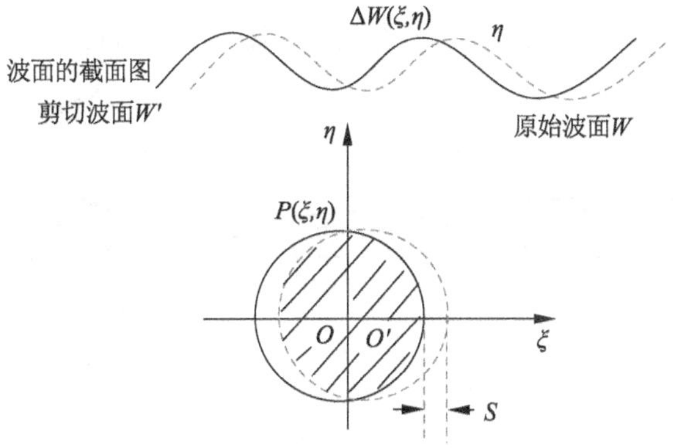

图 3.3.1　横向剪切的两个波面

由于两波面有光程差 ΔW，所以会形成干涉条纹，设在点 P 处干涉条纹的级次为 N，光的波长为 λ，则有

$$\Delta W=N\lambda \tag{3.3.2}$$

能产生横向剪切干涉的装置有很多，最简单的是利用平行平板。图 3.3.2 所示为平行平板横向剪切干涉仪的装置图。

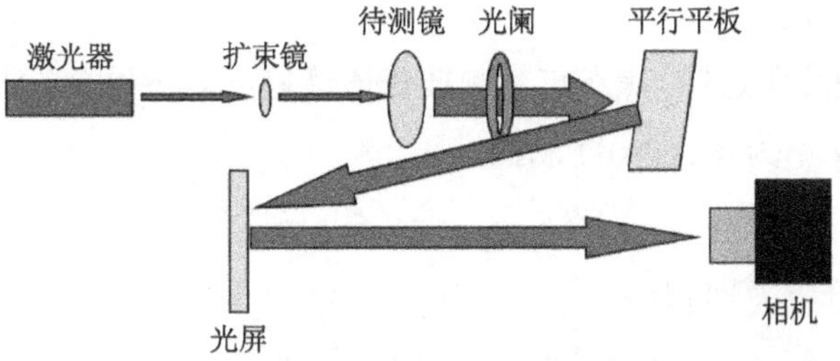

图 3.3.2　平行平板横向剪切干涉仪装置示意图

由于平行平板有一定厚度，对入射光束有一倾角，因此通过被检测透镜后的光波被玻

璃平板前后表面反射形成的两个波面发生横向剪切干涉，剪切量为 S，有

$$S=2dn\cos i' \tag{3.3.3}$$

式中，d 为平行平板的厚度；n 为平行平板的折射率；i' 为光线在平行平板内的折射角。S 一般为 1 ~ 3 mm。当使用光源为氦氖激光时，由于光源良好的时间和空间相干性，就可以看到清晰的干涉条纹。

干涉条纹的形状反映波面的像差，分析计算过程如下：

图 3.3.3 所示为光学系统的物平面(x_0,y_0)和入射光瞳平面$(\xi,\ \eta)$，AO 为光轴。对于旋转轴对称的透镜系统，只需要考虑物点在 y 轴上的情形，设物点的坐标为$(0,\ y_0)$，波面的光程 W 只是 ξ,η 和 y_0 的函数，即

$$W(\xi,\eta,y_0)=E_1+E_3+\cdots \tag{3.3.4}$$

其中，E_1 是近轴光线的光程，有

$$E_1=a_1(\xi^2+\eta^2)+a_2\,y_0\,\eta \tag{3.3.5}$$

式中，$a_1=\Delta z/2f'^2$，$a_2=1/f'$；y_0 为物点的垂轴离焦距离；Δz 为物点的轴向离焦距离。

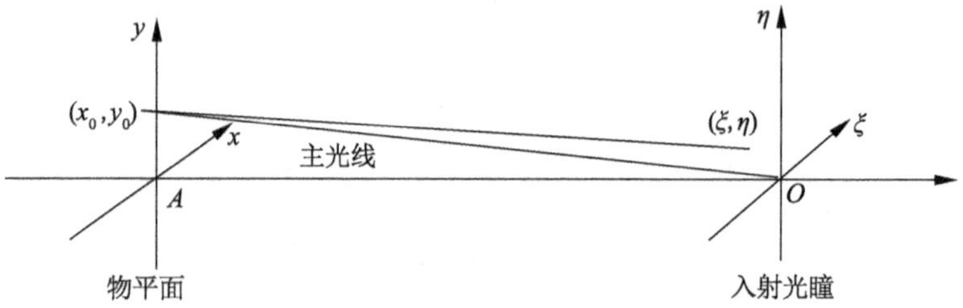

图 3.3.3 计算原理图

E_3 是赛德像差（初级波像差系数：b_1 场曲，b_2 畸变，b_3 球差，b_4 彗差，b_5 像散），有

$$E_3=b_1y_0^2(\xi^2+\eta^2)+b_2\,y_0^3\eta+b_3(\xi^2+\eta^2)^2+b_4y_0\,\eta(\xi^2+\eta^2)+b_5y_0^2\eta^2 \tag{3.3.6}$$

为了表达方便，将式(3.3.1)写成对称的形式，光瞳面$(\xi,\ \eta)$上原始波面与剪切波面的剪切干涉结果为

$$\Delta W(\xi,\eta,S)=W(\xi+0.5S,\eta)-W(\xi-0.5S,\eta) \tag{3.3.7}$$

将式(3.3.5)、(3.3.6)代入式(3.3.4)就可得 W 的具体表达式。下面讨论透镜具有初级球差和轴向离焦的情况。

(1) 扩束镜（短焦距透镜）焦点与被测准直透镜焦点 F 不重合（即物点与 F 不重合），但只有轴向离焦（Δz 不为零，$y_0=0$），则

$$W(\xi,\eta)=a_1(\xi^2+\eta^2) \tag{3.3.8}$$

由于剪切方向在 ξ 方向，有

$$\Delta W(\xi,\eta,S)=2a_1\xi S \tag{3.3.9}$$

所以，干涉条纹方程为 $\xi=m\lambda/2a_1S(m=0,\ \pm1,\ \pm2,\cdots)$，它为平行于 η 轴，间隔为 $\lambda/2a_1S$ 的直条纹，剪切条纹的零级条纹在 $\xi=0$ 处。

(2) 扩束镜焦点与被测准直透镜焦点 F 不重合，只有轴向离焦（Δz 不为零，$y_0=0$），透镜具有初级球差（b_3 不为零），剪切方向在 ξ 方向，则

$$W(\xi,\eta)=a_1(\xi^2+\eta^2)+b_3(\xi^2+\eta^2)^2 \tag{3.3.10}$$

所以波像差方程为

$$\Delta W(\xi,\eta,S)=2\eta S[a_1+2b_3(\xi^2+\eta^2)]+b_3\eta S^3 \tag{3.3.11}$$

此时，亮条纹方程为

$$2\eta S[a_1+2b_3(\xi^2+\eta^2)]+b_3\eta S^3=m\lambda \quad (m=0,\pm1,\pm2,\cdots) \tag{3.3.12}$$

(3) 初级球差 $\delta L'$ 与孔径的关系式为

$$\delta L'=A\left(\frac{h}{f'}\right)^2 \tag{3.3.13}$$

式中，$h^2=\xi^2+\eta^2$，ξ 和 η 为孔径坐标；f' 为透镜的焦距；A 为初级几何球差比例系数，而对应的波像差为其积分，即

$$W=\frac{n'}{2}\int_0^h \delta L'\mathrm{d}\left(\frac{h}{f'}\right)^2 \tag{3.3.14}$$

将式(3.3.13)代入式(3.3.14)，且 $n'=1$，则积分结果为

$$W(\delta L')=\frac{Ah^4}{4f'^4}=b_3(\xi^2+\eta^2)^2 \tag{3.3.15}$$

由于 $h^2=\xi^2+\eta^2$，所以由式(3.3.15)可以求出 b_3 与 $\Delta L'$，A 的关系式为

$$b_3=\frac{\delta L'}{4f'^2h^2}=\frac{A}{4f'^4} \tag{3.3.16}$$

因此，在式(3.3.12)中，令 $\Delta W=m\lambda/2$，就得到实验中的暗条纹方程，即

$$2\xi Sa_1+4Sb_3\xi^3+4Sb_3\xi\eta^2+b_3\xi S^3=0.5m\lambda \quad (m=0,\pm1,\pm2,\cdots) \tag{3.3.17}$$

利用最小二乘法拟合，由实验图上暗条纹的分布可以解出 a_1 和 b_3，再由公式 $a_1=\Delta z/2f'^2$ 和式(3.3.16)分别求出轴向离焦量 Δz 和初级球差 $\delta L'$。

【实验内容及步骤】

1. 检查实验器材

认真检查实验器材是否有缺少或损坏，如有，请及时报告。

2. 各光学元件同轴等高调节

依据绪论部分“1.7.1 光学元件同轴等高调节”的方法，对图3.3.2中所用的光学元件进行同轴等高调节。

3. 搭建光路图

(1) 参照图3.3.2所示光路，搭建光路图。依据绪论部分“1.7.2 平行光路调节”的方法，调出平行光束。

(2) 把可调光阑放置在薄透镜和平行平板之间，把光阑孔径调到最小，这样光屏上会出现两个亮点，如果光屏上的刻度较暗，可以用光源照明。打开 CMOS 相机，调节相机位

置及镜头焦距,使“亮点”和刻线清晰(如果拍照时刻线不清晰,可以用手机手电给刻线照明),如图 3. 3. 4 所示。单击“停止采集”并保存图像,被采集图像一定要包含“亮点”和刻度线,保证 CMOS 相机的成像面和光屏平行且光屏上的刻度尺保持水平,否则会影响计算精度。用计算机软件进行标定并求出这两个亮点之间的距离,这个距离就是剪切量 S。

(3) 移去可调光阑,调节薄透镜支座下的平移台,让透镜产生轴向离焦 Δz,同时单击相机下的红色“停止采集”图标,可通过保存设置将图像存储到本机。为了保证计算精度,这时光屏上出现的图案应如图 3. 3. 5 所示。图像采集过程需保证图像中心条纹为亮条纹,且图中暗纹至少为 6 条,太多或太少都会影响测量精度。

图 3. 3. 4　剪切量计算图

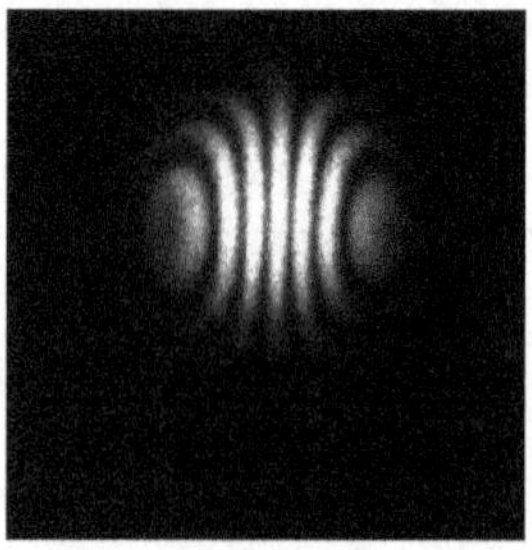

图 3. 3. 5　离焦时的图像

4. 计算离焦距离和初级球差

软件操作过程如下:

(1) 依次单击桌面上的应用光学实验软件→光电实验软件→剪切干涉测量初级球差像差实验软件→剪切干涉测量初级球差. *EXE*。

(2) 单击右侧“读入标定图像”操作按钮,在选择对话框中读入剪切量计算图(见图 3. 3. 4)。

(3) 在左侧“标定图中”选择相距 10 *mm* 的两个位置,移动鼠标单击光屏上的刻线中心,图像下方会显示当前坐标,分别将两个位置的坐标填入“输入标定参数”。

(4) 单击“相机标定计算”,软件会输出标定值。

(5) 输入二值化值,比如“50”,单击“生成二值化图”,单击“计算横向剪切量”,即可获得数值。

(6) 单击“横向剪切图像”,读入横向剪切图像(见图 3. 3. 5)。

(7) 选择扫描图中六个波谷的横坐标值,即可拟合 a_1 和 b_3 参数值。

(8) 输入待测透镜焦距数值和半径值(此处的半径值为透镜的有效通光孔径的一半)。

(9) 单击“轴向离焦距离和初级球差”,即可算出离焦距离和初级球差值。

5. 结束实验

关闭实验桌上的开关,将所有光学元件放回原处,结束实验。检查实验器材,如有缺少或损坏,请及时报告。

【实验数据处理要求】

利用软件求出被测透镜的轴向离焦量和初级球差。

思考题

1. 不同的实验在使用相机时,有时需要加镜头,有时并不需要加镜头,为什么?
2. 简述剪切干涉的基本原理。

实验3.4 利用变频朗奇光栅测量光学系统MTF值

光学传递函数,简称OTF(Optical Transfer Function),是近30年来光学领域中一个十分引人注目的前沿课题,也是近十几年人们特别关注的一门新兴学科——"信息光学"的重要组成部分。1948年,美国人谢德第一次用光学传递函数的方法,以全新的观点来评价电视摄影系统的成像质量,并获得了巨大的成功。20世纪五六十年代,光学专家做了大量的理论研究和实践工作,使得光学传递函数的理论更加完善。

现在,光学传递函数的方法已被全世界广泛用于光学自动控制的设计过程、光学设计结果的评论和光学镜头质量的检测等方面。

【实验目的】

1. 了解光学镜头传递函数测量的基本原理。
2. 掌握传递函数测量和成像品质评价的近似方法。
3. 学习抽样、平均和统计算法。

【课堂问题导引】

1. 什么是调制传递函数(MTF)?
2. 什么是分辨本领?
3. 瑞利判据的内容是什么?

【实验器材】

导轨、探测器、电子计算机、凸透镜、小孔板(或可变光阑)2个、可变光阑、光源、光屏、准直透镜、朗奇光栅。

【实验原理】

傅里叶光学证明了光学成像过程可以近似为线性空间中的不变系统来处理,从而可以在频域中讨论光学系统的响应特性。任何二维物体 $\Psi_o(x,y)$ 都可以分解成一系列 x 方向和 y 方向的不同空间频率(ν_x,ν_y)简谐函数(物理上表示正弦光栅)的线性叠加

$$\psi_o(x,y) = \int_{-\infty}^{\infty}\int_{-\infty}^{\infty}\Psi_o(\nu_x,\nu_y)\exp[i2\pi(\nu_x x+\nu_y y)]\mathrm{d}\nu_x\mathrm{d}\nu_y \tag{3.4.1}$$

式中,$\Psi_o(\nu_x,\ \nu_y)$为 $\psi_o(x,\ y)$的傅里叶谱,它是物体所包含的空间频率$(\nu_x,\ \nu_y)$的成分含量,其中低频成分表示缓慢变化的背景和大的物体轮廓,高频成分则表征物体的细节。

当该物体经过光学系统后,各个不同频率的正弦信号会发生两个变化。首先是调制度(或反差度)下降;其次是相位发生变化。这一综合过程可表示为

$$\Psi_i(\nu_x,\nu_y) = H(\nu_x,\nu_y)\times\Psi_o(\nu_x,\nu_y) \tag{3.4.2}$$

式中,$\Psi_i(\nu_x,\ \nu_y)$表示像的傅里叶谱;$H(\nu_x,\ \nu_y)$称为光学传递函数,这是一个复函数,它的模为调制度传递函数(Modulation Transfer Function, MTF),相位部分则为相位传递函数(Phase Transfer Function, PTF)。显然,当 $H=1$ 时,表示像和物完全一致,即成像过程完全保真,像包含了物的全部信息,没有失真,光学系统成完善像。

由于光波在光学系统孔径光阑上衍射及像差(包括设计中的余留像差及加工、装调中的误差)的存在,信息在传递过程中不可避免地出现失真。总的来讲,空间频率越高,传递性能越差。

对像的傅里叶谱 $\Psi_i(\nu_x,\ \nu_y)$再做一次逆变换,就得到像的复振幅分布

$$\psi_i(\xi,\eta) = \int_{-\infty}^{\infty}\int_{-\infty}^{\infty}\Psi_i(\nu_x,\nu_y)\exp[i2\pi(\nu_x\xi+\nu_y\eta)]\mathrm{d}\nu_x\mathrm{d}\nu_y \tag{3.4.3}$$

调制度 m 定义为

$$m = \frac{A_{\max}-A_{\min}}{A_{\max}+A_{\min}} \tag{3.4.4}$$

式中,$A_{\max}$和 $A_{\min}$分别表示光强的极大值和极小值。光学系统的调制传递函数可表示为给定空间频率下像和物的调制度之比,即

$$MTF(\nu_x,\nu_y) = \frac{m_i(\nu_x,\nu_y)}{m_o(\nu_x,\nu_y)} \tag{3.4.5}$$

除零频以外,MTF 的值永远小于 1。$MTF(\nu_x,\nu_y)$表示在传递过程中调制度的变化,一般来说,MTF 值越高,系统的像越清晰。平时所说的光学传递函数,往往是指调制度传递函数 MTF。图 3.4.1 给出了一个光学镜头的 MTF 曲线,不同视场的 MTF 不相同。

在生产检验中,为了提高效率,通常采用如下近似处理:

(1) 使用某几个甚至某一个空间频率 ν_0 下的 MTF 来评价像质。

(2) 由于正弦光栅较难制作,常常用矩形光栅作为目标物。

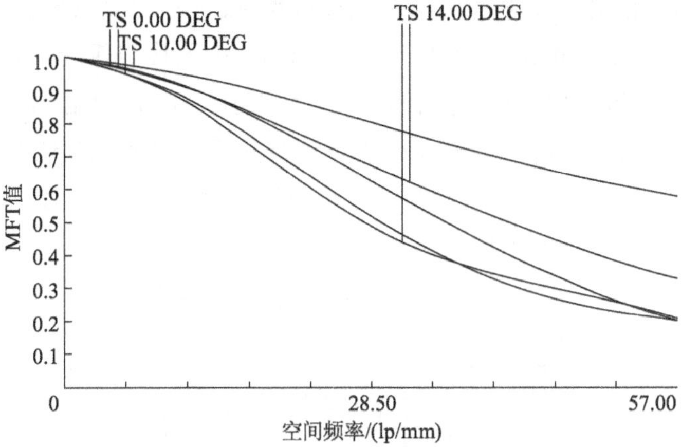

图 3.4.1 光学传递函数(不同曲线对应于不同视场)

本实验用 CMOS 相机对朗奇光栅的像进行抽样处理,测定像的归一化的调制度,并观察离焦对 MTF 的影响。该装置实际上是数字式 MTF 仪的模型。

给定空间频率下的满幅调制(调制度 $m=1$)的矩形光栅目标物如图 3.4.2 所示。如果光学系统生成完善像,则抽样的结果只有 0 和 1 两个数据,像仍为矩形光栅。在软件中对像进行抽样统计,其直方图为一对 δ 函数,位于 0 和 1,如图 3.4.3 与图 3.4.4 所示。

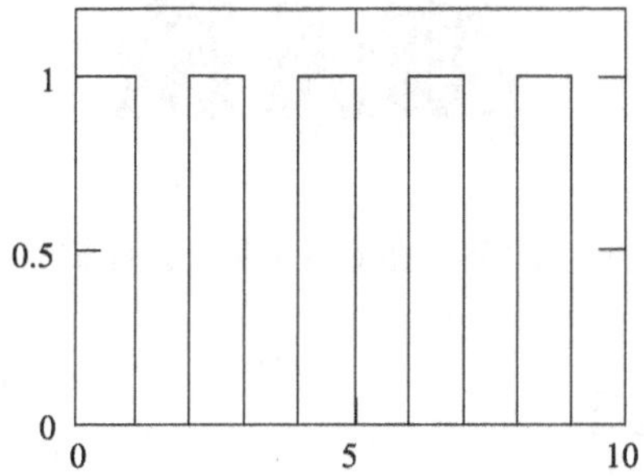

图 3.4.2 满幅调制(调制度 $m=1$)的矩形光栅目标函数

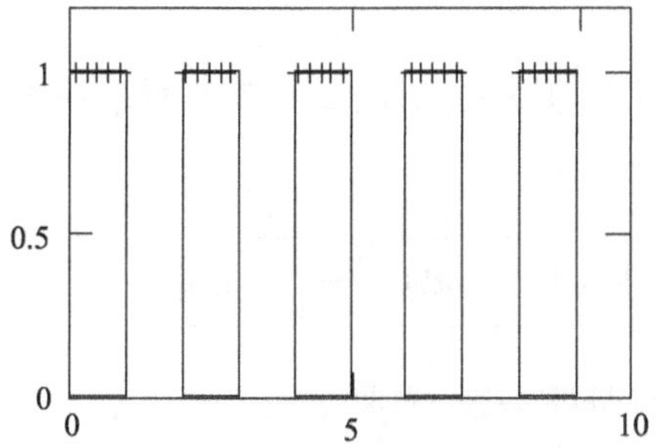

图 3.4.3 完美光栅像的抽样图

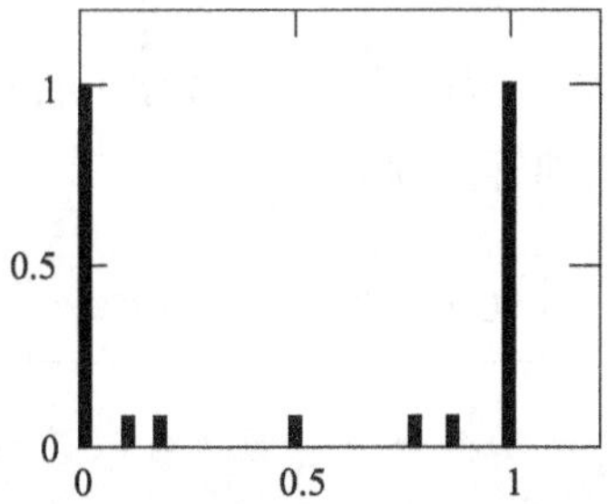

图 3.4.4 完美光栅成像的直方图统计

如上所述，由于衍射及光学系统像差的共同效应，实际光学系统的像不再是朗奇光栅，如图 3.4.5 所示，波形的最大值 A_{max} 和最小值 A_{min} 的差代表像的调制度。对图 3.4.3 所示图形实施抽样处理，其直方统计图如图 3.4.6 所示。找出直方图高端的极大值 m_H 和低端极大值 m_L，它们的差 $m_H - m_L$ 近似代表在该空间频率下的调制传递函数 MTF 的值。为了比较全面地评价像质，不仅要测量出高、中、低不同频率下的 MTF 值，大体作出 MTF 曲线，还应测定不同视场下的 MTF 曲线。

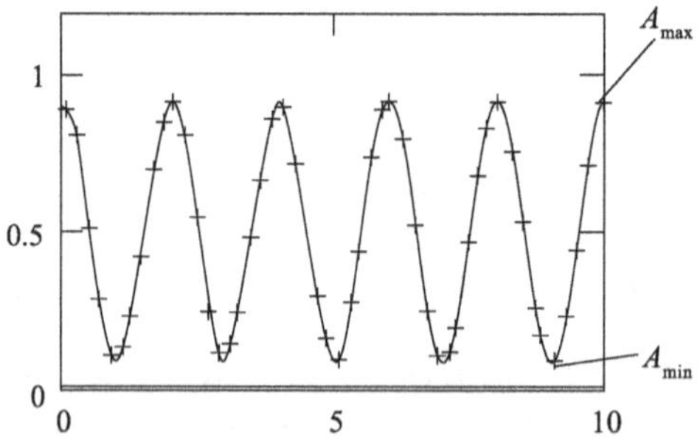

图 3.4.5　对矩形光栅的不完善成像进行抽样（样点用"+"表示）

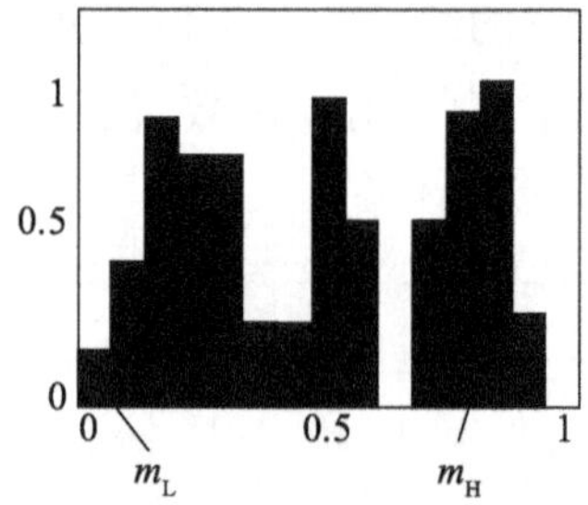

图 3.4.6　对矩形光栅的不完善成像的直方统计图

【实验内容及步骤】

1. 检查实验器材

认真检查实验器材是否有缺少或损坏，如有，请及时报告。

2. 各光学元件同轴等高调节

依据绪论部分"1.7.1 光学元件同轴等高调节"的方法，对图 3.4.7 中所用的光学元件进行同轴等高调节。

图 3.4.7　变频朗奇光栅测量 MTF 实验示意图

3. 搭建实验光路

参照图 3.4.7 搭建实验光路。

(1) 准直镜为单片的凸透镜，放置在距 LED 光源适当位置，使出射光束近似准直。

(2) 将准直好的光束照在目标板(变频朗奇光栅)上由水平横条纹、竖条纹、全白方格、全黑四个部分组成的循环单元部分。实验过程中目标板需要不断调整,因此支撑目标板的滑块和支撑杆要能够微调。

(3) 待测透镜到变频朗奇光栅的距离位于待测透镜一倍焦距与二倍焦距之间较为合适。

(4) 将相机(不带镜头)放入光路,打开相机自带软件,双击电脑桌面的相机图标,随后单击"视图"下方的实时显示功能键,将采集区域分辨率调至"1280 × 1024"。调整相机使一组"图像单元"清晰地充满显示区域,并且使画面中亮白的地方均匀不饱和(如果图像超亮饱和,调节 LED 光源的亮度旋钮,使光强变弱),确保拍摄的光栅像最大灰度值在 200 左右,如图 3.4.8 所示。单击"摄像机"下侧的红色停止键,之后将图像存储到本机。

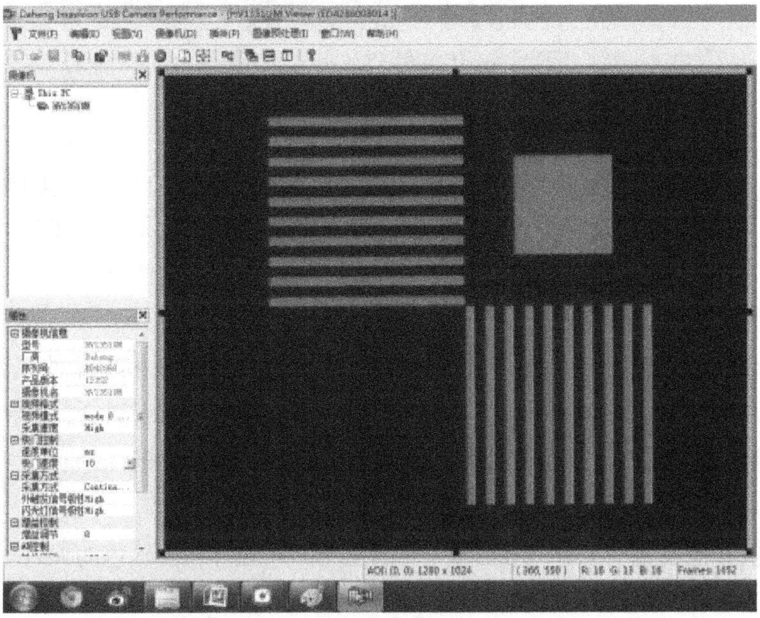

图 3.4.8 一组"图像单元"清晰地显示

4. 软件操作及实验数据处理

(1) 依次单击桌面上的应用光学实验软件→光电实验软件→朗奇光栅测量 MTF 实验软件→朗奇光栅测量 MTF 实验软件. EXE,打开测量软件。

(2) 以处理 10 lp/mm 光栅成像子午方向 MTF 为例,单击"读取图片",选择待测图片,移动红色选框到竖直条纹的合适位置,单击"保存截图数据",即完成数据截取,如图 3.4.9 所示。

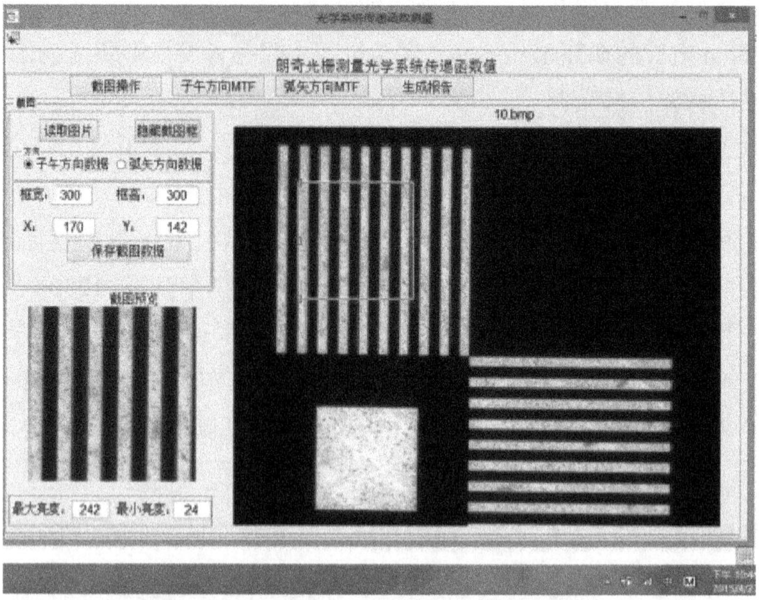

图 3.4.9 子午、弧矢方向条纹数据的采集

（3）条纹数据采集完成后，单击相应方向的 MTF 按键，随后界面右上侧会显示子午方向的光强分布图。单击“灰度统计”，选择“归一化强度统计”，最后单击“计算子午方向 MTF”，即可计算出子午方向 MTF 值，将数据记录在表 3.4.1 中。

（4）参照步骤(2)和(3)，测量弧矢方向的 MTF 值。

（5）移动朗奇光栅，将另一个空间频率的条纹单元移入图像采集软件界面的视野，重复上述过程，得出第二个空间频率下的 MTF 值。照此类推，从低到高，目标物板上共有 4 种空间频率条纹单元，分别为 10 lp/mm，25 lp/mm，50 lp/mm，80 lp/mm，一共得到 4 组 MTF 值。由此可作出该透镜成像时的近似 MTF 曲线。

（6）更换其他颜色的 LED 光源，重复上述过程，得出第二种颜色的 MTF 曲线，将测量数据记录在表 3.4.1 中。

表 3.4.1 利用变频朗奇光栅测量光学系统 MTF 值的原始数据

光源	子午方向 MTF 值/(lp/mm)				弧矢方向 MTF 值/(lp/mm)			
	10	25	50	80	10	25	50	80
红光 LED								
蓝光 LED								

5. 结束实验

关闭实验桌上的开关，将所有光学元件按要求放回原处，结束实验。检查实验器材，如有缺少或损坏，请及时报告。

【实验数据处理要求】

1. 根据测量的 MTF 值，分别绘出透镜用 2 种不同颜色成像时，子午方向和弧矢方向的 MTF 曲线。

2. 基于绘制的 MTF 曲线，分析透镜成像质量或光路调节情况。

思考题

1. 分析 MTF 曲线的基本要领有哪些?

2. 分析评价成像镜头清晰度的要素有哪些，并说明依据这些要素如何评价成像质量。

实验 3.5 基于线扩散函数测量光学系统 MTF 值

线扩散函数是线光源的像中光线的光照度或亮度的分布情况之数学描述。如果把像面上的线像长度方向称为 y 方向，那么线像沿 x 方向的亮度分布就称为线扩散函数(一维表示法)。

线扩散函数的概念与点扩散函数的概念很相似。亮直线(通常是照明的狭缝)通过光学系统成像后，亮度是往两侧散开的，其散开情况取决于成像系统的点扩散情况，这是因为这一亮线可以看作由许多亮点组合而成，这许多点扩散后的堆积就构成了线像的亮度分布。

【实验目的】

1. 了解衍射受限的基本概念。

2. 了解线扩散函数在测量镜头光学传递函数中的基本原理。

3. 了解快速傅里叶变换在计算测量时的应用，以及它对光学镜头参数及传递函数的影响。

4. 了解传递函数评估的基本原理。

【课堂问题导引】

1. 什么是衍射受限?

2. 什么是线扩散函数?

【实验器材】

导轨、探测器、电子计算机、小孔板(或可变光阑)2 个、凸透镜、可变光阑、光源、光屏、准直透镜、狭缝。

【实验原理】

1. 光学传递函数的基本理论

傅里叶光学证明了光学成像过程可以近似作为线性空间中的不变系统来处理,从而可以在频域中讨论光学系统的响应特性。任何二维物体 $\psi_0(x, y)$ 都可以分解成一系列 x 方向和 y 方向的不同空间频率(ν_x, ν_y)简谐函数(物理上表示正弦光栅)的线性叠加

$$\psi_0(x,y) = \int_{-\infty}^{\infty}\int_{-\infty}^{\infty} \Psi_0(\nu_x,\nu_y) \exp[i2\pi(\nu_x x + \nu_y y)]\mathrm{d}\nu_x \mathrm{d}\nu_y \tag{3.5.1}$$

式中,$\Psi_0(\nu_x, \nu_y)$为 $\psi_0(x, y)$的傅里叶谱,它是物体所包含的空间频率(ν_x, ν_y)的成分含量,其中低频成分表示缓慢变化的背景和大的物体轮廓,高频成分则表征物体的细节。

当该物体经过光学系统后,各个不同频率的正弦信号会发生两个变化。首先是调制度(或反差度)下降;其次是相位发生变化。这一综合过程可表示为

$$\Psi_i(\nu_x,\nu_y) = H(\nu_x,\nu_y) \times \Psi_o(\nu_x,\nu_y) \tag{3.5.2}$$

式中,$\Psi_i(\nu_x, \nu_y)$表示像的傅里叶谱;$H(\nu_x, \nu_y)$称为光学传递函数,这是一个复函数,它的模为调制度传递函数,相位部分则为相位传递函数。显然,当 $H=1$ 时,表示像和物完全一致,即成像过程完全保真,像包含了物的全部信息,没有失真,光学系统成完善像。

由于光波在光学系统孔径光阑上衍射及像差(包括设计中的余留像差及加工、装调中的误差)的存在,信息在传递过程中不可避免要出现失真。总的来讲,空间频率越高,传递性能越差。

对像的傅里叶谱 $\Psi_i(\nu_x, \nu_y)$再做一次逆变换,就得到像的光强分布

$$\psi_i(\xi,\eta) = \int_{-\infty}^{\infty}\int_{-\infty}^{\infty} \Psi_i(\nu_x,\nu_y) \exp[i2\pi(\nu_x\xi + \nu_y\eta)]\mathrm{d}\nu_x \mathrm{d}\nu_y \tag{3.5.3}$$

2. 传递函数测量的基本理论

(1) 衍射受限的含义

衍射受限是假设在理想光学系统里,根据物理光学理论,光作为一种电磁波,在通过光学系统中限制光束口径的孔径光阑时发生衍射,在像面上实际得到的是一个具有一定面积的光斑,而不是一个理想像点,所以即使是在理想光学系统中,其光学传递函数在超过一定空间频率以后也应等于零。该空间频率称为系统的截止频率,表示为

$$\nu_l = \frac{2n'\sin U'_{\max}}{\lambda} \tag{3.5.4}$$

式中,ν_l 为像方截止频率;n'为像方折射率;U'为像方孔径角;λ 为光线波长。

据上所述,物面上超过截止频率的空间频率是不能被光学系统传递到像面上的。因此,可以把光学系统看作一个只能通过较低空间频率的低通滤波器,通过对低于截止频率的频谱进行分析就可以对像质进行评价了。通常,把光学系统理想成像时的传递函数曲线称为该系统传递函数的衍射受限曲线。

实际光学系统存在各种像差,其传递函数值在各个频率上均比衍射受限频谱曲线所对应的值低。

(2) 传递函数连续测量的原理

当目标物为一狭缝,设狭缝的方向为 y 轴时,可以认为它在 x 轴上是一个非周期函数,如图3.5.1所示。它可以分解成无限多个频率间隔的振幅频谱函数。由于它们是空间频率的连续函数,因此对它们的传递函数进行研究,可以得到所测光学系统在一段连续空间频率的传递函数分布。其中,目标中的几何线(即宽度为无限细的线)成像后均被模糊了,即几何线被展宽了。设光学系统的线扩散函数(Line Spreading Function, LSF)为 $L(x)$,狭缝函数(即从狭缝输出的光强分布的几何像)为 $\eta(x)$,根据傅里叶光学的原理,在像面上的光强分布为

$$L'(x)=L(x)\otimes\eta(x) \tag{3.5.5}$$

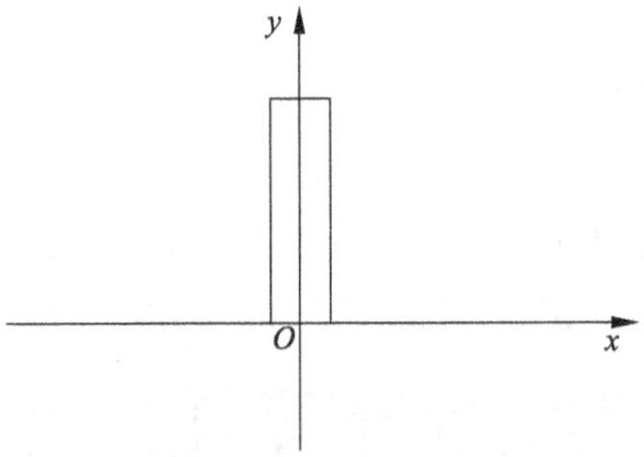

图3.5.1　狭缝示意图

如果使用面阵探测器,则沿 y 方向的积分给出 $L'(x)$。式(3.5.5)表明测出的一维光强分布函数为线扩散函数与狭缝函数的卷积。对式(3.5.5)进行傅里叶变换,得到

$$M'(\nu)=\mathrm{FT}\{L'(x)\}=\mathrm{FT}\{L(x)\}\times\mathrm{FT}\{\eta(x)\}=M(\nu)\times\tilde{\eta}(\nu) \tag{3.5.6}$$

式中,FT表示傅里叶变换;$M(\nu)$ 为线扩散函数 $L(x)$ 的傅里叶变换,即一维光学传递函数;$\tilde{\eta}(\nu)$ 为狭缝函数的傅里叶变换。该式表明,$L'(x)$ 的傅里叶变换为光学传递函数与狭缝函数的几何像的傅里叶变换的乘积。如果已知 $\eta(x)$,通过对式(3.5.6)的修正即可得到光学传递函数。

当狭缝足够细时,如比光学系统的线扩散函数的特征宽度小一个数量级以上,即 $\eta(x)\approx\delta(x)$,就有

$$\left.\begin{aligned}L'(x)&\approx L(x)\\ M'(\nu)&\approx M(\nu)=\mathrm{FT}\{L'(x)\}\end{aligned}\right\} \tag{3.5.7}$$

对 $L'(x)$ 直接进行快速傅里叶变换处理,就能得到一维光学传递函数。

评价光学系统成像质量(像质评价)时,通常要对一对正交方向的传递函数进行测量。

【实验内容及步骤】

1. 检查实验器材

认真检查实验器材是否有缺少或损坏，如有，请及时报告。

2. 各光学元件同轴等高调节

依据绪论部分“1.7.1 光学元件同轴等高调节”的方法，对图 3.5.2 中所用的光学元件进行同轴等高调节。

图 3.5.2 线扩散函数测量光学系统 MTF 实验装置示意图

3. 搭建实验光路

参照图 3.5.2 搭建实验光路。

（1）狭缝（将缝宽调至约 25 μm）位于准直镜的物方焦平面上，用 LED 光源给狭缝照明。实际实验中，LED 光源、狭缝及准直镜可以用平行光管代替。

（2）打开计算机上的相机软件，调整相机和狭缝的位置，使屏幕上可以清晰完整地显示狭缝的像，如图 3.5.3 所示。单击“摄像机”下侧的红色停止键，之后将图像存储到本机。

图 3.5.3 清晰完整的狭缝像

4. 软件操作及实验数据处理

（1）依次单击桌面上的应用光学实验软件→光电实验软件→线扩散函数测量 MTF 实验软件→线扩散函数测量 MTF 实验软件.EXE，打开测量软件。

（2）单击“读取图片”读取目标狭缝图，然后单击“显示截图框”，目标图像上会出现一个长方形红色选取框，将选取框拉到狭缝像的中心，再单击“保存截图数据”。

（3）选取完毕后，单击“线扩散函数测量 MTF”按钮，即可将线扩散函数的光强显示出来，之后单击“MTF 计算”按钮，即可在界面右上侧看到 MTF 曲线图。

5. 更换光源颜色

更换其他颜色的 LED 光源，重复上述过程，得出其他颜色的 MTF 曲线。

6. 结束实验

关闭实验桌上的开关,将所有光学元件按要求放回原处,结束实验。检查实验器材,如有缺少或损坏,请及时报告。

【实验数据处理要求】

1. 依据实验数据,画出不同颜色的线扩散函数曲线。
2. 依据实验数据,画出不同颜色的 MTF 曲线。

思考题

简述传递函数连续测量的原理。

实验 3.6 平面激光干涉仪的使用及动态范围测量

光学干涉测量技术是以光波为载体,以光波波长为单位的一种计量测试方法,是公认的高精度、高灵敏度的检测手段之一,在光学加工和检测方面占有重要的地位。干涉仪是以干涉测量技术为核心的光学计量仪器,它具有快速高效、非接触、无损伤等特点,并在精度和灵敏度上优于其他类型的光学计量仪器,广泛应用于粗糙度、角度、直线度、平面度、气体或液体浓度等物理量的测量,是光学工厂检测光学系统的波像差、光学元件的面形、光学材料的均匀性等必不可少的测量工具。干涉仪的类型有迈克尔逊型、牛顿型、泰曼—格林型、菲索型及马赫—曾德型等。

【实验目的】

1. 了解激光平面干涉仪的结构原理。
2. 学会运用干涉图分析被测光学元件的面形误差。

【课堂问题导引】

1. 菲索干涉仪的基本原理是什么?
2. 泰曼—格林干涉仪的基本原理是什么?
3. 什么是动态范围?

【实验器材】

Zygo Verifire XPZ 激光干涉仪、标准平面镜头、平晶、调整架、MetroproTM 9 面形分析软件。

【实验原理】

1. 干涉仪的基本结构

(1) 菲索干涉仪

菲索干涉仪是由菲索在1862年最先提出的。其因参考光和测试光共光路而具有抗干扰能力强、结构简单、对系统公差允许范围大、易做成大口径干涉仪等优点，备受光学检测者的青睐，因此商品化的干涉仪大多是菲索型的。如图3.6.1所示，以菲索干涉仪检测平板为例简要说明其工作原理。

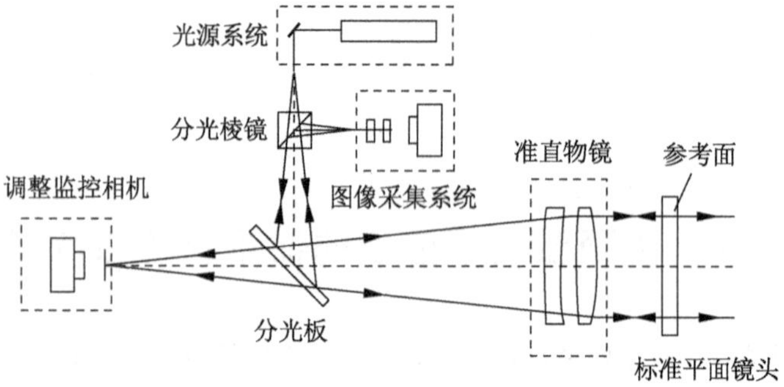

图3.6.1 菲索干涉仪检测平板

菲索干涉仪以单模氦氖激光器为光源，单色性好，条纹对比度高。发出的激光经空间滤波器滤波后从小孔发出，再经准直透镜准直后，依次垂直照射到基准平面与被检平面上，由于两平面间有一个空气隙，因此经两平面反射回来的两束光存在光程差，会产生干涉条纹。为了将干涉条纹保存下来，可以用一个分光镜将干涉条纹投影到成像系统里拍摄下来。通过毛玻璃屏也可以对干涉条纹进行实时观察。

商用菲索干涉仪早已投入使用，目前最为知名的是Zygo干涉仪与Wyko干涉仪。

(2) 泰曼—格林干涉仪

1916年，在迈克尔逊干涉仪的基础上，泰曼与格林改造发明了泰曼—格林干涉仪。泰曼—格林干涉仪的光路系统如图3.6.2所示，系统采用单色激光光源，激光发射出的准单色光用圆孔光阑挡住杂散光，使其成为一近单色点光源，经过透镜组的准直扩束出射的是平行光束，然后通过分光棱镜的分光作用使平行光束分成两束，其中一束光从平板的半透表面反射，通过补偿板入射到平面镜上反射后形成参考光束，另外一束光透过平板入射到待测平面镜上反射后形成测试波，接着两束反射光又重新通过平板的反射和透射形成两幅干涉图。其中一幅干涉图在会聚透镜焦点处可以获取，进而成像在观察屏；另外一幅干涉图则可以在扩束镜组前镜上呈现，通过原光路返回至光源处。因此，泰曼—格林干涉仪的光路系统其实相当于两平板之间的干涉，这与菲索干涉仪有相似之处。但是此干涉仪具有自身的特点：第一，待测镜或参考镜沿光轴移动，可以检测厚度较小的镜面，所以可以得到白光干涉现象；第二，参考镜可以前后移动，在光程差比菲索干涉仪少一半的情况下，仍可以检测反射镜比较大的移动量。

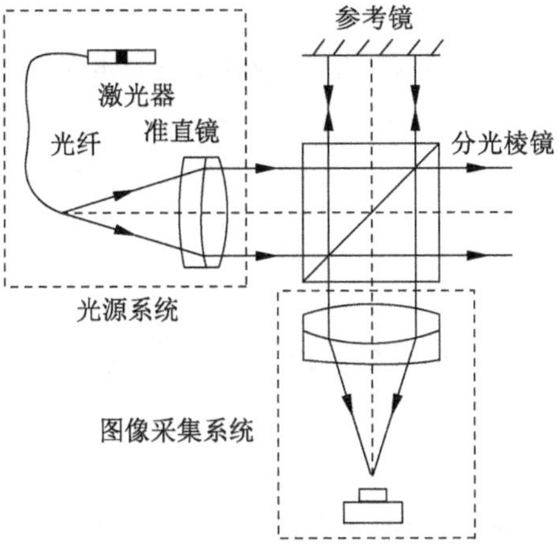

图 3.6.2　泰曼—格林干涉仪原理图

2. 波前误差指标

（1）PV 值和 RMS 值

PV 值对应的是波面峰值和谷值之间的差，是评价镜面面形的指标之一。RMS 值是一种统计量，主要是看波面的变化缓急。在平面检测时，如果将 PV 值看作镜片表面上最高点和最低点的差值，则 RMS 值就是镜片表面上峰谷差值的平均值。图 3.6.3 可形象地表达 PV 值与 RMS 值的含义。

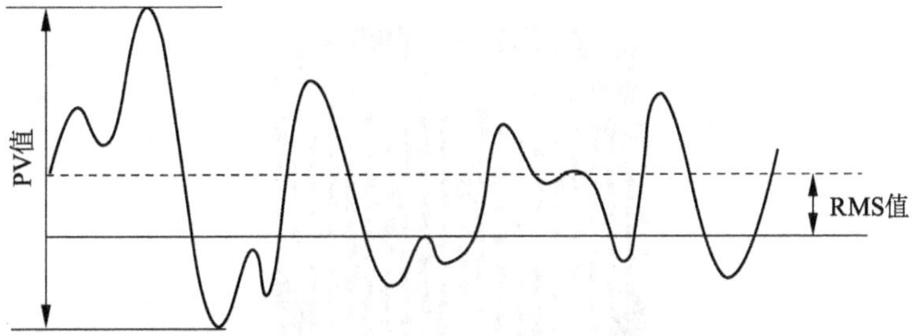

图 3.6.3　PV 值与 RMS 值的示意图

（2）power 值

一个实际被检测波前的最佳拟合球面的矢高值被定义为 power 值，并这样规定：当最佳拟合球面是会聚波前时，power 值为正值；当最佳拟合球面是发散波前时，power 值为负值。power 值越小，波前的准直性越高。通常将 power 值称为"离焦量"。

（3）PV 值、power 值与 N、ΔN 的关系

N 代表光圈数量，是曲率半径（R）偏差的定量描述。ΔN 代表局部光圈数，是表面面形局部误差的描述。在实际中，光学图纸对光学零件的要求常用光圈数（N）和局部光圈（ΔN）表示，而在光学零件加工出来后用数字波面干涉仪检测的却是 PV 值和 RMS 值。光圈数（N）和 PV 值的关系：光圈数 N 小，PV 值肯定比较小；PV 值比较小的，光圈数 N 不一

定小。PV 值是光圈的波峰和波谷的相对值，不考虑局部误差的影响，在说光圈时一般要考虑局部光圈误差的影响。

当被检验的球面或平面较好时，PV 值与 power 值通常是相等的，此时

$$N = 2\text{PV} \approx 2\text{power} \tag{3.6.1}$$

而此时，ΔN 值一般通过目视较难定量判断，若去除位置（PST）、倾斜（TLT）误差及离焦（PWR）后，则 ΔN 值可近视为

$$\Delta N \approx 2\text{PV} \tag{3.6.2}$$

PV 值、RMS 值与 power 值的单位都是波长。在应用干涉仪测量平面面形时，不应去除离焦（PWR）。

3. 动态范围

在采样基本完整时，能够测得的波像差的最大值即为平面干涉检测的动态范围。

在进行平面检测时，经过标准平面镜头的光束在参考面分为两束，一束经过参考面返回作为参考光，另一束穿过参考面，作为检测光照射到待检平面后再反射，这样就携带了镜面误差和调整误差的信息，当参考光与检测光相遇时就产生了干涉条纹。如果待测平面为理想平面，没有面形误差，当检测光线与待测平面恰好垂直时，干涉图为“零条纹”；当检测光线与待测平面不垂直时，干涉图为一组平行、等间隔、明暗相间的直条纹，如图 3.6.4 所示。此时，用直角坐标表示的波像差函数为

$$W = ax + by \tag{3.6.3}$$

式中，W 为波像差值；a，b 为倾斜系数。

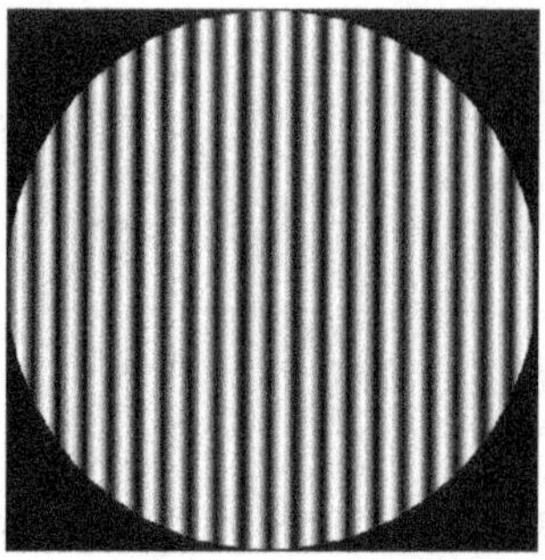

图 3.6.4 平面检测有倾斜时的干涉条纹

由于一般光学元件为圆形，且波像差与斜率成正比，为了方便理解，这里仅讨论条纹在竖直方向，即元件沿 x 轴方向倾斜的情景，即在式（3.6.3）中，令 $b=0$。

为了有效地采样，在垂直于直条纹的方向上一个干涉条纹至少需要占用探测器的 2 个像元，此时对应的波像差为半个波长。圆形理想平面元件的口径为 D，在采样时干涉图占用探测器阵列的像元为（M, N）。因此，每条干涉条纹对应的平面线宽度为 D/M，则相邻两个干涉条纹之间对应平面的线度 ΔD 为

$$\Delta D = \frac{2D}{M} \tag{3.6.4}$$

相邻两个条纹之间的光程差 $\Delta W=\lambda/2$，由式(3.6.3)可知

$$\Delta W=a\cdot\Delta D=\frac{\lambda}{2} \tag{3.6.5}$$

$$a=\frac{M\lambda}{4D} \tag{3.6.6}$$

此时的波像差函数为

$$W=\frac{M\lambda x}{4D} \tag{3.6.7}$$

当 $x=D$ 时，波像差最大

$$W_{\max}=\frac{M\lambda}{4} \tag{3.6.8}$$

由式(3.6.8)可知，探测器的像元阵阵列为 640×480 时，如果干涉图充满整个探测器，理论上在水平方向上能够分辨的直条纹数为 320 个，波像差为 160λ；在竖直方向上能够分辨的直条纹数为 240 个，波像差为 120λ。

【实验内容及步骤】

1. 开机

依次开启总电源，以及干涉仪主机箱右侧下方的“POWER(电源)”。

2. 运行程序

进入 Windows 后，双击桌面上的“Metropro. exe”操作软件，进入 Zygo 测试功能选择界面，单击“GPI. app”，进入操作界面。

3. 安装、校准标准平面镜头(可由指导教师完成)

(1) 将标准平面镜头与干涉仪主机链接机构连接，旋转镜头到底，再旋转固定螺丝锁紧。

(2) 调整监视器遥控器上的显示切换键(ALIGN/VIEW)，使监视器处于排列状态，调整镜头调节螺丝，使激光点与标志点(十字叉丝)重合。

4. 平面面形误差检测

(1) 调整监视器遥控器上的显示切换键(ALIGN/VIEW)，使监视器处于排列状态。将平晶放置到调整架上，调整调整架上的调整旋钮，使其反射回来的光斑与十字分划线交点重合。完成后，再按监视器遥控器上的显示切换键，使监视器处于浏览状态。继续调整调整架上的调整旋钮，使之为零条纹。

(2) 单击“Measure Cntrl”按钮，在“Intf Scale Factor”里输入“0. 5”。

(3) 单击测试界面中的“Measure”按钮，系统进行采样。

(4) 单击“Analyze Cntrl”按钮，按下“PST”“TLT”选择去除位置误差及倾斜误差，单击“Analyze”按钮，即可得到待测平面的面形误差分布，以及误差的 PV 值、RMS 值和 power 值，如图 3.6.5 所示。

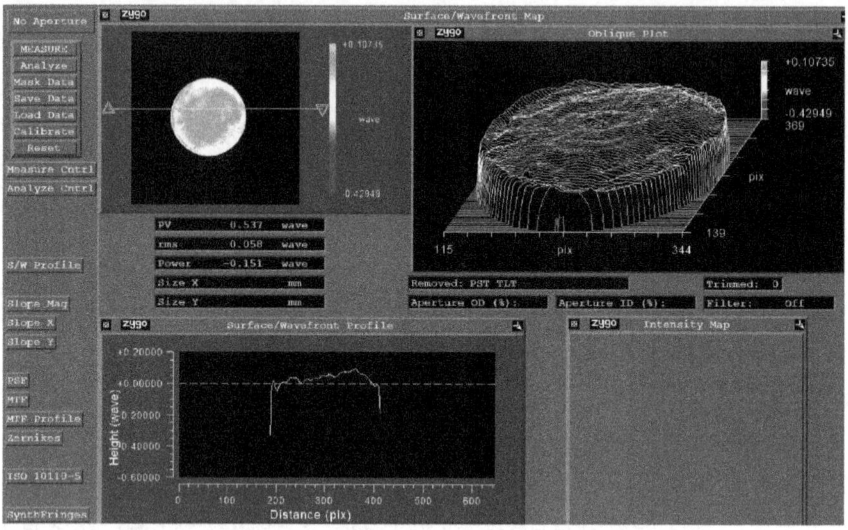

图 3.6.5 Zygo 波前分析软件界面

(5) 重复步骤(3)和(4),采集完整图样 5 次,记录 PV 值、RMS 值及 power 值。

(6) 练习波前分析的其他功能,如取有效孔径、去离焦、去毛刺等。

5. 平面倾斜干涉检测的动态范围

(1) 单击“Analyze Cntrl”按钮,仅按下“PST”。

(2) 调节检测平面使干涉条纹在竖直方向上,一边调节元件倾斜使干涉条纹变密,一边进行采样。查看 PV 值及波前误差分布。

(3) 稍微增大平晶倾斜角度使条纹变密,或者调整采样相机的变焦镜头,稍微缩小干涉图样尺寸,采样点数目也显著减小。此时的 PV 值即为平面倾斜干涉检测的动态范围。记录采样波前图的横坐标、纵坐标及 PV 值。

6. 结束实验

依次关闭“GPI. app”软件,关闭干涉仪主机箱右侧下方的“POWER(电源)”,关闭总电源。

【实验数据处理要求】

1. 计算平面面形误差的平均值。

2. 按式(3.6.8)计算出实际采样时平面倾斜干涉检测的动态范围,并与实际测量值比较,计算相对误差。

思考题

在应用干涉仪测量平面面形时,能不能去除离焦(PWR)误差?为什么?球面面形检测呢?

第4章　物理光学实验

在物理光学中，光是一种电磁波，因此物理光学也称为波动光学。光的电磁场理论主要研究光在介质中的传播规律，如光的干涉、光的衍射、光的偏振等物理现象，进而研究这些现象和规律的应用。物理光学是一门经典理论与近代技术相结合的应用性很强的课程。

几何光学所得的结果，通常是波动光学在某些条件下的近似或极限。几何光学考察的是孔径远大于波长的情况下光的传播过程，而波动光学研究的是任何孔径情况下的光的传播过程。虽然波动光学总能得出正确的解，但有时用波动光学的方法较为复杂，所以通常根据实际问题的性质来决定采用几何光学还是波动光学，或者两者兼而用之。例如，在光学仪器的一般光学系统设计中，多用几何光学的方法来确定系统的结构要素，但在用光能分布形式来评价其成像质量时，就必须用波动光学的方法。

实验4.1　杨氏双缝干涉实验探究

1807年，托马斯·杨总结出版了他的《自然哲学讲义》，书中综合整理了他在光学方面的工作，并第一次描述了双缝实验：把一支蜡烛放在一张开了一个小孔的纸前面，这样就形成了一个点光源（从一个点发出的光源）。然后在这张纸的后面再放一张纸，不同的是第二张纸上开了两道平行的狭缝，从小孔中射出的光穿过两道狭缝投到屏幕上，就会形成一系列明暗交替的条纹，这就是现在众人皆知的双缝干涉实验。

【实验目的】

1. 理解杨氏双缝干涉实验的结构与原理。
2. 观察杨氏双缝干涉条纹的现象。
3. 验证杨氏双缝干涉的公式。

【课堂问题导引】

1. 光的相干条件是什么？
2. 获得相干光的方法有哪些？分别有哪些典型的干涉？

3. 杨氏双缝干涉条纹的特点是什么?

【实验器材】

激光器、小孔板(或可变光阑)2 个、扩束镜、准直镜(平凸透镜)、凸透镜、双缝、光屏、相机。

【实验原理】

光波干涉的三个条件如下:两列光波的频率必须相同;两列光波在相遇点的振动方向必须相同,或者有振动方向相同的分量;两列光波在相遇的区域内,必须保持稳定的相位差。

杨氏双缝干涉实验是用分波前法产生干涉的最著名实验,其干涉原理如图 4.1.1 所示。

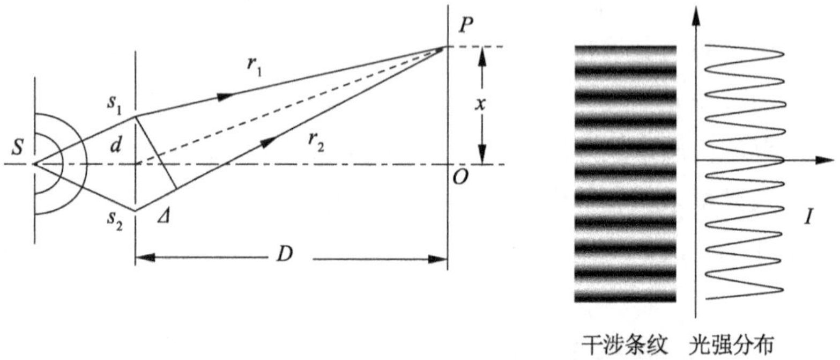

图 4.1.1 杨氏双缝干涉的原理图

S 是单色点光源,s_1,s_2 是不透明板上的两个小孔(后来托马斯·杨为了提高干涉条纹的亮度,改为两条平行的狭缝)。从 S 发出的光波,其波面传到 s_1,s_2 后形成两列频率相同、振动方向也相同的光波。对于空间某一点 P,从 s_1,s_2 到点 P 的距离是一定的,或者说光程是一定的,也就是说它们之间的光程差也是一定的,那么从 s_1,s_2 发出的两列光波到达点 P 时,在该点产生的相位差也是一定的。因此,在两列光波相遇的区域内可以得到稳定的相位差分布,这就满足了光的干涉条件中非常重要的第三个条件。

狭缝 s_1 和 s_2 之间的距离为 d 且对称设置,它们到单色光源 S 的距离相等。则从 s_1 和 s_2 发出的光波是由同一波面分出来的,是相干光,它们在相距为 D 的观察屏上叠加,形成一定的干涉图样。

考察观察屏上某点 P 处的光强分布情况:设狭缝 s_1 到点 P 的距离为 r_1,s_2 到点 P 的距离为 r_2,从 s_1 和 s_2 发出的光波在点 P 的光强度分别为 I_1 和 I_2。本实验中的两狭缝大小相等,则 $I_1 = I_2 = I_0$。根据光的叠加原理,它们在点 P 产生的光强度 I 为

$$I = I_1 + I_2 + 2\sqrt{I_1 I_2}\cos\delta = 4I_0\cos^2\frac{\delta}{2} \tag{4.1.1}$$

其中，δ 为两列光波在点 P 的相位差，其表达式为

$$\delta = 2\pi \frac{r_2 - r_1}{\lambda} = 2\pi \frac{\Delta}{\lambda} \tag{4.1.2}$$

式中，λ 为光源的波长；Δ 为两列光波到达点 P 的光程差（设空气折射率 $n \approx 1$）。

建立如图 4.1.2 所示的坐标系来确定观察屏上的光强分布。

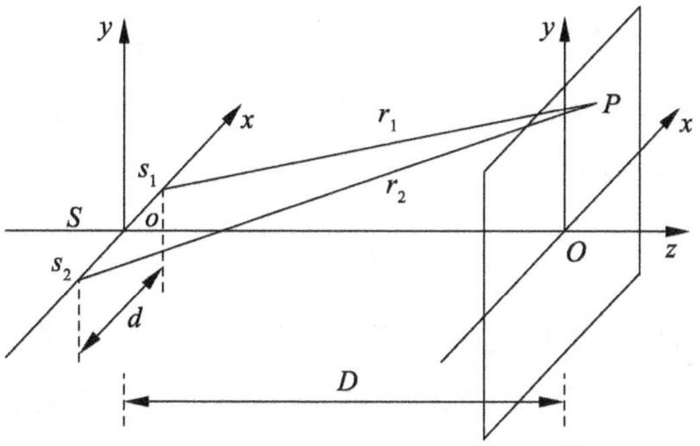

图 4.1.2　坐标系选取示意图

观察屏上任意点 P 的坐标为$(x,\ y,\ D)$，由几何关系可推导出

$$r_1 = \sqrt{\left(x - \frac{d}{2}\right)^2 + y^2 + D^2} \tag{4.1.3}$$

$$r_2 = \sqrt{\left(x + \frac{d}{2}\right)^2 + y^2 + D^2} \tag{4.1.4}$$

由上面两式可得 $r_2^2 - r_1^2 = 2xd$，于是有

$$\Delta = r_2 - r_1 = \frac{2xd}{r_1 + r_2} \tag{4.1.5}$$

实际情况中 $d \ll D$，若同时满足 $x, y \ll D$，则 $r_1 + r_2 \approx 2D$，那么

$$\Delta = r_2 - r_1 \approx \frac{xd}{D} \tag{4.1.6}$$

于是有

$$I = 4I_0 \cos^2\left[\frac{\pi x d}{\lambda D}\right] \tag{4.1.7}$$

由式（4.1.7）可知，坐标 x 相同的点具有相同的强度，形成同一条干涉条纹。实验中选定 λ，d 和 D 后，就可以得到稳定的干涉条纹。

当光程差 Δ 为波长的整数倍（半波长的偶数倍）时，即

$$\Delta = \frac{xd}{D} = m\lambda \qquad (m = 0,\ \pm 1,\ \pm 2,\ \cdots) \tag{4.1.8}$$

时，相位差 δ 为 2π 的整数倍（π 的偶数倍），将式（4.1.8）代入公式（4.1.7），可知相应位置有最大光强 $I = 4I_0$，为亮纹。此时的 x 用 $x_{亮}$ 来表示亮条纹中心，即

$$x_{亮} = m\frac{D}{d}\lambda \qquad (m = 0,\ \pm 1,\ \pm 2,\ \cdots) \tag{4.1.9}$$

当光程差 Δ 为半波长的奇数倍时,即

$$\Delta = \frac{xd}{D} = (2m+1)\frac{\lambda}{2} \qquad (m=0,\ \pm1,\ \pm2,\cdots) \tag{4.1.10}$$

时,相位差 δ 为 π 的奇数倍,代入公式(4.1.7),可知相应位置有最小光强 $I=0$,为暗纹。此时的 x 用 $x_{暗}$ 来表示暗条纹中心,即

$$x_{暗} = (2m+1)\frac{D}{d}\frac{\lambda}{2} \qquad (m=0,\ \pm1,\ \pm2,\cdots) \tag{4.1.11}$$

综上可知,当干涉级次 m 取相邻的两个数值时,可以得出相邻亮条纹和相邻暗条纹之间的距离是相等的,它们各自等于

$$\Delta x_{亮} = \Delta x_{暗} = \frac{D}{d}\lambda \tag{4.1.12}$$

通过上面的分析,可以得出杨氏双缝干涉条纹的特点:① 干涉条纹的走向垂直于 s_1 和 s_2 连线(x 轴)的方向,或者说与双缝的缝走向一致。② 明暗相间的条纹亮度是呈余弦平方规律变化的,其变化是逐渐的,从最亮慢慢地变弱,直到最暗;又从最暗慢慢加强,直到最亮。③ 明暗条纹是等间距的,即相邻的最暗条纹间的距离(或者说最亮条纹间的距离)是相等的。

【实验内容及步骤】

1. 检查实验器材

认真检查实验器材是否有缺少或损坏,如有,请及时报告。

2. 光学元件同轴等高调节

依据绪论部分"1.7.1 光学元件同轴等高调节"的方法,对图 4.1.1 中所用的光学元件进行同轴等高调节。

3. 搭建光路

按照杨氏双缝干涉原理图 4.1.1 搭建光路。激光束经扩束准直后得到平行光,在准直镜和双缝之间放置一凸透镜(相当于凸透镜焦点处的点光源),并在较远位置处用相机接收。

4. 观察干涉条纹

打开相机自带软件观察干涉条纹。

(1) 旋转改变杨氏双缝的位置,观察干涉条纹的走向变化。

(2) 改变相机与双缝间的距离,观察干涉条纹的条纹间距变化。

(3) 当双缝方向为竖直或水平时,保存相机采集到的图像。

5. 验证杨氏双缝干涉的公式

(1) 运行物理光学实验软件,进入双缝干涉条纹分析及公式验证界面,导入步骤 4 中保存的干涉条纹图像。

(2) 在软件中,选择垂直于干涉条纹方向的"横线"或"竖线",得到光强分布图。在

光强分布图中分别读出三组亮纹间距和三组暗纹间距，将图中的红线移到相应的峰或谷的位置，即可读出相应位置坐标，把数据记录在表 4.1.1 中。

表 4.1.1 杨氏双缝干涉实验的原始数据 单位：mm

<table>
<tr><td colspan="8">双缝间隔 d =</td><td colspan="4">光的波长 λ =</td></tr>
<tr><td colspan="12">缝到屏的距离 D =</td></tr>
<tr><td colspan="12">干涉条纹 x 方向坐标（以像素为单位）</td></tr>
<tr><td colspan="2">1</td><td colspan="2">2</td><td colspan="2">3</td><td colspan="2">4</td><td colspan="2">5</td><td colspan="2">6</td></tr>
<tr><td>峰</td><td>峰</td><td>峰</td><td>峰</td><td>峰</td><td>峰</td><td>谷</td><td>谷</td><td>谷</td><td>谷</td><td>谷</td><td>谷</td></tr>
<tr><td></td><td></td><td></td><td></td><td></td><td></td><td></td><td></td><td></td><td></td><td></td><td></td></tr>
</table>

参考值：$d = 1.2$ mm，$\lambda = 650$ nm，具体数据以实际实验为准。

（3）通过软件进行杨氏双缝干涉公式的验证。对于条纹间距 Δx、双缝间距 d、缝与屏的距离 D 及波长 λ 这 4 个参数，只要输入已知的 3 个参数，就可计算出需要验证的参数。本实验中双缝间距 d 及激光波长 λ 已知，再测量出缝到屏的距离 D，记录在上表中，则可将条纹间距 Δx 作为需要验证的参数。

6. 结束实验

关闭实验桌上的电源开关，将所有光学元件按要求放回原处，结束实验。检查实验器材，如有缺少或损坏，请及时报告。

【实验数据处理要求】

1. 根据表格中的原始数据计算出以像素为单位的平均条纹间距。
2. 根据摄像机像元尺寸（参考值为 5.2 μm，具体数据以实际实验为准），计算出以毫米为单位的平均条纹间距。
3. 根据杨氏双缝干涉公式计算条纹间距。
4. 计算条纹间距的相对误差，对条纹间距公式进行验证。

思考题

1. 若在杨氏双缝干涉实验装置的狭缝 s_1 右侧放置一个折射率为 n，厚度为 h 的透明介质板，那么干涉条纹将如何移动？干涉条纹移动的距离和数目分别是多少？
2. 查阅相关资料，基于 Matlab 软件完成杨氏双缝干涉实验的仿真。

实验 4.2　迈克尔逊干涉仪的搭建及气体折射率的测定

迈克尔逊干涉仪,是 1881 年美国物理学家迈克尔逊和莫雷合作,为研究“以太”漂移而设计制造出来的精密光学仪器。它利用分振幅法产生双光束以实现干涉。通过调整该干涉仪,可以产生等厚干涉条纹,也可以产生等倾干涉条纹。它主要用于长度和折射率的测量。在近代物理和近代计量技术中,如在光谱线精细结构的研究和用光波标定标准米尺等实验中都有着重要的应用。利用该仪器的原理,研制出了多种专用干涉仪。本实验要求用分光棱镜、反射镜等,在光学平台上组装迈克尔逊干涉仪,并用光纤激光器作为光源来观察非定域干涉。

【实验目的】

1. 理解迈克尔逊干涉仪的结构和原理。
2. 掌握迈克尔逊干涉光路调节方法,学会观察干涉条纹。
3. 掌握一种测量空气折射率的方法。

【课堂问题导引】

1. 迈克尔逊干涉仪的基本结构及其作用是什么?
2. 如何产生等倾干涉?如何产生等厚干涉?
3. 什么是定域干涉?什么是非定域干涉?
4. 迈克尔逊干涉仪测量气体折射率的原理是什么?

【实验器材】

激光器、导轨、小孔板(或可变光阑)2 个、扩束镜、准直镜、反射镜 2 个、分光棱镜、气室、光屏、相机、温度计。

【实验原理】

1. 迈克尔逊干涉仪结构

本仪器是用分振幅的方法产生双光束以实现光的干涉,其原理如图 4.2.1 所示。

激光束由分光棱镜 G 反射和透射分为两束光,这两束光分别经反射镜 M_1 和 M_2 反射回到分光棱镜 G 上,然后在分光棱镜 G 上透射和反射,之后这两束光在上侧空间形成一非定域干涉场。光屏放在干涉场中垂直于光束方向,在屏幕上可看到干涉条纹。

干涉结构等效于 M_1,M_2'虚平板(M_2'是 M_2 经分光棱镜 G 所成的虚像)。需要注意的是,若路程 L_1,L_2 所在介质的折射率 n_1 和 n_2 不相等,则平行虚平板间的等效空气层厚度为 $d = |n_1 L_1 - n_2 L_2|$。若 M_1 和 M_2'平行,则产生等倾干涉;若 M_1 和 M_2'间有小楔角,则产

生等厚干涉。

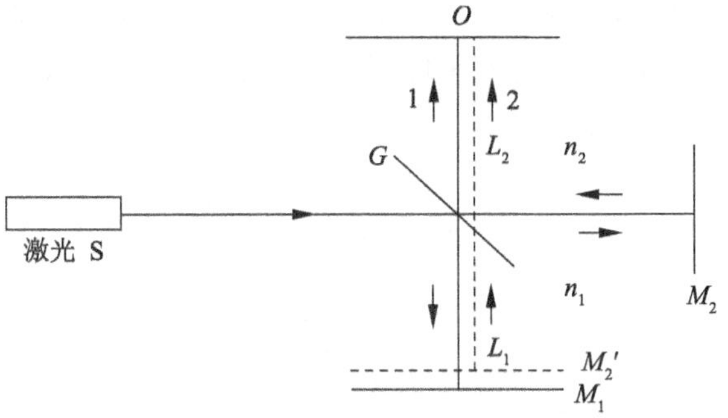

图 4.2.1　迈克尔逊干涉仪光路示意图

本实验中，激光束首先经过扩束、准直得到平行光，然后再经分光棱镜 G 分光得到两束光。当 M_1 和 M_2'严格平行时，产生等倾干涉，由于只有一个入射角度，观察屏上两束光重叠区域只有一条等倾干涉条纹（半径无限大），实际调节时这种情况是很难出现的，所以观察到的条纹基本为等厚干涉条纹，即明暗相间的直条纹，如图 4.2.2 所示。条纹间距正比于波长，反比于楔角。

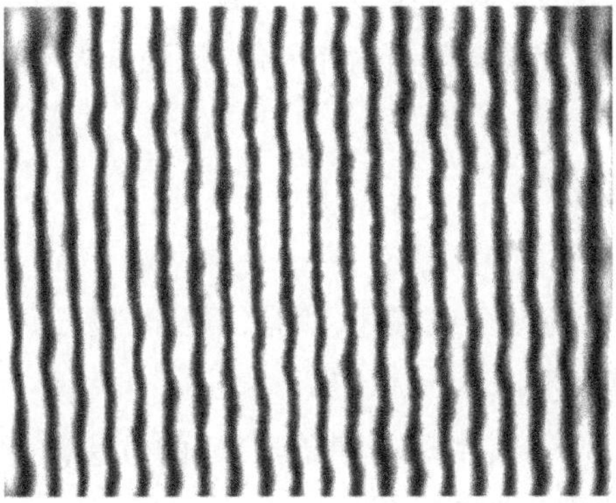

图 4.2.2　迈克尔逊干涉条纹

2. 空气折射率的测量

当 L_1 支路上介质折射率改变 Δn 时，两束光的光程差相应地改变 $2\Delta nL_1$，从而引起干涉条纹的变化数为 N，且满足如下关系式

$$\Delta n = \frac{N\lambda}{2L_1} \tag{4.2.1}$$

在调好迈克尔逊干涉光路后，在其中一条路径（L_1 或 L_2）中置入气室，先将气室抽成真空（气室内压强接近于零，折射率 $n=1$），然后再向气室内缓慢充气，此时在接收屏上能观察到条纹移动。当气室内压强由 0 变化到大气压强 p 时，其折射率由真空折射率 1 变为空气折射率 n。若屏上某一点（通常选为观察屏的中心）条纹变化数为 N，则由式(4.2.1)可知

$$n = 1 + \frac{N\lambda}{2L} \tag{4.2.2}$$

式中，L 为气室长度。但实际测量时，气室内压强难以抽到真空，因此利用式(4.2.2)对数据做近似处理所得结果的误差较大。实际中，采用下面的方法才比较合理。

理论证明，在温度和湿度一定的条件下，且气压不太大时，气体折射率的变化量 Δn 与气压的变化量 Δp 成正比，即

$$\frac{n-1}{p}=\frac{\Delta n}{\Delta p}=\text{常数} \tag{4.2.3}$$

所以

$$n=1+\frac{|\Delta n|}{|\Delta p|}p \tag{4.2.4}$$

将式(4.2.1)代入式(4.2.4)，可得

$$n=1+\frac{N\lambda}{2L}\frac{p}{|\Delta p|} \tag{4.2.5}$$

式(4.2.5)给出了气压为 p 时的空气折射率 n。

可见，只要测出气室内压强由 p_1 变化到 p_2 时的条纹变化数 N，即可由式(4.2.5)计算出压强为 p 时的空气折射率 n，气室内压强不必从 0 开始。p 为常温常压下气室内的气体压强，一般 $p=760\ \text{mmHg}=1.01325\times10^5\ \text{Pa}$。实验中，由于通过仪器读取的压强以 mmHg 为单位，因此采用式(4.2.5)计算空气折射率 n 时，压强 p 为 760 mmHg。

【实验内容及步骤】

1. 检查实验器材

认真检查实验器材是否有缺少或损坏，如有，请及时报告。

2. 光学元件同轴等高调整

依据绪论部分“1.7.1 光学元件同轴等高调节”的方法，对图 4.2.1 中所用的光学元件进行同轴等高调节，具体过程如下：

(1) 调整激光束水平，并调节各透镜、气室及相机高度。

(2) 利用激光束分别微调两个反射镜镜架上的俯仰和水平倾斜角度，使激光束沿原方向(原高度)返回。这样可确保反射镜镜面垂直于平台，激光束经反射镜反射时不会改变高度。

(3) 利用激光束微调分光棱镜架的俯仰角度，使反射和透射激光束等高度(穿过同一高度的小孔)，这样可确保分光棱镜的半透半反面垂直于平台，激光束经分光棱镜反射时不会改变高度。

3. 搭建光路

(1) 按照原理图 4.2.1 搭建光路，分光棱镜的分光面与激光束基本呈 45°角，两块反射镜基本垂直且与分光棱镜基本等距(可在其中一路光中放置气室)。

(2) 微调两块反射镜的倾斜角度，直到在光屏上看到干涉条纹为止，并将摄像机放置

在这一位置以便观察条纹。

4. 观察干涉条纹及评定平台防震性能

(1) 微调其中一块反射镜的方向,观察条纹形状变化。

(2) 轻轻敲击台面或在附近地面上跳动、走动,根据条纹变动的幅度及衰减速度来评定平台的防震性能。

5. 测量空气折射率

调好光路后,将气室放入光路的一支干涉臂,让光垂直穿过气室。对气室放气,使之与大气压强相同,然后对气室充气,观察干涉条纹的变化(通常观察屏的中心)。记录条纹变化数为 N 时,气室内初始压强 p_1 和结束压强 p_2,共测量三组数据,将数据记录在表 4.2.1 中。

表 4.2.1　用迈克尔逊干涉仪测空气折射率的原始数据

条纹变化数 N =		光的波长 λ =　　　mm	
标准大气压值 p =　　　Pa		气室长度 L =　　　mm	
序号	初始气压值 p_1/Pa	结束气压值 p_2/Pa	气压变化值 Δp/Pa
1			
2			
3			

参考值:$N=10$,$\lambda=650$ nm,具体数据以实际实验为准。

空气折射率的理论值计算公式如下(可供参考):

$$n = 1 + \frac{2.8793p}{1+0.003671t} \times 10^{-9} \tag{4.2.6}$$

需注意,采用式(4.2.6)计算时,压强 p 的单位为帕斯卡(Pa),即 $p=1.01325\times10^{5}$ Pa;温度 t 的单位为摄氏度(℃)。

6. 结束实验

关闭实验桌上的电源开关,将所有光学元件按要求放回原处,结束实验。检查实验器材,如有缺少或损坏,请及时报告。

【实验数据处理要求】

1. 计算每一次测量的空气折射率。
2. 计算空气折射率的平均值。
3. 计算空气的理论折射率。
4. 计算实验的相对误差。

思考题

1. 与采用平行平板分光的迈克尔逊干涉仪相比,本实验的光路中为什么没有使用补偿板?

2. 在迈克尔逊干涉仪实验中,若用平行光作为光源,能否看到干涉圆环? 为什么?

实验 4.3　马赫—曾德干涉仪的搭建及应用

马赫—曾德干涉仪是用分振幅法产生双光束以实现干涉的仪器。现代光学的许多实验都是以马赫—曾德干涉仪的光路为基础的,它是最典型的干涉仪之一。马赫—曾德干涉仪的特点是两光束分得很开,因此用途比较广泛,如在空气动力学中可用它来研究气流折射率的变化,用马赫—曾德干涉仪制作各种全息光栅效果也很好。

【实验目的】

1. 理解马赫—曾德干涉仪的结构和原理。
2. 掌握马赫—曾德干涉光路调节的方法,学会观察干涉条纹。
3. 掌握一种测量空气折射率的方法。

【课堂问题导引】

1. 马赫—曾德干涉仪的基本结构及其作用是什么?
2. 马赫—曾德干涉与迈克尔逊干涉相比,有什么异同点?
3. 参照迈克尔逊干涉仪测量气体折射率的公式推导方法,如何理解用马赫—曾德干涉仪测量气体折射率的公式?

【实验器材】

激光器、导轨、小孔板(或可变光阑)2 个、扩束镜、准直镜、反射镜 2 个、分光棱镜 2 个、气室、光屏、相机、温度计。

【实验原理】

马赫—曾德干涉仪是用分振幅法产生双光束以实现干涉的仪器,其光路示意图如图 4.3.1 所示。它由两块分光棱镜和两块全反射镜组成,四个反射面接近互相平行,中心光路构成一个平行四边形。

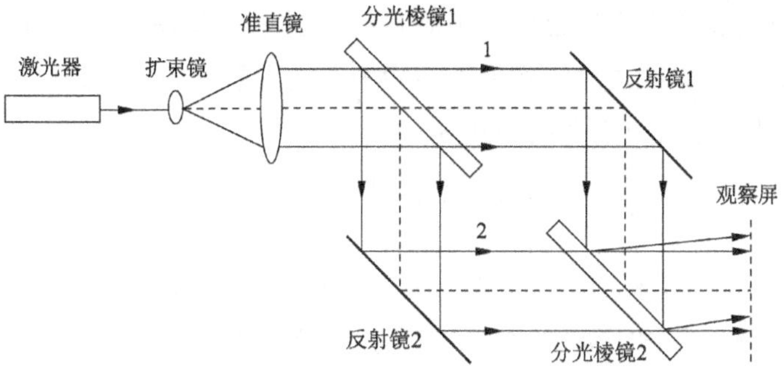

图 4.3.1 马赫—曾德干涉仪光路示意图

从激光器出射的光束经过扩束镜及准直镜，形成一束宽度合适的平行光束。这束平行光射入分光棱镜 1 之后分为两束：一束由分光棱镜 1 反射后到达反射镜 2，经过其再次反射并透过分光棱镜 2 后射出；另一束透过分光棱镜 1，经反射镜 1 及分光棱镜 2 两次反射后射出。在分光棱镜 2 前方两束光的重叠区域放置观察屏，以观察干涉条纹。

干涉条纹与两束相干光的传播方向关系如图 4.3.2 所示。设光束 1 沿垂直于观察屏的方向传播，光束 2 与光束 1 的夹角为 α。光束 1 有竖直的垂直于纸面的等相位面，光束 2 有倾斜的垂直于纸面的等相位面。这两束光在观察屏上叠加形成明暗相间的垂直于纸面的直条纹，光强极大值之间的距离为 d。

$$d = \frac{\lambda}{\sin \alpha} \approx \frac{\lambda}{\alpha} \tag{4.3.1}$$

对于波长 λ 为 650 nm 的激光，若要使观察屏上相邻亮条纹的间距 d 大于 1 mm，则夹角 α 要小于 6.5×10^{-4} rad。可见，欲在观察屏上调出间距较宽的干涉条纹，要求两束光的夹角尽量小，也就是说这两束光要接近于平行。

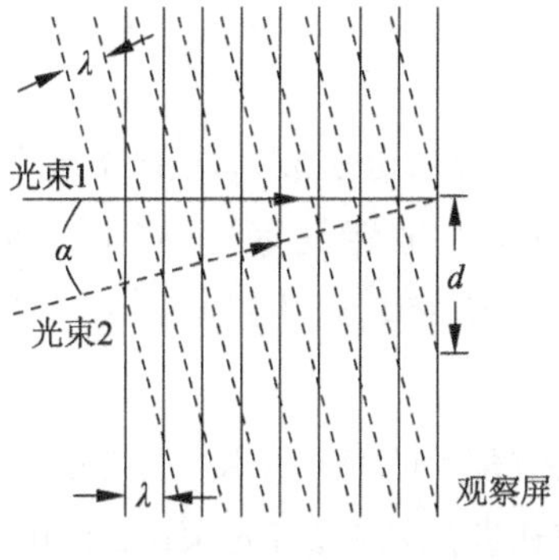

图 4.3.2 干涉条纹与两束相干光传播方向的关系

在光路调节时，若两束光严格平行，观察屏垂直于光的传播方向放置，则观察屏上两束光的重叠区域只有一条干涉条纹（宽度无限大），实际调节时这种情况是很难出现的。若两束光只在水平方向有一个很小的夹角，那么观察屏上会出现竖直的干涉条纹，而且两束光夹角越大，干涉条纹越密。若两束光在水平方向和竖直方向都有一个小夹角，那么在观察屏上出现倾斜的干涉条纹。

同样,马赫—曾德干涉装置也可用来测量空气折射率。在其光的两条传播路径中的一条支路上置入气室,参照迈克尔逊干涉实验中空气折射率的公式推导过程,可推导出马赫—曾德干涉仪测量空气折射率的公式为

$$n = 1 + \frac{N\lambda}{L}\frac{p}{|\Delta p|} \tag{4.3.2}$$

它与迈克尔逊干涉实验中空气折射率公式相比,唯一的区别就是分母上的 $2L$ 变为 L。这是因为在马赫—曾德干涉实验中光仅通过气室一次,而迈克尔逊干涉实验中光来回通过气室两次。

【实验内容及步骤】

1. 检查实验器材

认真检查实验器材是否有缺少或损坏,如有,请及时报告。

2. 光学元件同轴等高调节

依据绪论部分“1.7.1 光学元件同轴等高调节”的方法,对图 4.3.1 中所用的光学元件进行同轴等高调节,具体过程如下:

(1) 调整激光束水平,并调节各透镜、气室及相机高度。

(2) 利用激光束分别微调两个反射镜镜架上的俯仰和水平倾斜角度,使激光束沿原方向(原高度)返回。这样可确保反射镜镜面垂直于平台,激光束经反射镜反射时不会改变高度。

(3) 利用激光束分别微调两个分光棱镜镜架的俯仰角度,使反射和透射的激光束等高度(穿过同一高度的小孔),这样可确保分光棱镜的半透半反面垂直于平台,激光束经分光棱镜反射时不会改变高度。

3. 搭建光路并观察干涉条纹

(1) 按照原理图 4.3.1 搭建光路,分别放入两个分光棱镜和两个反射镜,把它们摆成一个平行四边形(可在其中一路光中放置气室)。测量光程,使两束光的光程基本一样。此时可在扩束镜后放置一可变光阑,将其光孔调至最小,并进一步检查各光束是否与工作台面平行。

(2) 微调分光棱镜 1 和反射镜 1 的倾斜角度,使光束 1 基本垂直于观察屏(可通过前后相距一定距离放置的两个小孔进行判断,若光束 1 能同时穿过两个小孔则达到目的);然后再微调分光棱镜 2 和反射镜 2 的倾斜角度,使光束 2 也基本垂直于观察屏(同样也能穿过上述两个小孔)。这时,取下步骤(1)中放入的可变光阑,两个光斑在接收屏上基本能实现较好地重合,之后将相机摆放在此处。

(3) 此时两束光基本接近平行,如果前几个步骤调节合乎要求,这时可以在电脑屏幕上观察到竖直的干涉条纹。若微调最后一块分光棱镜或任意一块反射镜的水平倾斜角度及俯仰角,则可以改变干涉条纹的宽度及方向。

4. 测量空气折射率

在光的两条传播路径中的某一条支路上置入气室并充气，仿照迈克尔逊干涉仪实验测量空气折射率，将实验数据记录在表4.3.1中。

表4.3.1 用马赫—曾德干涉仪测量空气折射率的原始数据

条纹变化数 N =		光的波长 λ = mm	
标准大气压值 p = Pa		气室长度 L = mm	
序号	初始气压值 p_1/Pa	结束气压值 p_2/Pa	气压变化值 Δp/Pa
1			
2			
3			

参考值：$N=5$，$\lambda=650$ nm，具体数据以实际实验为准。

5. 结束实验

关闭实验桌上的电源开关，将所有光学元件按要求放回原处，结束实验。检查实验器材，如有缺少或损坏，请及时报告。

【实验数据处理要求】

1. 计算每一次测量的空气折射率。
2. 计算空气折射率的平均值。
3. 计算空气的理论折射率。
4. 计算实验的相对误差。

思考题

1. 搭建马赫—曾德干涉仪时，在光路调整过程中，接收屏上两光斑重合，但不一定能看到干涉条纹，为什么？

2. 同样是测量气体折射率，迈克尔逊干涉仪与马赫—曾德干涉仪的测量原理公式有何不同？为什么？

实验4.4 菲涅尔衍射的实验研究

衍射系统一般由光源、衍射屏和接收屏组成。按它们相互距离的关系，通常把光的衍射分为两大类：一种是菲涅尔衍射，衍射目标物距光源和接收屏均为有限远或者说入射波和衍射波都是球面波；另一种是夫琅禾费衍射，衍射目标物距光源和接收屏均为无限远或者相当于无限远，即入射波和衍射波都可看作平面波。

菲涅尔衍射是以菲涅尔命名的,为了纪念菲涅尔在1818年向法国科学院提交的关于光的衍射的论文。在该论文中,菲涅尔用半波带的方法,半定量地计算了圆孔、圆板等不同形状的障碍物产生的衍射图样,且与实验符合得很好,有力地证实了光波动理论,后续菲涅尔还证实了光的横波特性。

【实验目的】

1. 学会观察、验证单缝和圆孔菲涅尔衍射现象。
2. 通过改变衍射屏的大小、形状和距离,观察菲涅尔衍射变化的规律。
3. 会用所学知识对菲涅尔衍射现象进行解释。

【课堂问题导引】

1. 什么是衍射现象?
2. 惠更斯原理的内容是什么?
3. 惠更斯—菲涅尔原理的内容是什么?
4. 产生菲涅尔衍射的条件是什么?

【实验器材】

激光器、导轨、小孔板(或可变光阑)2个、扩束镜、准直镜、凸透镜、衍射目标物(衍射屏)、光屏、相机。

【实验原理】

1. 光的衍射

我们熟知,波在传播过程中遇到障碍物偏离直线传播,到达沿直线传播所不能到达的区域,这种现象称为波的衍射现象。光是一种电磁波,相应的衍射现象就称为光的衍射。

惠更斯为了说明波在空间各点逐步传播的机理,他假设介质中的波动传播到的各点都可以看作发射子波的波源,而在其后的任意时刻,这些子波的包络面就是新的波前。利用惠更斯原理,可以定性地从某时刻的已知波阵面位置求出后面另一时刻的波阵面位置。但惠更斯原理的子波假设不涉及子波的强度和相位,因而无法解释衍射图样中的光强分布。

菲涅尔在惠更斯的子波假设基础上提出了子波相干叠加的理论,从而建立了反映光的衍射规律的惠更斯—菲涅尔原理,即波阵面前方空间某点处的光振动取决于到达该点的所有子波的相干叠加。在此原理的基础上,得出了菲涅尔衍射积分公式,但是菲涅尔理论本身是不严格的,如未能准确给出式中的倾斜因子及常数的具体形式。

基尔霍夫弥补了菲涅尔理论的不足,从波动微分方程出发,根据惠更斯—菲涅尔原理提出了较完善的数学表达式,称为菲涅尔—基尔霍夫衍射公式。根据实际的衍射问题,可对菲涅尔—基尔霍夫衍射公式做如下近似处理:

(1) 傍轴近似(初步近似):若衍射孔径的线度比接收屏到孔径的距离小得多,且接收屏上的考察范围也比接收屏到孔径的距离小得多,可近似把倾斜因子看作常量,同时认为孔径范围内的某点到接收屏上的考察点间的距离变化不大,它近似等于接收屏和衍射屏间的距离。

(2) 菲涅尔近似:为了方便描述,可在衍射孔径平面和观察平面分别取直角坐标(x_1, y_1)和(x,y),两平面间的距离为 z_1。菲涅尔衍射条件表达式为

$$\frac{k}{8z_1^3}[(x-x_1)^2+(y-y_1)^2]_{\max}^2 \ll \pi \tag{4.4.1}$$

式中,$k=2\pi/\lambda$ 为波数,当接收屏置于式(4.4.1)近似成立的区域(菲涅尔区)内,所观察到的衍射现象称为菲涅尔衍射。

(3) 夫琅禾费近似:夫琅禾费衍射条件表达式为

$$k\frac{(x_1^2+y_1^2)_{\max}}{2z_1} \ll \pi \tag{4.4.2}$$

当接收屏置于式(4.4.2)近似成立的区域(夫琅禾费区)内,所观察到的衍射现象称为夫琅禾费衍射。

综上所述,若将接收屏置于衍射孔径屏后,并逐渐加大两屏之间的距离 z_1,会依次出现以下现象:① 当 z_1 很小时,遵循直线传播规律,产生几何阴影区。② 当 z_1 增大到满足式(4.4.1)时,进入菲涅尔衍射区。③ 继续增大 z_1 到满足式(4.4.2)时,进入夫琅禾费衍射区。通常,也将菲涅尔衍射称为近场衍射,将夫琅禾费衍射称为远场衍射。

衍射现象的特点:光束在什么方向受限制,衍射图样就沿什么方向扩展;光束被限制得越厉害,衍射图样越扩展,衍射效应越强。

光的衍射与干涉在本质上是一样的,都遵守光波的叠加原理。

2. 菲涅尔衍射

菲涅尔衍射是光源到障碍物和障碍物到接收屏的距离中至少有一个是有限远的衍射。菲涅尔衍射的一般装置如图4.4.1所示。其中,S 是点光源,K 是开有某种形状孔径的衍射屏,P 是接收屏,且在距离衍射屏不太远的地方。通常光源离衍射屏的距离都要比衍射屏上的孔径大得多,为简单起见,可以认为光源发出的光波垂直照射在衍射屏上,即只要接收屏离衍射屏不远,也可以用平行光照明。

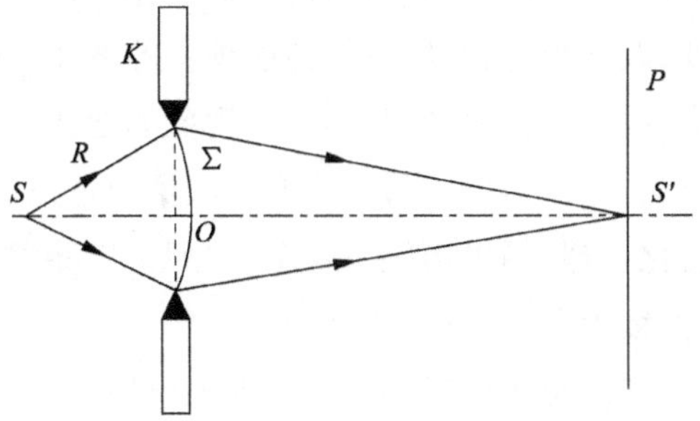

图4.4.1 菲涅尔衍射的一般装置

通过菲涅尔衍射公式可以计算衍射图样的能量分布，但必须对波前做无限分割，然后用积分求次波的合振幅，计算比较复杂。在处理圆孔或圆屏衍射时，常用菲涅尔半波带法，此法虽然不够精确，但可较方便地得到菲涅尔衍射的主要特征。

在图 4.4.1 中，若 S 是波长为 λ 的点光源，接收屏上的点 S'位于通过圆孔中心且垂直于圆孔平面的轴上，半径为 R 的球面波前 Σ 与 SS'相交于点 O，OS'间的距离为 b。依次以 $b+\lambda/2, b+\lambda, b+3\lambda/2, b+2\lambda, \cdots$，为半径作一系列球面，把 Σ 分割成许多以 O 为中心的圆环带。将每个环带看成是发射次波的一个单元，任意相邻两环带所发出的次波到达点 S'的光程差均为 $\lambda/2$，故这些环带称为菲涅尔半波带。

点 S'处的振幅和光强度与圆孔包含的半波带个数有关。当圆孔包含的半波带数为奇数时，点 S'处的光强度较大；当圆孔包含的半波带数为偶数时，点 S'处的光强度较小。若改变圆孔的半径，在考察点 S'处将看到明暗交替的变化；若改变接收屏的位置，即改变 b 的大小，点 S'处对应的半波带数也会连续发生改变，同样在考察点 S'处将看到明暗交替的变化。

【实验内容及步骤】

1. 检查实验器材

认真检查实验器材是否有缺少或损坏，如有，请及时报告。

2. 光学元件同轴等高调节

依据绪论部分“1.7.1 光学元件同轴等高调节”的方法，对图 4.4.1 中所用的光学元件进行同轴等高调节。

3. 利用实物目标物观察衍射现象

按照图 4.4.1 搭建实验光路，激光束经过扩束准直后得到宽度合适的平行光照射在衍射实物目标面板上，然后用相机接收。由于菲涅尔衍射为近场衍射，可在衍射目标物与准直镜之间再放置一个凸透镜。

在此实验中，配备了多种实物目标物可供选择，如单缝，圆孔或方形、三角形和六角形的衍射屏。缝宽、圆孔半径、方形边长、三角形外接圆半径和六角形外接圆半径分别有 150 μm，250 μm，350 μm，450 μm 四种规格。

改变衍射屏的大小、形状和距离，观察衍射现象的变化规律：

(1) 接收屏距离不变，改变狭缝宽度，观察衍射现象的变化规律，并画出衍射条纹图。

(2) 接收屏距离不变，改变圆孔直径，观察衍射现象的变化规律，并画出衍射条纹图。

(3) 利用最小宽度狭缝及最小直径圆孔，改变接收屏位置，观察衍射目标物到接收屏距离改变时衍射现象的变化规律，画出衍射条纹图，并测量出菲涅尔衍射区的接收屏可放置的最远距离，记录在数据纸上。

(4) 观察方形、三角形和六角形衍射屏的衍射现象（选做）。

4. 利用空间光调制器模拟目标物，观察衍射现象(选做)

实验中配置了利用空间光调制器(SLM)模拟的圆孔、方孔、三角形孔等。空间光调制器 SLM 安装完成后，打开物理光学实验软件，选择衍射实验模块中的目标模板产生器，根据需求选择合适的目标物。

同样，按照图 4.4.1 搭建光路，首先激光束经过扩束准直后照射在 SLM 面板上，在 SLM 两侧各放置一偏振片，最后用相机接收。由于菲涅尔衍射为近场衍射，故应在 SLM 与准直镜之间再放置一个凸透镜。实验时，通过 SLM 的光束照射在相机上，调节 SLM 前后的两片偏振片，直到在屏幕上观察到清晰的像。

5. 结束实验

关闭实验桌上的电源开关，将所有光学元件按要求放回原处，结束实验。检查实验器材，如有缺少或损坏，请及时报告。

【实验数据处理要求】

1. 根据实验现象，分别归纳总结单缝和圆孔菲涅尔衍射条纹的特点。
2. 采用公式(4.4.2)估算菲涅尔衍射的最大距离，且与实验结果进行比较分析。

思考题

1. 采用半波带法简要分析圆屏衍射的特点。
2. 查阅相关资料，基于 Matlab 软件完成菲涅尔衍射实验的仿真。

实验 4.5　夫琅禾费衍射实验

夫琅禾费是德国的物理学家，他从一个光学研究所的工人成长为该研究所的负责人，曾自己设计制造了许多光学仪器，如消色差透镜、大型折射望远镜、衍射光栅等。夫琅禾费集工艺家和理论家的才干于一身，他把理论与丰富的实践经验结合起来，对光学和光谱学做出了重大贡献。

【实验目的】

1. 研究产生夫琅禾费衍射的各种光路。
2. 通过改变衍射屏大小及其形状，观察夫琅禾费衍射的变化规律。
3. 验证夫琅禾费衍射公式。

【课堂问题导引】

1. 夫琅禾费衍射的条件是什么?

2. 缝宽、圆孔半径的变化对衍射条纹有什么影响?

【实验器材】

激光器、导轨、小孔板(或可变光阑)2 个、扩束镜、准直镜、衍射目标物(衍射屏)、凸透镜、相机。

【实验原理】

要实现夫琅禾费衍射,必须保证光源到衍射屏的距离和衍射屏到接收屏的距离均为无限远(或相当于无限远),即要求照射到衍射屏上的入射光、衍射光都为平行光,接收屏应放到相当远处,在实验中只需用两个透镜即可达到此要求。夫琅禾费衍射实验光路如图 4.5.1 所示,透镜 L_1 对光源进行准直得到平行光照射衍射屏,透镜 L_2 位于衍射屏右侧,在其后焦面上接收衍射图样。该光学结构满足定义的要求,直观且容易理解,还可以缩短装置的长度。

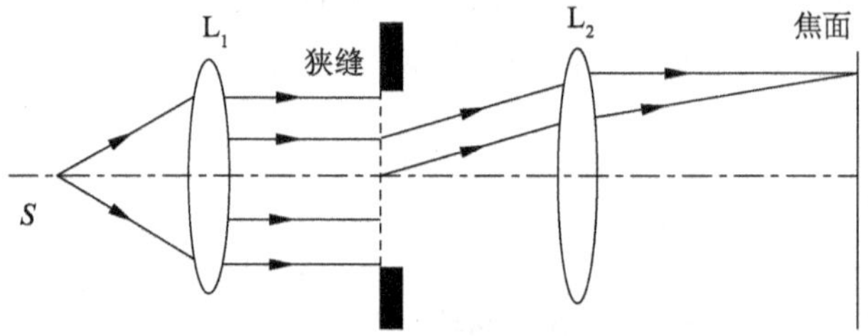

图 4.5.1 夫琅禾费衍射示意图

夫琅禾费单缝衍射图样的特点:衍射条纹方向与狭缝方向相平行,各级衍射条纹沿与狭缝垂直的方向分布开。在光屏中央有一特别明亮的亮条纹,两侧排列着一些强度较小的亮条纹,绝大部分光能都落在中央条纹上。相邻的亮条纹之间有一暗条纹,如以相邻亮条纹之间的间隔作为亮条纹的宽度,则两侧亮条纹是等宽的。而中央亮条纹的宽度 ω 是其他亮条纹宽度的两倍,表达式为

$$\omega = \frac{2f\lambda}{a} \tag{4.5.1}$$

式中,f 为透镜 L_2 的焦距;λ 为光源波长;a 是狭缝宽度。当缝宽 a 变大时,亮条纹宽度变小,同时衍射条纹分布范围也会变小。

夫琅禾费圆孔衍射图样的特点:中心最亮的圆斑,称为爱里斑,其周围环绕着一些明暗相间的圆环,亮环的亮度与爱里斑相比要暗得多。爱里斑中心是几何光学像点,衍射光束角分布的弥散程度可用爱里斑半径 r_0 来表示,或用第一暗环的角半径 $\Delta\theta$ 来衡量。

$$\Delta\theta = \frac{r_0}{f} = \frac{1.22\lambda}{D} \tag{4.5.2}$$

式中,f 为透镜 L_2 的焦距;λ 为光源波长;D 是圆孔直径。在衍射图样中,中心亮斑与圆环

的边缘都很不清晰,且是缓慢变化的。光强的分布与单缝衍射图样很相像,可以看成将单缝衍射图样(通过单缝主极大的光强分布)绕入射光的轴线旋转一周而成,但衍射图样的线度却与和圆孔直径等宽度的单缝衍射图样的线度大不相同。

当光源距衍射屏为无限远,即用平行光照射衍射屏,并在无限远放置接收的装置,这样只能算夫琅禾费衍射的严格定义装置。实际上要把光源及接收屏放在离衍射屏无限远处是办不到的。由菲涅尔近似条件和夫琅禾费近似条件可知,只要观察屏相对而言足够远,便可形成夫琅禾费衍射。

【实验内容及步骤】

1. 检查实验器材

认真检查实验器材是否有缺少或损坏,如有,请及时报告。

2. 光学元件同轴等高调节

依据绪论部分“1.7.1 光学元件同轴等高调节”的方法,对实验中所用的光学元件进行同轴等高调节。

3. 搭建光路并观察衍射现象

按照图4.5.1搭建实验光路。与菲涅尔衍射实验相同,衍射屏可以使用配备的实物目标物或空间光调制器(选做)。

激光束经过扩束、准直后得到宽度合适的平行光照射在衍射实物目标面板上,在透镜 L_2 的后焦面上放置相机观察夫琅禾费衍射现象。

(1) 改变狭缝宽度,观察衍射现象的变化规律,并画出衍射条纹图。

(2) 改变圆孔直径,观察衍射现象的变化规律,并画出衍射条纹图。

(3) 采用最小宽度狭缝及最小直径圆孔做实验时,保存相机采集到的图像。

4. 验证夫琅禾费公式

(1) 运行物理光学实验软件中的衍射实验模块,导入步骤3中保存的衍射条纹图像。

(2) 在光强分布图中分别读出中央亮条纹(狭缝衍射)及爱里斑(圆孔衍射)直径水平方向的像素坐标,将数据填入表4.5.1中。

表4.5.1 夫琅禾费衍射实验的原始数据 单位:mm

透镜 L_2 的焦距 $f=$		光的波长 $\lambda=$	
缝宽 $a=$		圆孔直径 $D=$	
衍射条纹坐标(以像素为单位)			
中央亮条纹宽度(单缝衍射)		爱里斑直径(圆孔衍射)	
谷	谷	谷	谷

(3) 通过软件进行夫琅禾费公式验证。透镜焦距 f 已知,对于单缝衍射,若中央亮条

纹宽度、入射光波长和缝宽三个参数中已知两个参数，就可验证第三个参数；对于圆孔衍射，若爱里斑的半径、入射光波长和圆孔直径三个参数中已知两个参数，就可验证第三个参数。

5. 结束实验

关闭实验桌上的电源开关，将所有光学元件按要求放回原处，结束实验。检查实验器材，如有缺少或损坏，请及时报告。

【实验数据处理要求】

1. 根据实验现象，分别归纳总结单缝和圆孔夫琅禾费衍射条纹的特点。

2. 根据表4.5.1中的原始数据，计算出以像素为单位的中央亮条纹宽度及爱里斑直径。

3. 根据摄像机像元尺寸（参考值为5.2 μm，具体数据以实际实验为准），计算出以毫米为单位的中央亮条纹宽度及爱里斑直径。

4. 根据理论公式计算中央亮条纹宽度及爱里斑直径。

5. 比较由数据处理3和数据处理4得到的中央亮条纹宽度及爱里斑直径的值，对理论公式进行验证。

思考题

1. 菲涅尔衍射与夫琅禾费衍射现象有何异同？

2. 查阅相关资料，基于Matlab软件完成夫琅禾费衍射实验的仿真。

实验4.6 偏振光的产生与检验

1809年，马吕斯在实验中发现了光的偏振现象。在进一步研究光在简单折射中的偏振时，他发现光在折射时是部分偏振的。惠更斯曾提出光是一种纵波，而纵波不可能发生这样的偏振，马吕斯的这一发现成为反对“纵波说”的有利证据。

偏振光的原理被广泛应用于工程学、物理学和化学等领域的测量仪器，很早以前，在光学玻璃的应力分析中就利用了偏振光原理。随着3D电影的热播，偏振眼镜也越来越为人们所熟知。在未来，随着科学技术的进一步发展及计算机的广泛应用，偏振光的应用范围将日益扩大。

【实验目的】

1. 理解光的波动性及光的偏振现象。

2. 了解产生和验证偏振光的元件，如偏振片及波片。

3. 掌握产生和验证偏振光的方法。

【课堂问题导引】

1. 偏振光有哪几种?
2. 如何产生和检测各种偏振光?
3. 马吕斯定律的内容是什么?

【实验器材】

激光器、导轨、小孔板(或可变光阑)2 个、偏振片 2 片、1/4 波片、激光光功率计。

【实验原理】

1. 偏振光的概念

光是一种电磁波,它的电矢量 $\boldsymbol{E}$ 与磁矢量 $\boldsymbol{H}$ 相互垂直,且 $\boldsymbol{E}$ 和 $\boldsymbol{H}$ 均垂直于光的传播方向,如图 4.6.1 所示,故光波是横波。实验证明,光效应主要是由电场引起的,所以将电矢量 $\boldsymbol{E}$ 的方向定为光的振动方向。

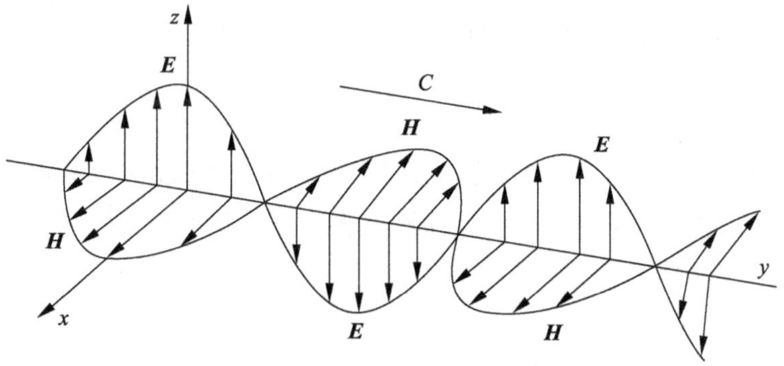

图 4.6.1　光的传播与振动示意图

自然光源(如日光、各种照明灯光等)发射的光是由构成这个光源的大量分子或原子发出光波的合成。这些分子或原子的热运动和辐射是随机的,它们所发射的光的振动出现在各个方向的几率相等,这样的光也称为自然光或非偏振光。

自然光经过媒质的反射、折射或者吸收后,在某一方向上的振动比其他方向上强,这种光称为部分偏振光。若光振动始终被限制在某一确定的平面内,则称为平面偏振光,也称为线偏振光。若偏振光电矢量 $\boldsymbol{E}$ 的端点在垂直于传播方向的平面内运动轨迹是圆周,则称为圆偏振光;若是椭圆,则称为椭圆偏振光。

2. 偏振光的数学描述

对于线偏振光和椭圆偏振光,在数学上常用两个垂直振动的合成来描述。在与光传播方向相垂直的平面内取一个直角坐标系,将代表振动特性的电矢量 $\boldsymbol{E}$ 分解成 $\boldsymbol{E}_x$ 和 $\boldsymbol{E}_y$,

它们的角频率均为 ω，相位差为 δ，振幅分别为 A_x 和 A_y，即

$$\begin{cases} E_x = A_x \cos \omega t \\ E_y = A_y \cos (\omega t + \delta) \end{cases} \tag{4.6.1}$$

两式消去时间参数 t，可得到

$$\frac{E_x^2}{A_x^2} + \frac{E_y^2}{A_y^2} - 2\frac{E_x E_y}{A_x A_y}\cos \delta = \sin^2 \delta \tag{4.6.2}$$

一般情况下，这是一个椭圆方程式。因此，两个频率相同、振动方向互相垂直且具有恒定相位差的光波的叠加，一般可得到椭圆偏振光。

当 $\delta = 0$ 或 $\delta = \pm \pi$ 的偶数倍时，

$$E_y = \frac{A_y}{A_x} E_x \tag{4.6.3}$$

当 $\delta = \pm \pi$ 的奇数倍时，

$$E_y = -\frac{A_y}{A_x} E_x \tag{4.6.4}$$

在上述两种特殊情况下，合成的光波是一束线偏振光，其振动方向的斜率分别为 $\pm A_y / A_x$。

当 $\delta = \pm \pi/2$ 的奇数倍时，椭圆方程变为

$$\frac{E_x^2}{A_x^2} + \frac{E_y^2}{A_y^2} = 1 \tag{4.6.5}$$

这是一个标准的椭圆方程，椭圆的长、短轴分别在 x，y 坐标轴上，表明合成光波是椭圆偏振光。若 $A_x = A_y = A$，合矢量末端运动轨迹就是一个圆，此时合成光波是圆偏振光。

3. 偏振光的产生与检测

(1) 线偏振光

从自然光获取线偏振光的方法主要有以下几种：

一是利用反射及折射产生偏振光。当自然光以布儒斯特角入射到界面时，反射光成为光矢量垂直于入射面振动的线偏振光，透射光是偏振度很高的部分偏振光，通过增多偏振片数量的方法可提高透射光的偏振度。偏振分光镜就是根据反射和折射原理产生偏振光的一种极其有用的器件，即在两直角玻璃棱镜之间交替镀上高折射率和低折射率的膜层，然后胶合成一块立方棱镜。

二是利用二向色性产生线偏振光。有些各向异性的晶体对不同振动方向的偏振光有不同的吸收系数，从而使出射光具有偏振性。此外，一些各向同性介质在受到外界作用时也会产生各向异性，并具有二向色性。利用这一特性获取偏振光的器件称为人造偏振片。例如，用具有网状分子结构的高分子化合物——聚乙烯醇薄膜作为片基，将这种薄膜浸染具有强烈二向色性的碘，经过硼酸水溶液的还原稳定后，再将其单向拉伸四五倍后烘干制成偏振片，这种偏振片称为 H 偏振片。此外，用另外的方法还可制成 K 偏振片、L 偏振片。

三是利用双折射晶体产生线偏振光。当光入射到各向异性介质中时，折射光将分成两束，并各自沿略微不同的方向传播。像这种同一束入射光折射后分成两束的现象称为双折射。一束折射光遵循折射定律，称为寻常光（o 光），一束光违背折射定律，称为非寻常光（e 光）。当光沿特殊方向传播时不发生双折射，即 o 光和 e 光的传播速度及传播方向都一致，晶体内平行于这个特殊方向的任意直线称为晶体的光轴。只有一个光轴的晶体称为单轴晶体，方解石、石英、红宝石等是最常见的单轴晶体。有两个光轴的晶体称为双轴晶体，光通过双轴晶体的现象较为复杂，通常仅讨论单轴晶体。双折射晶体的 o 光和 e 光都是完全线偏振光。

偏振器一般是指线偏振器，可通过上述原理制成，它只允许电矢量沿某一特定方向的线偏振光通过。自然光经过偏振器后成为线偏振光，这样的偏振器称为起偏器。

当偏振器用来检验一束光是否为偏振光时，则称之为检偏器。线偏振光通过检偏器后，光强有变化，且有消光位置，光强会出现两次最大，两次最小。如图 4.6.2 所示，光强最大时，检偏器透光轴方向与线偏振光偏振方向相同；光强最小时，检偏器透光轴方向与线偏振光偏振方向垂直。

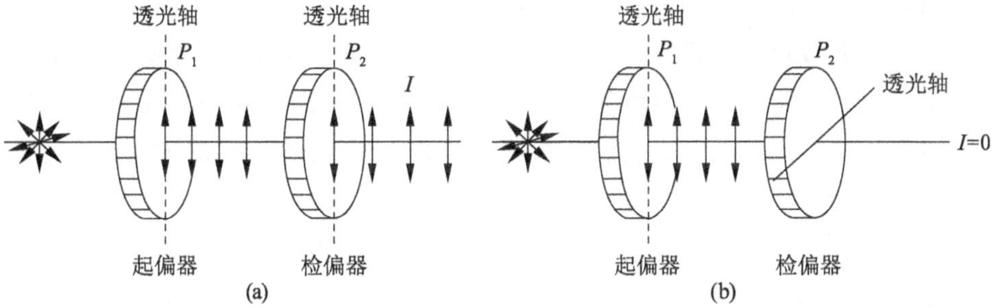

图 4.6.2　自然光经过起偏器和检偏器的情况

一般情况下，两个平行放置的偏振片的透光轴互成 θ 角，设入射到第二片偏振片的偏振光振幅为 E_0，光强为 I_0，则从第二片偏振片透射出来的偏振光振幅为 $E_0\cos\theta$，光强 $I=(E_0\cos\theta)^2=I_0\cos^2\theta$，称作马吕斯定律。本实验可对该式进行验证。

（2）椭圆偏振光

当线偏振光的振动方向与 1/4 波片光轴的夹角为 α（α 不等于 $0°, \pm\frac{\pi}{4}, \pm\frac{\pi}{2}, \pm\pi$ 等值）时，通过 1/4 波片后，为椭圆偏振光。

椭圆偏振光通过检偏器后光强有变化，但无消光位置，光强会出现两次最大，两次最小。光强最大时，检偏器透光轴方向与椭圆偏振光长轴方向相同；光强最小时，检偏器透光轴方向与椭圆偏振光短轴方向相同。

（3）圆偏振光

线偏振光的振动方向与 1/4 波片光轴的夹角 $\alpha=\pm\frac{\pi}{4}$时，通过 1/4 波片后，为圆偏振光。

圆偏振光通过检偏器后光强不变化。

【实验内容及步骤】

1. 检查实验器材

认真检查实验器材是否有缺少或损坏,如有,请及时报告。

2. 光学元件同轴等高调节

依据绪论部分“1.7.1 光学元件同轴等高调节”的方法,对实验中所用的光学元件进行同轴等高调节。

3. 激光器预热和功率计调零

激光器预热 5 ~ 10 min,保证在测量过程中,激光器有稳定的光强输出。

在使用环境下,打开功率计,选择光功率计的最小量程,旋转光功率计的调零旋钮,对光功率计进行调零。

4. 线偏振光的产生与检测

搭建光路,使激光束依次通过两片偏振片。将第一片偏振片的旋转功能锁死。将光功率计的探头放置在第一片偏振片后,选择光功率计合适的量程(一般第一位不为零),功率计上显示的功率记为 I_0。然后旋转第二片偏振片,同时通过功率计观察,当功率计示数达到最小值时,停止旋转,此时表明两片偏振片的偏振方向垂直,即两偏振片的偏振方向夹角为 90°,为消光状态。

接着,旋转第二片偏振片,两偏振片透光轴的夹角为($90° + \theta$),每旋转 15°,观察功率计的示数并记录于表 4.6.1 中。

5. 椭圆偏振光的产生与检测

参照步骤 4,首先让激光束依次通过两片偏振片后出现消光,即两偏振片偏振方向夹角为 90°。然后将 1/4 波片插入两个偏振片之间(由于 1/4 波片是任意插入的,通过 1/4 波片后大概率是椭圆偏振光),旋转第二片偏振片,每旋转 15°,观察功率计的示数并记录于表 4.6.1 中。

6. 圆偏振光的产生与检测

参照步骤 4,首先让激光束依次通过两片偏振片后出现消光,即两偏振片偏振方向的夹角为 90°。在两偏振片之间加入 1/4 波片,旋转 1/4 波片至第二个偏振片的光强恢复为零,此时波片的光轴与入射线偏振光的振动方向平行或垂直;然后将 1/4 波片自该位置转动 45°,即可产生圆偏振光。旋转第二片偏振片,每旋转 15°,观察功率计的示数并记录于表 4.6.1 中。

表 4.6.1　偏振光的产生与检验原始数据

检偏器转动角度 θ/(°)	功率计示数 $I/\mu W$			检偏器转动角度 θ/(°)	功率计示数 $I/\mu W$		
	线偏振光	椭圆偏振光	圆偏振光		线偏振光	椭圆偏振光	圆偏振光
0				195			
15				210			
30				225			
45				240			
60				255			
75				270			
90				285			
105				300			
120				315			
135				330			
150				345			
165				360			
180							

7. 结束实验

关闭实验桌上的电源开关，将所有光学元件按要求放回原处，结束实验。检查实验器材，如有缺少或损坏，请及时报告。

【实验数据处理要求】

1. 对于线偏振光，根据表格数据画出光功率计读数与检偏器转动角度之间的 $I-\theta$ 曲线（直角坐标系）；同时，根据马吕斯公式计算 I 和 θ，并画出 $I-\theta$ 曲线。通过两条曲线，验证马吕斯定律，并分析产生误差的原因。

2. 对于椭圆偏振光和圆偏振光，根据表格数据画出光功率计读数与检偏器转动角度之间的 $I-\theta$ 曲线（极坐标系）。

思考题

1. 一束自然光垂直穿过两个叠放在一起的偏振片，若第二片偏振片透射光强 I_o 为第一片偏振片入射光强 I_i 的 1/4，则两偏振片的透光轴之间的夹角是多少？

2. 如何应用光的偏振现象说明光的横波特性？怎样区别自然光和偏振光？

实验 4.7　波片的功能研究

波片是一种用来改变光的偏振状态的光学元件。波片可以是平行于水晶或方解石等双折射晶体的光轴切下的一片晶片，也可以用对入射光具有传播方向性的云母片、玻璃纸或聚乙烯醇等材料制成。波片改变光偏振状态的原理：入射的单色偏振光被分解成两个偏振分量，它们以不同的速度传播，通过波片后，两个分量产生了相位差，重新合成后，改变了原来的偏振状态。通常，波片按相位差的大小分为全波片、半波片和 1/4 波片等。波片常用来将线偏振光变成圆偏振光或椭圆偏振光；也可用来将圆偏振光变成线偏振光。

【实验目的】

1. 了解 1/4 波片和 1/2 波片的特点。
2. 掌握光的偏振态的相互转化方法。

【课堂问题导引】

1. 什么是波片？波片的作用是什么？
2. 如何确定波片的快轴及慢轴？

【实验器材】

激光器、导轨、小孔板（或可变光阑）2 个、偏振片 2 片、1/4 波片 2 个、1/2 波片、激光光功率计、光屏。

【实验原理】

1. 波片的概念

波片也称为相位延迟片，是由单轴双折射晶体制成的平板状光学元件。在加工时，让晶体光轴平行于元件表面，这样，入射光垂直于光轴（元件表面）进入波片，o 光和 e 光将沿同一方向传播，只是传播速度不同。

对于波片而言，e 光的光矢量方向为光轴方向，在晶体中波速快的光矢量方向为快轴，与之垂直的波速慢的光矢量方向为慢轴。光轴方向可能是快轴也可能是慢轴，这由波片晶体是正晶体还是负晶体决定。对于正晶体，$n_e > n_o$，快轴方向为 o 光光矢量方向；对于负晶体，$n_e < n_o$，快轴方向为 e 光光矢量方向。波片产生的相位延迟为 $\delta = \delta_{慢轴} - \delta_{快轴}$。

如图 4.7.1 所示，假设一束线偏振光以偏振方向同波片光轴成 θ 角的状态垂直入射于晶体波片，入射光振幅为 A，用垂直合成的方法，将进入波片后 o 光和 e 光的振幅分别用 E_x 和 E_y 表示，则

$$\begin{cases} E_x = A\cos\theta\cos\omega t \\ E_y = A\sin\theta\cos(\omega t + \delta) \end{cases} \tag{4.7.1}$$

式中，δ 是因 o 光和 e 光的光速不同而产生的相位差。

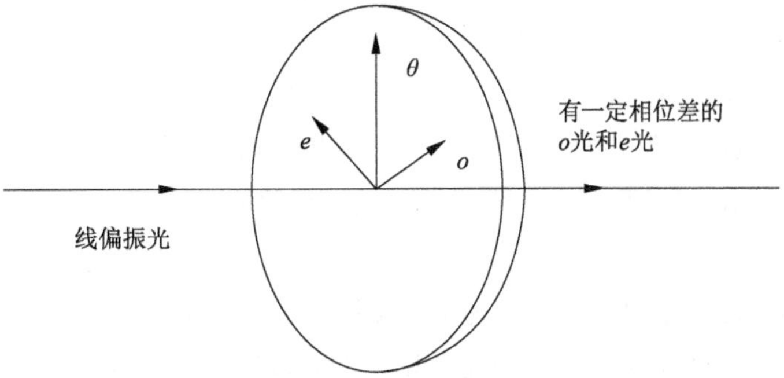

图 4.7.1　波片示意图

当光经过波片出射后，两束光合成在一起，o 光与 e 光的速度相同，将得到椭圆偏振光，其表达式如式(4.6.2)所示，其中

$$\begin{cases} A_x = A\cos\theta \\ A_y = A\sin\theta \end{cases} \tag{4.7.2}$$

而相位差 δ 是由 o 光和 e 光在双折射材料中的速度不同造成的，δ 可表示为

$$\delta = \frac{2\pi}{\lambda}|n_o - n_e|d \tag{4.7.3}$$

式中，λ 为光在真空中的波长；d 为波片厚度。由此可见，o 光和 e 光通过波片后的相位差，除与折射率之差 $|n_o - n_e|$ 成正比之外，还与波片厚度 d 成正比，波片厚度不同，两束光之间的相位差就会不同。比较常用的波片有 1/4 波片、1/2 波片及全波片，本实验主要研究前两种波片。

(1) 当厚度 d 满足下式时，该波片称为 1/4 波片。

$$|n_o - n_e|d = (2k+1)\frac{\lambda}{4} \qquad (k = 0,1,2,\cdots) \tag{4.7.4}$$

通常，线偏振光经过 1/4 波片后，o 光和 e 光相位差 δ 为 $\pm\frac{\pi}{2}$，出射光为标准椭圆偏振光。若线偏振光的偏振方向与波片光轴的夹角 $\theta = \pm\frac{\pi}{4}$ 且 $A_x = A_y$，则出射光为圆偏振光。

此外，若线偏振光的偏振方向与波片光轴方向平行或垂直(平行于快轴或慢轴)，出射光仍为线偏振光。

(2) 当厚度 d 满足下式时，该波片称为 1/2 波片。

$$|n_o - n_e|d = (2k+1)\frac{\lambda}{2} \qquad (k = 0,1,2,\cdots) \tag{4.7.5}$$

线偏振光经过1/2波片后，o光和e光的相位差δ为$\pm\frac{\pi}{2}$，出射光将仍为线偏振光，其偏振方向与光轴成$-\theta$角，即向着快轴方向转过2θ角度。

（3）当厚度d满足下式时，该波片称为全波片。

$$|n_o - n_e| d = k\lambda \qquad (k=0,1,2,\cdots) \tag{4.7.6}$$

线偏振光经过全波片后，出射光仍为原来的线偏振光。

综上所述，根据晶体薄片的厚度不同，可将波片分为1/4波片、1/2波片及全波片等，需要注意的是，所用的波片皆是对特定的光波波长而言的。

2. 波片的作用

上文在介绍波片的过程中同时讲述了线偏振光经过1/4波片及1/2波片后偏振态的变化。对于其他偏振光的入射，分析方法相同，总结如下：

对于1/4波片：入射光为圆偏振光，出射光为线偏振光。入射光为椭圆偏振光，当波片光轴与椭圆的长轴或短轴平行时，出射光为线偏振光；对于其他方向，出射光仍为椭圆偏振光。

对于1/2波片：入射光为圆偏振光，出射光仍为圆偏振光，只是左旋变右旋，右旋变左旋。若入射光为椭圆偏振光，出射光仍是椭圆偏振光，旋转方向发生变化，而且椭圆的长轴转过2θ角度。

对于全波片：它不改变入射光的偏振态，仅造成相位延迟，产生光程差。

不管哪种波片，自然光经过波片后出射光仍为自然光。

【实验内容及步骤】

1. 检查实验器材

认真检查实验器材是否有缺少或损坏，如有，请及时报告。

2. 光学元件同轴等高调节

依据绪论部分“1.7.1 光学元件同轴等高调节”的方法，调整激光束水平，并调节各偏振器、1/4波片、1/2波片及光功率计的高度。

3. 激光器预热和功率计调零

激光器预热5～10 min，保证在测量过程中，激光器产生激光的光强稳定。

在使用环境下，打开功率计，选择光功率计的最小量程，旋转光功率计的调零旋钮，对光功率计进行调零。

4. 1/4波片的研究

（1）搭建光路，使激光束依次通过两片偏振片。将第一片偏振片的旋转功能锁死，将光功率计的探头放置在第二片偏振片的后面，选择光功率计合适的量程（一般第一位不为零），然后旋转第二片偏振片，同时观察功率计，当功率计示数达到最小值时，停止旋转，此时，两片偏振片的偏振方向垂直，即两偏振片的偏振方向夹角为90°，为消光状态。

（2）在两个偏振片之间加入 1/4 波片，旋转 1/4 波片，使得经过第二个偏振片（检偏器）的光光强恢复为零，入射线偏振光的振动方向平行于波片的长轴或短轴，此时波片的刻度位置为 θ_0，检偏器的位置为 φ_0，记录 θ_0 和 φ_0 的值。

（3）将 1/4 波片顺时针方向旋转 15°，同样顺时针方向旋转检偏器 360°，依次记录光功率计读数 I 的最小值和最大值及对应的检偏器的读数 φ，将数据记录在表 4.7.1 中。

表 4.7.1　1/4 波片的研究实验原始数据

θ	15°		30°		60°		75°		90°	
	I(μW)	φ(°)	I(μW)	φ(°)	I(μW)	φ(°)	I(μW)	φ(°)	I(μW)	φ(°)
第 1 次最小										
第 1 次最大										
第 2 次最小										
第 2 次最大										

（4）在 θ_0 的基础上，将 1/4 波片沿顺时针方向旋转，分别增加 30°,60°,75°,90°，重复步骤(2)。

5. 1/2 波片的研究

（1）参照步骤 4，首先让激光束依次通过两片偏振片后出现消光，即表示两偏振片的偏振方向夹角为 90°。

（2）在两个偏振片之间加入 1/2 波片，旋转 1/2 波片 360°，记录光功率计出现消光的次数。然后旋转 1/2 波片使光功率计读数为零，此时波片的刻度位置为 θ_1，检偏器的位置为 φ_1，记录 θ_1 和 φ_1 的值。

（3）将 1/2 波片顺时针方向旋转 15°，同样顺时针方向旋转检偏器 360°，依次记录光功率计读数 I 的最小值和最大值及对应的检偏器的读数 φ，将数据记录在表 4.7.2 中。

表 4.7.2　1/2 波片的研究实验原始数据

θ	15°		30°		60°		75°		90°	
	I(μW)	φ(°)	I(μW)	φ(°)	I(μW)	φ(°)	I(μW)	φ(°)	I(μW)	φ(°)
第 1 次最小										
第 1 次最大										
第 2 次最小										
第 2 次最大										

（4）在 θ_0 的基础上，将 1/4 波片沿顺时针方向旋转，分别增加 30°,45°,60°,90°，重复步骤(2)。

6. 结束实验

关闭实验桌上的开关,将所有光学元件按要求放回原处,结束实验。检查实验器材,如有缺少或损坏,请及时报告。

【实验数据处理要求】

(1) 根据表4.7.1 和表4.7.2 实验数据,分别计算相邻第一次光强最小(或最大)时,$\Delta\theta$ 与 $\Delta\varphi$ 之间的关系。

(2) 依据实验结果,判断波片改变不同角度时输出偏振光的性质,总结1/4 波片和1/2 波片的功能。

思考题

1. 将石英晶片制成波片,晶片折射率为 $n_o = 1.54424$,$n_e = 1.55335$,设光轴方向沿 x 轴方向,那么 x 轴方向是快轴方向还是慢轴方向?为什么?若用石英晶片制成1/4 波片,波片最小厚度是多少(波长参考值为650 nm)?

2. 如何判断自然光和圆偏振光?设计实验方案并给出预期结果。

第 5 章　信息光学实验

光学信息处理是用光学的方法实现对输入信息的各种变换或处理。光学信息处理是近年来发展起来的以全息术、光学传递函数和激光技术为基础，以透镜的傅里叶变换效应为理论核心的一门新兴学科。与其他形式的信息处理技术相比，光学信息处理具有高度的并行性和大容量的特点。这一学科发展速度很快，现已成为信息科学的一个重要分支，在许多领域进入实用阶段。

“信息”是通信科学中的术语，例如一个受调制的电信号（电压或电流波）可被看作是携带着信息随时间变化的序列。这个观点也适用于光学，如一幅图像实际上是一种二维空间的光强或光场分布，它可以看作是携带着信息的光强或光场随空间变化的序列，称为光学信息。光学信息处理的分类方法通常有三种：一是根据光学系统对光学信息的处理是否满足线性定理，分为线性处理和非线性处理。二是根据使用的光源是否具有时空相干性，分为相干光处理和非相干光处理。三是根据被处理的对象不同，分为光学图像处理（包括照片、底片、图片等）和其他信息处理[如电信号（电压、电流）、机械信号（重量、长度、角度、速度、应力、应变）、声音信号、温度信号等]。但这些信号必须首先转换成光信号或光学图像，然后用光学信息处理系统进行处理。

实验 5.1　阿贝成像原理和空间滤波

1873 年，德国人阿贝（E. Abbe，1840—1905）在研究显微镜成像规律时，提出了相干成像理论，从波动光学的角度解释了显微镜的成像机理，明确了限制显微镜分辨本领的根本原因。他把物体通过凸透镜成像的过程分为两步：① 从物体发出的光发生夫琅禾费衍射，在透镜的像方焦平面上形成其傅里叶频谱图；② 像方焦平面上的频谱图的各发光点发出的球面次级波在像平面上相干叠加形成物体的像。这在傅里叶光学早期发展史上做出了重要的贡献，这些实验简单、形象，令人信服，对相干光成像的机理及频谱分析和综合原理做出了深刻的解释，同时这种用简单的模板滤波的方法，至今在图像处理技术中仍然有广泛的应用价值。阿贝成像原理是现代光学信息处理的理论基础，空间滤波实验是基于阿贝成像原理的光学信息处理方法。

【实验目的】

1. 理解傅里叶光学中空间频率、空间频谱和空间滤波等的概念。
2. 掌握阿贝成像原理,进一步了解透镜孔径对成像的影响。
3. 完成阿贝成像实验光路的搭建及频谱选择,观察不同频谱对成像的影响。

【课堂问题导引】

1. 什么是空间频率?
2. 什么是空间滤波?
3. 阿贝成像的基本原理是什么?

【实验器材】

激光器、导轨、扩束镜、准直镜、光栅字、傅里叶变换透镜、滤波器(低通、方向滤波)、光屏、小孔板(或可变光阑)2 个。

【实验原理】

1. 阿贝成像原理

如图 5.1.1 所示,用一束平行光照明物体,按照传统的成像原理,物体上的任一点都是一次波源,它们辐射球面波,经透镜的会聚作用,各个发散的球面波转变为会聚的球面波,球面波的中心就是物体上某一点的像。一个复杂的物体可以看成由无数个亮度不同的点构成,所有这些点经透镜的作用在像平面上形成像点,像点重新叠加构成物体的像。这种传统的成像原理着眼于点的对应,物像之间是点点对应的关系。

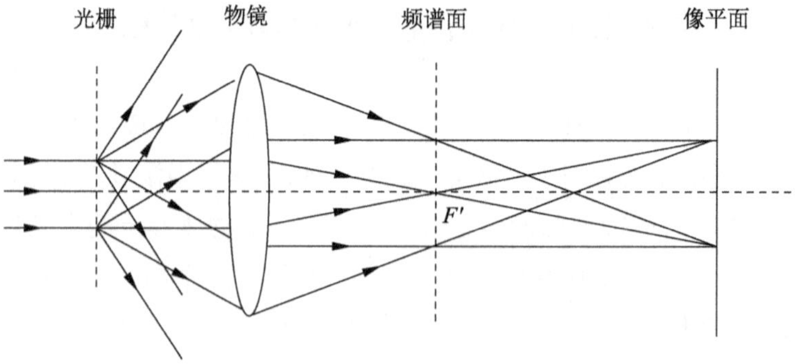

图 5.1.1 阿贝成像原理示意图

阿贝成像原理认为,透镜的成像过程可以分成两步:第一步是通过物的衍射光在透镜后焦面(即频谱面)上形成空间频谱,这是衍射所引起的“分频”作用;第二步是代表不同空间频率的各光束在像平面上相干叠加形成物体的像,这是干涉所引起的“合成”作用。

成像过程的这两步本质上就是两次傅里叶变换。如果这两次傅里叶变换是完全理想的，即信息没有任何损失，则像和物应完全相似。

进一步解释，物函数可以看作由许多不同空间频率的单频(基元)信息组成，夫琅禾费衍射将不同空间频率的信息按不同方向的衍射平面波输出，通过透镜后不同方向的衍射平面波分别会聚到焦平面上不同的位置，即形成物函数的傅里叶变换的频谱，频谱面上的光场分布与物函数(物的结构)密切相关。因此，夫琅禾费衍射过程就是傅里叶变换过程，而光学成像透镜即能完成傅立叶变换的运算，称为傅里叶变换透镜。

设 $\varphi(\zeta,\eta)$ 代表物平面上光场的复振幅分布。首先，根据惠更斯—菲涅尔原理，在透镜第二焦平面上的复振幅分布 $\psi(x,y)$ 即为 $\varphi(\zeta,\eta)$ 的傅里叶变换，即

$$\psi(x,y) = \iint_{-\infty}^{+\infty} \varphi(\xi,\eta) \mathrm{e}^{-2\pi(v_x\xi+v_y\eta)} \mathrm{d}\xi \mathrm{d}\eta \tag{5.1.1}$$

式中，$v_x = x/f\lambda$ 和 $v_y = y/f\lambda$ 为 x，y 方向的空间频率，量纲为 L^{-1}；f 为透镜的第二焦距；λ 为光波的波长。$\psi(x,y)$ 也称为光场的频谱函数，透镜的第二焦平面则称为频谱面或傅氏面，并且 $\varphi(\zeta,\eta)$ 是 $\psi(x,y)$ 的逆傅里叶变换，即

$$\varphi(\xi,\eta) = \iint_{-\infty}^{+\infty} \psi(x,y) \mathrm{e}^{i2\pi(v_x\xi+v_y\eta)} \mathrm{d}v_x \mathrm{d}v_y \tag{5.1.2}$$

可见，它们是对同一光场分布的两种本质上等效的描述。然后，再以频谱为物，由二次衍射可以证明，在像平面上的复振幅分布 $\varphi'(\zeta',\eta')$ 恰为 $\psi(x,y)$ 的又一次傅里叶变换，即

$$\varphi'(\xi',\eta') = \iint_{-\infty}^{+\infty} \psi(x,y) \mathrm{e}^{i2\pi(v_x\xi+v_y\eta)} \mathrm{d}x \mathrm{d}y \tag{5.1.3}$$

比较式(5.1.2)和式(5.1.3)，可得

$$\varphi'(\xi',\eta') = (f\lambda)^2 \varphi(\xi,\eta) \tag{5.1.4}$$

这样，经过两次衍射过程，第一次衍射将物光场的空间分布变换成空间频谱；第二次衍射又经一次变换将空间的频谱分布还原为像场的空间分布，结果是物平面和像平面上共轭点的复数之比是常数，也即像平面上光振动的实数振幅、位相分布和物平面上的分布完全对应，因而像与物在几何形状上一致(可能有放大和缩小)。

为了简便、直观地说明，假设物是一个一维光栅，光栅常数为 d，$\varphi(\zeta)$ 是一个空间的周期性函数，其空间频率为 ν_0(即 $\nu_0 = 1/d$)，则其光振幅分布可展开成级数

$$\varphi(\xi) = \sum_{n=-\infty}^{\infty} \psi_n \mathrm{e}^{i2\pi n\nu_0\xi} \tag{5.1.5}$$

相应的空间频率分布为 $\nu = 0, \nu_0, 2\nu_0, \cdots$，它们是不连续的，可以相当于用波长为 λ 的单色平行光照射光栅时，在透镜的第二焦平面上形成的衍射条纹中的零级、一级、二级……主极大。这是由于透射光经衍射后分解为沿不同方向传播的很多束平行光，经过物镜分别聚焦在后焦面上形成点阵，这一点阵就是光栅的夫琅禾费衍射图，光轴上的点是0级衍射，其他依次为 ±1, ±2, …级衍射。从傅里叶光学来看，这些光点正好对应于光栅的各傅

里叶分量。0 级称为“直流”分量，此分量在像平面上产生一个均匀的照度；±1 级称为基频分量，这两个分量产生一个相当于空间频率为 ν_0 的余弦光栅的像；±2 级称为倍频分量，在像平面上产生一个空间频率为 $2\nu_0$ 的余弦光栅像，其他依次类推。更高级的傅里叶分量将在像平面上产生更精细的余弦光栅条纹。因此，物镜后焦面的振幅分布反映了光栅（原物）的空间频谱，这一后焦面也称为频谱面。在成像的第二个步骤中，这些是代表不同空间频率的光束在像平面上重新叠加形成的原物（光栅）的实像，只要物的所有衍射分量都无阻碍地到达像平面，则像就和物完全一样。

2. 空间滤波

一般来说，现实中的像和物不可能完全一样，这是由于成像透镜的孔径是有限的，一部分衍射角度较大的高频信息不能进入透镜而被屏蔽，使像的信息少于物的信息。因此，透镜作为最简单的成像系统，就成像光束的空间频率来说，是一个低通滤波器（即高频滤波器）。在相干光照明时，如果透镜的像差已经校正，则其频带的上限为

$$f_0 = \frac{D}{2\lambda s'} \tag{5.1.6}$$

式中，D 为透镜的通光孔径；s' 为像距；f_0 称为截止频率，即成像光束中所含的最高空间频率。当物的结构非常精细（如很密的光栅），或透镜通光孔径 D 非常小时，物光栅频率 ν_0 大于式（5.1.6）决定的 f_0，则物光波中相应于一级衍射极大的分量（其空间频率即为光栅频率 ν_0）也不能通过透镜，即只有 0 级衍射（空间频率为 0）能通过，此时像平面上虽有光照，但完全不能形成图像。这是由于高频信息主要反映物体的精细结构，如果高频信息因受阻而不能到达像平面，则像无论怎样被放大，也不可能在像平面上显示出这些细节，这就是光学仪器如显微镜等的分辨率受到限制的根本原因。

由此可见，如果在透镜第二焦平面上人为地插入一些滤波器（吸收板或移动板），去掉（或选择通过）某些空间频率成分或者改变它们的振幅和相位，就可以根据需要改变频谱，使像发生变化，这就是空间滤波。

最简单的滤波器就是放置在透镜焦平面上的特种形状的光阑，它仅使一个或几个频率分量通过，而挡住其他的频率分量，从而使像质发生变化。相干光学处理的实质就是在光学系统的频谱面上放置各种空间滤波器，使二维物体的像按照需求得到改善，这一实验过程即为光学信息处理的过程，如图 5.1.2 所示。

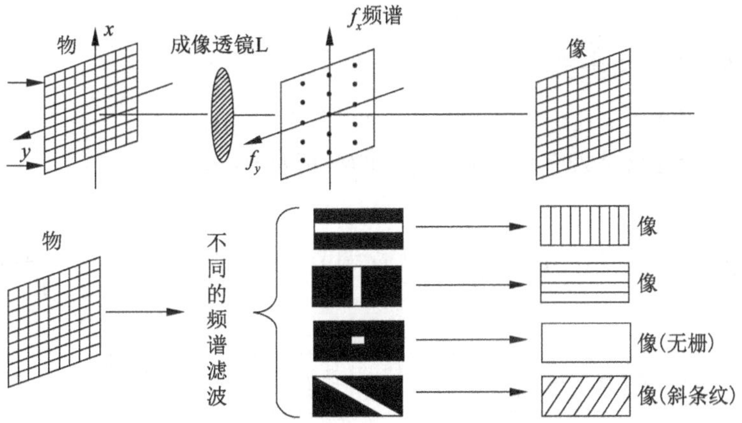

图5.1.2　阿贝—波特实验示意图

观察这些现象能帮助我们对空间傅里叶变换和空间滤波有更明晰的理解。下面介绍几种常用的滤波方法:

(1) 低通滤波

滤去高频成分,保留低频成分。由于低频成分集中在频谱面的光轴附近,高频成分则落在远离光轴的处,故低通滤波器就是一个圆形光孔。由于图像的精细结构及突变部分主要由高频成分起作用,故经低通滤波器后图像的精细结构消失,黑白突变处变得模糊。

(2) 高通滤波

滤去低频成分,保留高频成分。高频信息反映了图像的精细结构和突变部分。如果所处理的图像由透明和不透明的部分组成,则经过高通滤波的处理,图像的轮廓(即相应于物体透光和不透光的交界处)应显得特别明显。

(3) 方向滤波

滤波器可以是一个狭缝,如果将狭缝沿水平方向放置,则只有水平方向的衍射物面信息能通过,在像平面上就突出了垂直方向的线条。方向滤波器有时也可制成扇形等。

典型的光学信息处理系统为如图5.1.3所示的4f傅里叶变换系统。光源S经扩束镜L(如果光源是激光,一般需要先扩束再准直,才能获得平行光)产生平行光照射物面(输入面),经傅里叶透镜L_1变换,在其后焦面f处产生物函数的傅里叶频谱,再通过透镜L_2的傅里叶逆变换,在输出面上得到所成的像(像函数)。

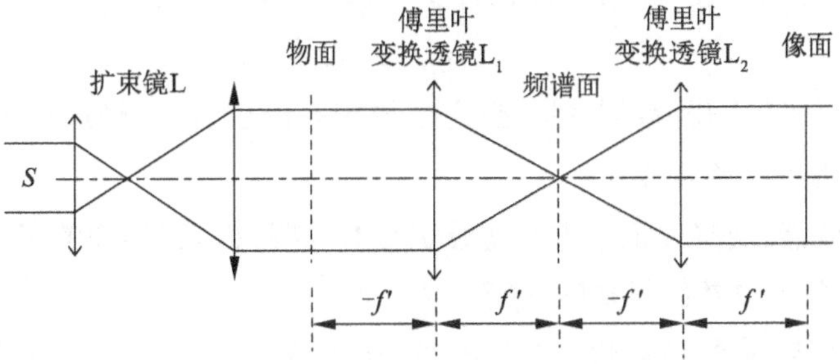

图5.1.3　4f傅里叶变换系统

【实验内容及步骤】

1. 检查实验器材

认真检查实验器材是否有缺少或损坏,如有,请及时报告。

2. 各光学元件同轴等高调节

依据绪论部分“1.7.1 光学元件同轴等高调节”的方法,对图5.1.4中所用的光学元件进行同轴等高调节。

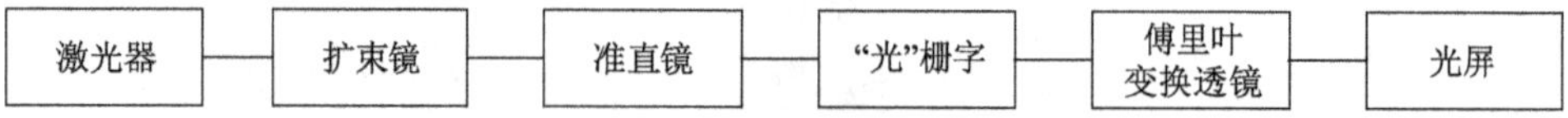

图5.1.4 阿贝成像与空间滤波光路框图

3. 搭建光路

按图5.1.4的光路调整各元件间隔,满足光路需求,在光屏上出现放大倒立的“光”字像(提示:对傅里叶变换透镜而言,物面、像面依旧满足透镜成像规律)。为了得到较好的实验效果,一般设置物距(“光”栅字到傅里叶变换透镜的间隔)在$1.5f' \sim 2f'$之间。

4. 安装滤波器

在傅里叶变换透镜与光屏之间安装滤波器,沿导轨前后移动滤波器,当滤波器位于傅里叶变换透镜的频谱面时,即可实现滤波。观察“光”栅字的频谱:实验中使用的“光”字是用空间频率为12 lp/mm的正交光栅调制的,在傅里叶变换透镜的频谱面上可观察到频谱点,根据目标物分析频谱。

5. 观察方向滤波和低通滤波的实际效果

(1) 选择滤波器中的“缝”,将其在频谱面水平放置,使包括0级在内的一排点通过,记录观察到“光”的像的实验现象。

(2) 将“缝”旋转90°竖直放置,使包括0级在内的一排点通过,记录观察到“光”的像的实验现象。

(3) 将“缝”旋转45°放置,使包括0级在内的一排点通过,记录观察到“光”的像的实验现象。

(4) 将滤波器中的“孔”放置在频谱面上,只让0级点通过,记录观察到“光”的像的实验现象。

(5) 将滤波器中的“孔”放置在频谱面上,调整孔的位置,选择通过某些高频信号,记录观察到“光”的像的实验现象。

(6) 去掉滤波器,观察并记录没有滤波状态下观察到“光”的像的实验现象。

6. 透镜成像截止频率的测定(选做)

(1) 按图5.1.5搭建光路,将扩束后的激光束照射在物光栅上,以透镜L将光栅共轴成像于屏上(或用低倍显微镜观察)。

(2) 将一可变圆形光阑紧靠透镜 L 放置，逐步缩小光阑的孔径，观察像面上光栅条纹的变化，直到条纹消失。

(3) 用读数显微镜测量像平面上光栅条纹消失时光阑的直径 D。

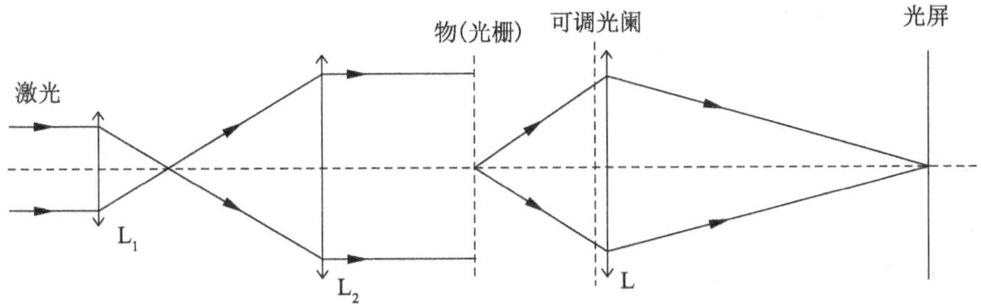

图 5.1.5 测定截止频率光路图

7. 4f 成像光路的阿贝成像实验(选做)

(1) 按照图 5.1.3 的光路，选择合适的元件，依据绪论部分 1.7.1 及 1.7.2 所述的方法，调整实验光路。

(2) 参照上述实验步骤 3 ~ 5，完成 4f 成像光路的阿贝成像实验。

8. 结束实验

关闭实验桌上的开关，将所有光学元件按要求放回原处，结束实验。检查实验器材，如有缺少或损坏，请及时报告。

【实验数据处理要求】

计算透镜的截止频率 f_0，将其与光栅频率 ν_0 比较，并说明存在差异的原因。

思考题

1. 实验中采用的光栅为 12 lp/mm，透明“光”字的笔画粗细为 0.5 mm，那么从理论上计算，要在像面上得到没有网格的模糊字迹，低通滤波器的孔径应是多大？

2. 根据本实验，你是如何理解显微镜、望远镜的分辨本领的？为什么说一定孔径的物镜只能够具有有限的分辨本领？如果增大放大倍数能否提高仪器的分辨本领？

实验 5.2 θ 调制与空间假彩色编码

θ 调制技术是光学信息处理的一项重要技术，也是信息光学广泛应用的一个方向。以信息光学中空间滤波技术为基础的 θ 调制技术已推广到彩色胶片的存储、黑白胶片拍摄彩色图像等应用中，获得了可喜的成果，并在国防工业、医疗卫生事业、工件超精细检测等各个领域发挥着重要的作用。

θ 调制实验是信息光学教学中一个十分重要的实验，它是建立白光信息处理理论的实验基础。这个实验，不仅揭示了空间频率的物理意义，而且实现了空间假彩色编码。

【实验目的】

1. 掌握 θ 调制假彩色编码技术的原理和方法，巩固和加深对光栅衍射基本理论的理解。

2. 学习 θ 调制假彩色编码系统的设计和组装技巧，获得假彩色编码图像。

【课堂问题导引】

1. 什么是 θ 调制？

2. 什么是假彩色编码？

【实验器材】

白光光源、准直透镜、调制物（天安门光栅）、傅里叶变换透镜、θ 滤波器、光屏、导轨、小孔板（或可变光阑）2 个。

【实验原理】

一张黑白图像有相应的灰度分布。人眼对灰度的识别能力是不高的，最多有 15 ~ 20 个层次，但是人眼对色度的识别能力却很高，可以分辨数十种乃至上百种色彩。若能将图像的灰度分布转化为彩色分布，势必大大提高人们分辨图像的能力，这项技术称为光学图像的假彩色编码。假彩色编码的方法有若干种，按其性质可分为等空间频率假彩色编码和等密度假彩色编码两类；按其处理方法则可分为相干光处理和白光处理两类。

等空间频率假彩色编码是对图像的不同空间频率赋予不同的颜色，从而使图像按空间频率的不同显示不同的色彩；等密度假彩色编码则是对图像的不同灰度赋予不同的颜色。前者用以突出图像的结构差异，后者则用来突出图像的灰度差异，以提高对黑白图像的识别能力。黑白图片的假彩色化已在遥感、生物医学和气象等领域的图像处理中得到广泛的应用。

对于一幅图像的不同区域分别用取向不同（方位角 θ 不同）的光栅预先进行调制，经多次曝光和显影、定影等处理后制成透明胶片，对其进行光学信息处理后作为系统中的输入面，用白光照明，则在其频谱面上，不同方位的频谱均呈彩虹颜色。如果在频谱面上开一些小孔，则在不同的方位角上，小孔可选取不同颜色的谱，最后在信息处理系统的输出面上便得到所需的彩色图像。由于这种编码方法是利用不同方位的光栅对图像的不同空间部位进行调制来实现的，故称为 θ 调制空间假彩色编码。

θ 调制属于空间滤波的一种形式，是阿贝原理的具体应用，它是用不同取向的光栅对物平面的各个部分进行调制（编码），通过特殊滤波器控制像平面相应部位的灰度（用单色光照明)或色彩(用白光照明)的一种方法。第一步,入射光经物平面发生夫琅禾费衍射,在透镜的后焦面上形成一系列衍射斑(即物的频谱),这一步称为“分频”。第二步,各衍射斑发出的球面波在像平面上相干叠加,像就是像平面上的干涉场,这一步称为“合频”,形成物的像。如果用白光光源照明光栅物片,就会在频谱上得到色散彩色频谱。每个彩色谱斑的原色分布都是由外向里按红、橙、黄、绿、蓝、靛、紫的顺序排列,这是因为一维光栅的衍射角与入射光的波长有关。如果在频谱面上放置一个空间滤波器,让不同方向的谱斑通过不同的颜色,就可以在像面上得到彩色像。

1. 被调制物

物的样品如图 5.2.1 所示。若要使其中的草地、天安门和天空 3 个区域呈现 3 种不同的颜色,则可在一胶片上曝光 3 次,每次只曝光其中一个区域(其他区域被挡住),并在其上覆盖某取向的光栅,3 次曝光分别取 3 个不同取向的光栅,如图(a)中线条所示。将这样获得的调制片经显影、定影处理后,置于处理光路的输入平面,用白色平行光束照明,并进行适当的空间滤波处理。

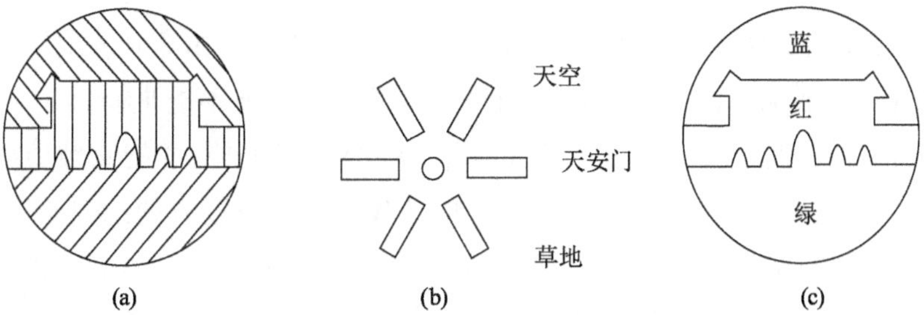

图 5.2.1 被调制物示意图

2. 空间滤波

(1) 单透镜成像光路

空间滤波处理光路可以使用单透镜成像光路,如图 5.2.2 所示,图中输入面 P_1、傅里叶变换透镜 L_1 和输出面满足成像关系,可以根据成像关系控制像的大小,其频谱面在傅里叶变换透镜 L_1 后的焦面上,通过对频谱面的处理可以获得彩色像。

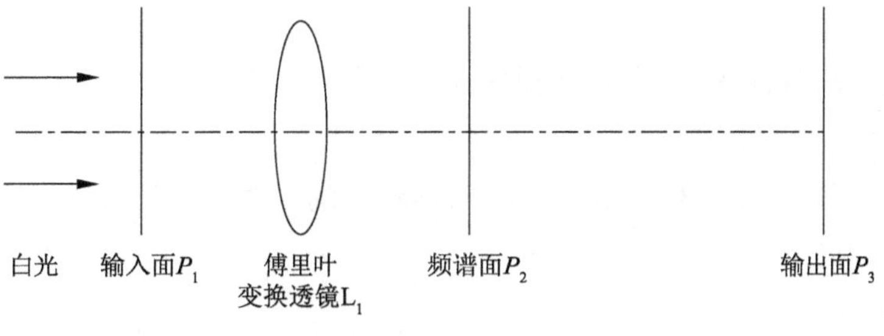

图 5.2.2 调制空间假彩色编码单透镜成像光路示意图

(2) 4f 成像光路

滤波过程也可以采用 4f 成像光路,如图 5.2.3 所示。图中,物面在傅里叶变换透镜

L_1 的前焦面上，在频谱面后方放置傅里叶变换透镜 L_2，则傅里叶变换透镜 L_2 的后焦面可以看到输出面的像，频谱位于傅里叶变换透镜 L_1 的后焦面上，通过对频谱的处理，即可以看到彩色像。

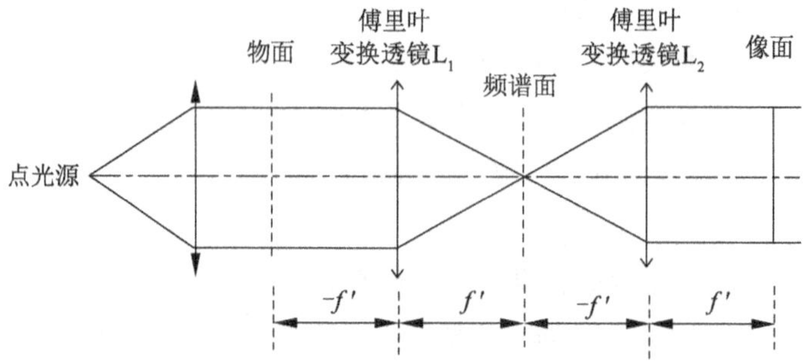

图 5.2.3　θ 调制空间假彩色编码 4f 成像光路示意图

由于物被不同取向的光栅所调制，所以在频谱面上得到的将是取向不同的带状谱（均与其光栅线垂直），物的 3 个不同区域的信息分布在 3 个不同的方向上互不干扰，当用白光照明时，各级频谱呈现出的是色散的彩带，由中心向外按波长由短到长的顺序排列。在频谱面上选用一个带通滤波器，实际是一个被穿了孔的光屏或不透明纸。

θ 调制所用的物是一个空间频率为 100 lp/mm 的正弦光栅，并把它裁剪拼接成一定的图案，如图 5.2.1(a) 中的天安门图案。其中，天安门用条纹竖直的光栅制作，天空用条纹左倾 45°的光栅制作，地面用条纹右倾 45°的光栅制作，因此，在频谱面上得到的是三个取向不同的正弦光栅的衍射斑，如图 5.2.1(b) 所示。由于用白光照明和光栅的色散作用，除 0 级仍然保持白色外，±1 级衍射斑展开为彩色带，蓝色靠近中心，红色在外。在 0 级斑点位置，条纹竖直的光栅 ±1 级衍射带的红色部分、条纹左倾的光栅 ±1 级衍射带的蓝色部分及条纹右倾的光栅 ±1 级衍射带的绿色部分分别打孔进行空间滤波。然后，在像平面上将得到蓝色天空下、绿色草地上的红色天安门图案，如图 5.2.1(c) 所示。

【实验内容及步骤】

1. 检查实验器材

认真检查实验器材是否有缺少或损坏，如有，请及时报告。

2. 各光学元件同轴等高调节

依据绪论部分"1.7.1 光学元件同轴等高调节"的方法，对图 5.2.3 中所用的光学元件进行同轴等高调节。

3. 搭建光路

采用白光光源，调整各元件的间隔以满足光路要求，直至在光屏上出现天安门的像。

4. 安装并调整 θ 滤波器

在频谱面上安装并调整 θ 滤波器，观察光屏上的像。简要画出实验光路，标出各光学元件之间的间隔,记录实验现象。

5. 结束实验

关闭实验桌上的开关,将所有光学元件按要求放回原处,结束实验。检查实验器材,如有缺少或损坏,请及时报告。

【实验数据处理要求】

1. 从阿贝成像原理的观点看,物跟像之间经历了几次傅里叶变换?
2. 实验中为什么会观察到彩色图样?

思考题

1. 在实验过程中,如果输出像出现颜色不纯的情况,主要是什么原因?
2. 在实验过程中,如果输出像出现比较大的黑斑,主要原因是什么?

实验5.3　全息光栅的制作

由大量等宽且等间距的平行狭缝构成的光学器件称为光栅。光栅是一种重要的分光元件,在实际生产中被广泛应用。许多光学元件,如单色仪、摄谱仪、光谱仪等都用光栅作分光元件;与刻划光栅相比,全息光栅具有杂散光少、分辨率高、适用光谱范围宽、有效孔径大、生产效率高、成本低等突出优点。

现在全息光栅已广泛应用于光谱仪器、θ调制技术,集成光学中作为光束分束器、耦合器和偏转器等。在光信息处理中,它既可作为调制器用于图像相减、边缘增强、消模糊处理等,又可作为编码器,对黑白图片实现假彩色编码。

【实验目的】

1. 了解全息光栅制作的基本原理。
2. 掌握制作全息光栅的常用光路和调整方法。
3. 掌握控制全息光栅频率的方法。

【课堂问题导引】

1. 什么是光栅常数? 光栅常数与哪些因素有关?
2. 全息光栅制作的原理是什么?

【实验器材】

He－Ne 激光器、扩束镜、准直镜、分光镜、全息干版、平面反射镜、读数显微镜、光屏。

【实验原理】

当参考光波和物光波都是点光源且与全息干版对称放置时，可以在干版上形成平行直条纹，这便是全息光栅。采用线性曝光可以得到正弦振幅型全息光栅。从光的波动性出发，以光自身的干涉进行成像，便可利用全息照相的办法制作全息光栅。

1. 光栅制作原理与光栅频率的控制

用全息的方法制作光栅，实际上就是拍摄一张两束相干的平行光波产生的干涉条纹的照相底片。当波长为 λ 的两束平行光以夹角 ω 交叠时，在其干涉场中放置一块全息干版，经曝光、显影、定影、漂白等处理，就得到一块全息光栅。相邻干涉条纹之间的距离即为光栅的空间周期 d（实验中常称为光栅常数），如图 5. 3. 1 所示。

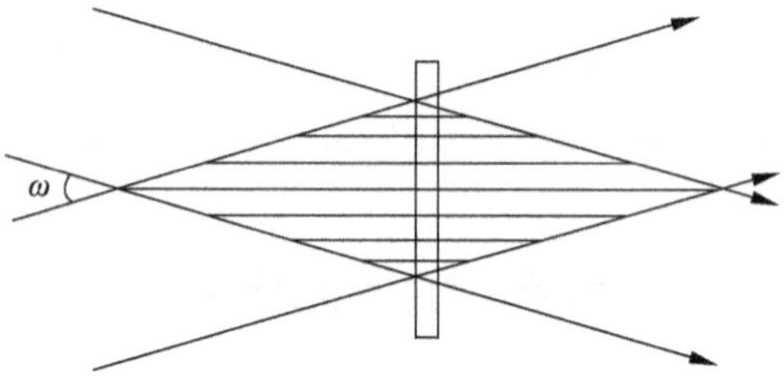

图 5. 3. 1　全息光栅制作原理示意图

有多种光路可以制作全息光栅，其共同特点是：① 将入射细光束分束后形成两个点光源，经准直后形成两束平面波；② 采用对称光路，可方便地得到等光程，如图 5. 3. 2 所示。

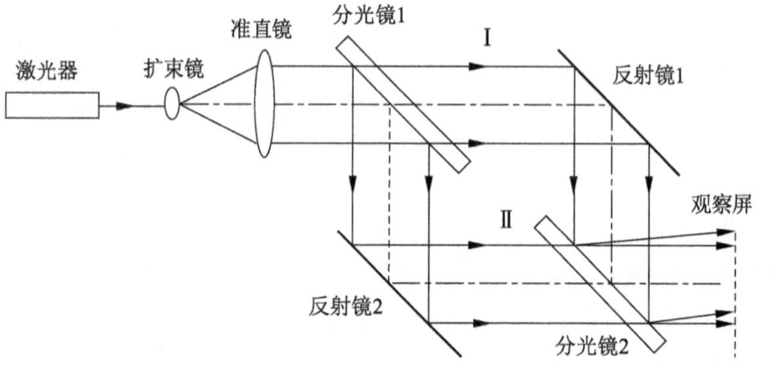

图 5. 3. 2　马赫—曾德干涉仪光路

图 5. 3. 2 采用马赫—曾德干涉仪光路，它是由两块分光镜（半反半透镜）和两块全反射镜组成的，四个反射面接近互相平行，中心光路构成一个平行四边形。从激光器出射的光束经过扩束镜及准直镜，形成一束宽度合适的平行光束。这束平行光射入分光镜 1 之后分为两束，一束由分光镜 1 反射后到达反射镜 2，经过其再次反射并透过另一个分光镜 2，这是第一束光；另一束则透过分光镜 1，经反射镜 1 及分光镜 2 两次反射后射出，这是第二束光。在分光镜 2 前方两束光的重叠区域放上光屏。若 I，II 两束光严格平行，则在屏

幕上不出现干涉条纹；若两束光在水平方向有一个夹角，那么在屏幕的竖直方向会出现干涉条纹，且两束光交角越大，干涉条纹越密。当条纹太密时，必须用显微镜才能观察得到。若在光屏平面所在处放上全息感光干版，记录下干涉条纹，这就是一块全息光栅。

上述实验中，为了保证干涉条纹质量，光束Ⅰ和Ⅱ需要严格平行于水平光学平台，可在图5.3.2中最后一个分光镜后两束光的重叠区域放一透镜，将光屏移到透镜的后焦面上。细调两块反射镜使光束Ⅰ和Ⅱ在屏上的像点处于同一水平线上，这样光束Ⅰ，Ⅱ就更严格平行于平台了。然后，转动两块反射镜或最后一块分光镜使两个像点重合，这时光束Ⅰ和光束Ⅱ处于重合状态，会聚角为0，因此没有干涉条纹。撤去透镜后，微调两块反射镜或最后一块分光镜的水平调节旋钮，改变光束Ⅰ，Ⅱ的会聚角（使其不为零），就可在光束Ⅰ和Ⅱ的重叠区域看到较明显的干涉条纹。

准确地控制光栅常数（即光栅的空间频率）是光栅质量的重要指标之一。通常采用透镜成像的方法来控制光栅的空间频率。如图5.3.2中，若经最后一块分光镜射出的两相干光束Ⅰ，Ⅱ与P面水平法线的交角不相等，分别为θ_1和θ_2，即$\omega=\theta_1+\theta_2$称为两束光的会聚角，如图5.3.3所示。

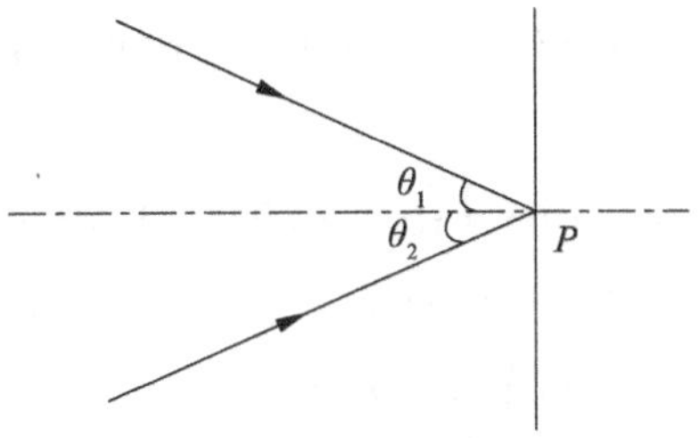

图5.3.3　光栅常数控制示意图

由杨氏双缝干涉实验计算得到两束光在P面形成的干涉条纹的间距为

$$d=\frac{1}{\nu}=\frac{\lambda}{\sin\theta_1+\sin\theta_2}=\frac{\lambda}{2\sin\left(\frac{\theta_1+\theta_2}{2}\right)\cos\left(\frac{\theta_1+\theta_2}{2}\right)} \tag{5.3.1}$$

式中，λ为激光束的波长，对于He－Ne激光器，$\lambda=632.8\ \text{nm}$。当$\theta_1=\theta_2$且$\frac{\theta_1+\theta_2}{2}\ll 1$时，近似有

$$d\approx\frac{\lambda}{\omega} \tag{5.3.2}$$

在本实验中，由于两束光的会聚角不大，因此可以根据式（5.3.2）估算光栅的空间频率。具体办法如下：把透镜L放置在两束光Ⅰ，Ⅱ的重叠区域，如图5.3.4所示。

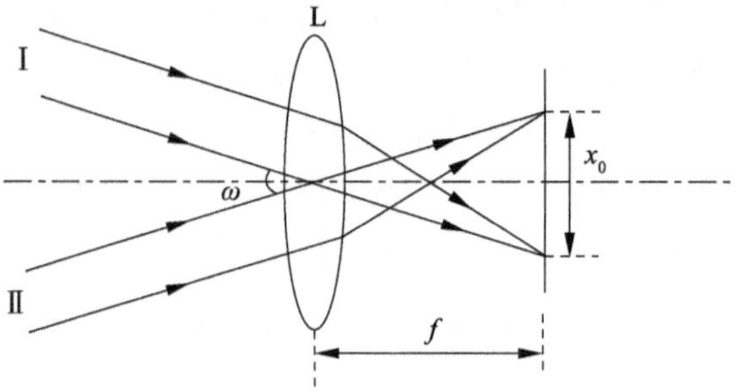

图 5.3.4 用透镜估算两束光的会聚角

在 L 的焦面上两束光会聚成两个亮点。若两个亮点的间距为 x_0，透镜 L 的焦距为 f，则有 $\omega \approx x_0/f$。由此式和式(5.3.2)可得 $d \approx f\lambda/x_0$，从而得到正弦光栅的空间频率为

$$\nu = \frac{1}{d} = \frac{x_0}{f\lambda} \tag{5.3.3}$$

根据式(5.3.3)，按需要制作的全息光栅对空间频率的要求，调整两束光Ⅰ，Ⅱ的方向，使之有合适的夹角。例如，要拍摄 100 lp/mm 的全息光栅(即 $\nu = 100$ lp/mm)，设所配备的透镜 L 的焦距 $f = 150$ mm，氦氖激光器的激光波长 $\lambda = 0.63 \times 10^{-5}$ mm，根据式(5.3.3)可得

$$x_0 = f\lambda\nu = 0.63 \times 10^{-5} \times 150 \times 100 = 9.5 \text{ mm} \tag{5.3.4}$$

实验时，把屏幕放在 L 的后焦面上，根据两个亮点的间距，即可判断光栅的空间频率是否达到要求。如果未达要求，可调节Ⅰ，Ⅱ两束光的方向，直到 $x_0 = 9.5$ mm 为止。根据式(5.3.1)，并参照图 5.3.3 和图 5.3.4，在实验中改变Ⅰ，Ⅱ两束光的方向，从而改变光栅空间频率的途径有两条：一是绕铅垂方向略微转动光路中任一块反射镜或最后一块分光镜，从而改变 θ_2，使得干涉条纹的间距 d 改变；二是绕铅垂方向旋转干版 P，在保持 $\omega = \theta_1 + \theta_2$ 不变的条件下改变 $\theta_1 - \theta_2$，从而改变 d，也即改变空间频率 ν。在本实验中，由于干版架无旋转微调装置，所以采用第一种办法。

通过以上方法制作的是最简单的一维光栅，其观察示意图如图 5.3.5 所示。

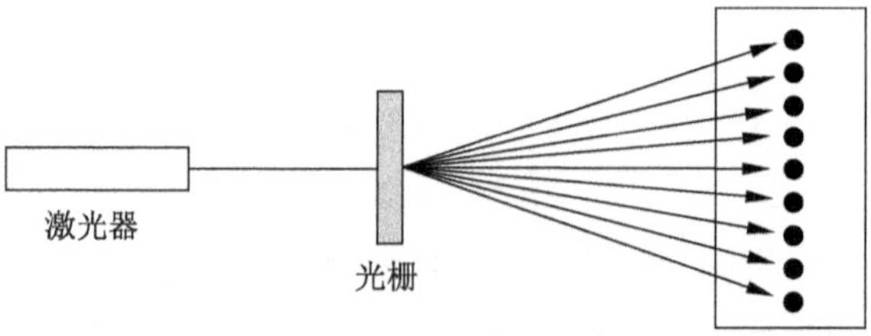

图 5.3.5 一维光栅的观察示意图

2. 正交光栅

如果以上一维光栅制作成功，那么二维光栅只需要对干版进行两次曝光就可得到。这两次曝光分别让干版水平放置和垂直放置，所用光路及拍摄方法与全息光栅基本相同，

仍然是用马赫—曾德干涉仪拍制。只是曝光一次后,需将全息干版旋转 90°再曝光一次,这样就使两个相互垂直的光栅拍在一块干版上,形成正交光栅,如图 5.3.6 所示。

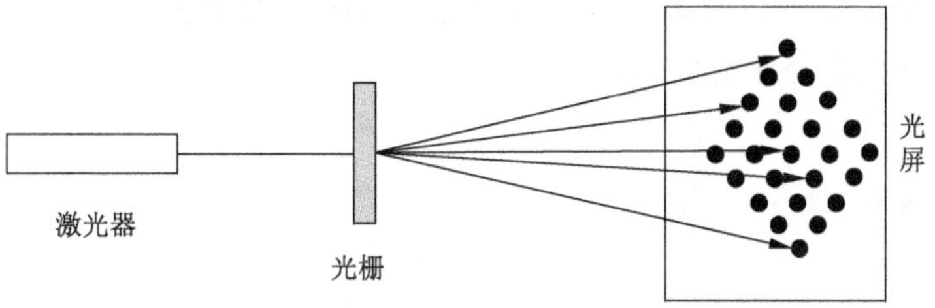

图 5.3.6 正交光栅的观察示意图

【实验内容及步骤】

1. 检查实验器材

认真检查实验器材是否有缺少或损坏,如有,请及时报告。

2. 各光学元件同轴等高调节

依据绪论部分“1.7.1 光学元件同轴等高调节”的方法,对图 5.3.2 中所用的光学元件进行同轴等高调节。

3. 搭建光路

光源采用激光束,依据图 5.3.2 搭建光路,调整各元件间隔以满足光路要求,则在光屏上观察到干涉条纹。

4. 计算 θ 角

依据光栅常数公式,计算出 $\nu = 100$ lp/mm 时,θ 角的大小。根据求出的 θ 角,调节好光路中 θ 角的大小。

5. 制作全息光栅

用全息干版替换光屏,稳定 1 min 后对全息干版曝光 2 ~ 3 s,然后显影约 2 min,定影 5 min,吹干后就可得到全息光栅。(显影时间应依照显影液和定影液的浓度而定)

6. 观察全息光栅的图样

用激光细束直接照射所拍摄的全息光栅,在光栅后面的光屏上观察到奇数个亮点。中间是 0 级,对称分布在 0 级两侧的分别是 ±1 级、±2 级,……。当用白光作为光源照射全息光栅时,光栅能按波长大小把光分开,波长短的光衍射角小,若让光栅的衍射光通过透镜,在透镜的后焦面上可得到按波长大小排列的单色线条,这就是光栅光谱。

7. 结束实验

关闭实验桌上的开关,将所有光学元件放在导轨上,结束实验。检查实验器材,如有缺少或损坏,请及时报告。

【实验数据处理要求】

1. 依据光栅常数公式，计算出当 $\nu = 100$ lp/mm 时，θ 角的大小。
2. 画出观察到的全息光栅的图样。

思考题

两束光的夹角和光程差对全息光栅的制作有何影响？

实验 5.4　光栅常数的测量及应用

常用的光栅是在玻璃片上刻出大量平行的刻痕制成，刻痕为不透光部分，两刻痕之间的光滑部分可以透光，相当于一狭缝。光栅主要有狭缝光栅和柱镜光栅两类，狭缝光栅即线型光栅，是较为成熟的光栅，其成像原理为针孔成像原理。柱镜光栅种类繁多，主要有板材和模材两大类，其成像原理为弧面透镜折射反射成像原理。

光栅主要有四种基本性质：色散、分束、偏振和相位匹配，光栅的绝大多数应用都基于这四种特性。

【实验目的】

1. 观察光栅衍射现象，了解光栅衍射条纹的特点。
2. 掌握用分光计和透射光栅测量光栅常数、光波波长的方法。

【课堂问题导引】

1. 什么是光栅方程？
2. 分光计由哪些部分组成？主要调节步骤有哪些？

【实验器材】

分光计、平面透射光栅、汞灯、钠灯。

【实验原理】

光栅是一组数目众多的等宽、等距和平行排列的狭缝，光栅分为透射光栅和反射光栅两类。光栅是重要的分光元件，通常用于光谱分析、复色光组成研究，以及通过光栅获得特定波长的单色光，本实验用的是平面透射光栅。光栅的衍射条纹是单缝衍射和多缝干涉的结果。光栅相邻两个狭缝对应点之间的距离 $d = a + b$，称为光栅常数。

由光栅衍射的原理可知，当一束单色平行光垂直照射一平面光栅时，透过每一狭缝的光都会发生单缝衍射,同时透过所有狭缝的光又会彼此产生干涉,光栅衍射光谱的强度由单缝衍射和缝间干涉两个因素共同决定。用会聚透镜可将光栅的衍射光谱会聚于透镜焦平面处的光屏上,便可看到一系列明暗相间、对称的条纹,如图 5.4.1 所示。

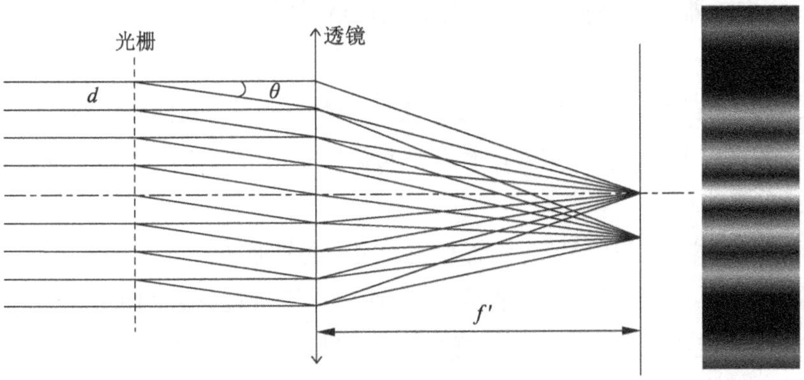

图 5.4.1　光栅衍射光强分布

如图 5.4.2 所示,设 S 为位于透镜 L_1 物方焦平面上的细长狭缝光源,光栅常数为 d。自透镜 L_1 射出的平面光垂直地照射在光栅上,以与光栅法线成 θ 角的衍射光通过透镜 L_2 会聚于其像方焦面上的点 P_1,则点 P_1 处产生衍射亮条纹的条件为

$$d\sin\theta = k\lambda \qquad (k=0,\ \pm 1,\ \pm 2,\cdots) \tag{5.4.1}$$

式(5.4.1)被称为光栅方程。式中,θ 为衍射角;λ 为光波波长;k 为条纹级数;d 为光栅常数。衍射亮条纹实际上是光源狭缝的单缝衍射和多缝干涉的总效果,是一系列锐细的亮线。

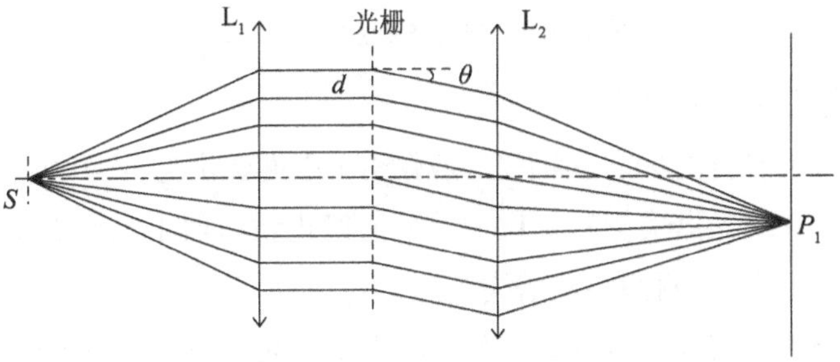

图 5.4.2　光栅常数测量原理

当 $k=0$ 时,在 $\theta=0°$ 的方向上,各种波长的亮线重叠在一起,形成明亮的零级条纹;对于 k 的其他数值,不同波长的亮线出现在不同的方向上形成光谱,对称地分布在零级条纹的两侧。因此,若已知光栅常数 d,测出某谱线的衍射角 θ 和光谱谱线级数 k,则由式(5.4.1)便可求出该谱线的波长 λ;反之,如果波长 λ 已知,则可求出光栅常数 d。

【实验内容及步骤】

1. 检查实验器材

认真检查实验器材是否有缺少或损坏,如有,请及时报告。

2. 分光计调节

调节分光计,使分光计达到:① 望远镜适合观察平行光,或称望远镜聚焦于无穷远;② 平行光管能发射平行光;③ 望远镜和平行光管的光轴均与分光计中心轴正交。

3. 光栅位置的调节

(1) 调节光栅平面使其与平行光管和望远镜的光轴垂直

先用汞灯(或钠灯)照亮平行光管的狭缝,使望远镜目镜中分划板上的中心垂线对准狭缝的像,然后固定望远镜。将装有光栅的光栅支架按图 5.4.3(a)所示置于载物台上。使其一端对准调平螺丝 a,另一端置于另两个调平螺丝 b,c 的中点,旋转游标盘并调节调平螺丝 b 或 c,当从光栅平面反射回来的"十"字像与分划板上方的十字线重合时[如图 5.4.3(b)所示]光栅已垂直于入射光,固定游标盘。

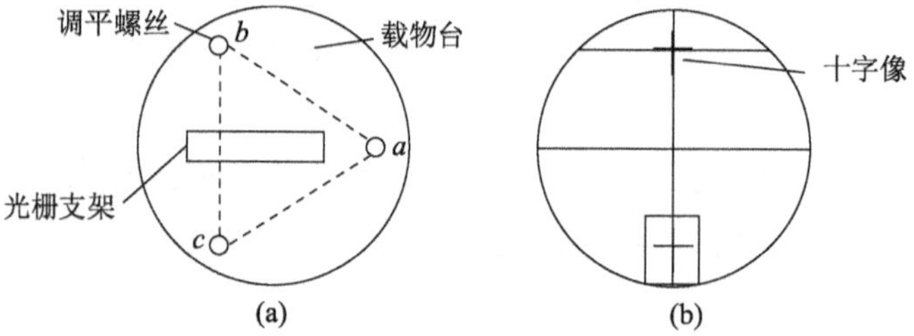

图 5.4.3 光栅支架放置及调节

(2) 调节光栅刻痕与转轴平行

光栅刻痕与转轴平行的标志:用汞灯(或钠灯)光照亮狭缝,松开望远镜紧固螺丝,转动望远镜可观察到 0 级光谱两侧的 ±1、±2 级衍射光谱,两侧光谱线的光谱中心线与分划板水平线的中心重合,即两侧的光谱线等高。

如果左右两侧的光谱线相对目镜中叉丝的水平线高低不等,如图 5.4.4 所示,说明光栅刻痕与转轴不平行,这时可调节调平螺丝 a(不得动 b,c),重复步骤(1)和(2)的调节,直到两个条件均满足为止。

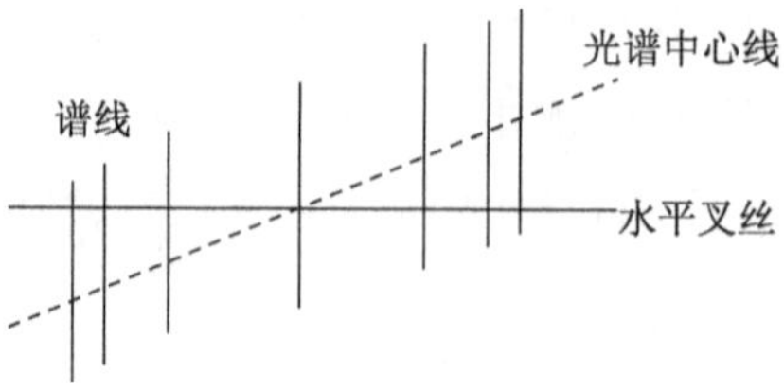

图 5.4.4 谱线相对目镜水平叉丝高低不等

4. 光栅常数测量

(1) 转动望远镜,观察汞灯绿线($\lambda=546.07$ nm)的各级衍射光谱,使叉丝竖线依次对准左右两边 $k=\pm1$ 的绿线亮条纹,记下相应的左右游标读数。

(2) 记录 $k=\pm2$ 时,相应的左右游标读数。

(3) 记录 $k=\pm3$ 时,相应的左右游标读数。

将测量数据记录在表5.4.1中。

表5.4.1 测量光栅常数数据记录表 单位:(°)

级次	透射光栅的绿色谱线		衍射角
	左游标读数	右游标读数	
$k=-1$			
$k=+1$			
$k=-2$			
$k=+2$			
$k=-3$			
$k=+3$			

5. 测量光波的波长

转动望远镜,观察汞灯紫色光谱,让叉丝竖线依次对准 $k=\pm1,\pm2,\pm3$ 的紫色光谱线($\lambda=435.8$ nm),记录紫色各级光谱对应的左右游标读数。将测量数据记录在表5.4.2中。

表5.4.2 测量光波波长数据记录表 单位:(°)

级次	透射光栅的紫色谱线		衍射角
	左游标读数	右游标读数	
$k=-1$			
$k=+1$			
$k=-2$			
$k=+2$			
$k=-3$			
$k=+3$			

6. 结束实验

关闭实验桌上的开关,将所有光学元件按要求放回原处,结束实验。检查实验器材,如有缺少或损坏,请及时报告。

【实验数据处理要求】

1. 计算各级绿色谱线的衍射角 θ,求出光栅常数 d 及其平均值。

2. 计算各级紫色谱线的衍射角 θ,通过已知光栅常数 d,算出紫色光谱的波长及其平均值。

思考题

1. 比较棱镜和光栅分光的主要区别。
2. 本实验对分光计的调整有何特殊要求？如何调节才能满足测量要求？

第 6 章　光学设计实验实训

光学系统设计就是根据仪器所提出的使用要求，来确定满足各种使用要求的数据，即设计出光学系统的性能参数、外形尺寸和各光组的结构等。

要为光学仪器设计一个光学系统，大体上可分为两个阶段：第一阶段是根据仪器总体的技术要求（性能指标、外形体积、质量及相关技术条件），从仪器的总体性能（光学、机械、电路及计算技术）出发，拟定出光学系统的原理图，并初步计算系统的外形尺寸，以及系统中各部分要求的光学特性等，一般称这一阶段的设计为“初步设计”或者“外形尺寸计算”；第二阶段是根据初步设计的结果，确定每个镜头的具体结构参数（半径、厚度、间隔、玻璃材料），以保证满足系统光学特性和成像质量的要求，这一阶段的设计称为“像差设计”，一般简称“光学设计”，这两个阶段既有区别又有联系。

本章主要由 7 种典型的光学系统设计组成。每个系统可以作为一个独立的光学设计实验，每节实验后有有一项实训内容。

实验 6.1　ZEMAX 软件入门及准直单透镜设计

进入 21 世纪，光学与计算机、电子、自动化等技术融合，形成了光机电一体的综合高新技术，光学已经成为信息科学的信息载体之一。随着光学的蓬勃发展，各种光学 CAD 软件层出不穷。目前，常用的光学设计软件包括 ZEMAX，TracePro，ASAP，LightTools，CODEV，OSLO 等，这些软件功能强大，能够从各个角度分析光学系统，从而判断光学系统的优劣性、可执行度等，是从事光学设计行业工程师的得力工具。

ZEMAX 由美国华盛顿州贝尔维尤市的 ZEMAX 软件开发公司研制发售，它将光学系统的设计概念、优化、分析、公差及报表集成在一起，形成一套综合性的光学设计仿真软件。ZEMAX 已经成为当今使用最广泛的光学设计软件之一，市场占有率较高。目前，ZEMAX 使用群集中在光学公司、光电研究所，以及投影仪、望远镜、扫描仪等光学设计公司。

【实验目的】

1. 熟悉 ZEMAX 的操作界面。
2. 练习基本参数的设置和输入。
3. 初步接触 ZEMAX 并掌握求解功能运用。
4. 初步了解“分析”及“优化”功能区的特点及使用。

【课堂问题导引】

1. 影响透镜焦距的因素有哪些?
2. 同一焦距、不同曲率半径的透镜对成像质量是否有影响?
3. 什么是点列图?

【实验仪器】

微型电子计算机、光学设计软件 ZEMAX。

【设计要求】

建立一个 $F/4$ 的镜片,焦距为 $f' = 100$ mm 的单透镜系统,该透镜的中心厚度为 4 mm,在可见光下工作,物体在无限远处,采用 K9 玻璃,光阑设置在入射光线遇到的第一个光学表面。

【实验原理】

1. ZEMAX 简介

ZEMAX 源自美国罗切斯特大学光学研究所,是美国焦点软件公司开发的光学设计软件,可用于成像光学系统设计与照明光学系统设计,也可用来建立反射、折射、绕射等光学模型,并结合优化、公差等分析功能,进行顺序光线追迹和非顺序光线追迹。

顺序光线追迹是指按照预先给定的顺序从某一表面追迹到另一表面。ZEMAX 对表面进行顺序安排,起始面为物面,序号为“0”;物面后的第一面序号为“1”,之后是“2”“3”,以此类推,一直到像面。顺序光线追迹意味着一条光线起始于“0”表面,追迹到“1”表面,然后到“2”表面,等等。不会出现从第 5 面追迹到第 3 面的情况,即使这些表面的实际位置可能出现这种情况。

非顺序光线追迹是光线沿着自然可实现的路径进行追迹,直到被物体拦截,然后折射、反射或者被吸收,这取决于物体的特性。之后,光线继续沿着新的路径前进。在非顺序光线追迹中,光线可以按任意顺序入射到任意一组物体上,也可以重复入射到同一物体上,这取决于物体的几何形状和特性,可参照顺序光线追迹。

ZEMAX 的主要特色体现在:① 分析。可提供多功能的分析图形,对话窗式的参数选择，且可将分析图形储存为图文件，如“ * . BMP”“ * . JPG”等，也可储存为文字文件“ * . txt”。② 优化。表栏式 merit function 参数输入，对话窗式预设 merit function 参数，方便用户定义，且有多种优化方式供用户使用。③ 公差分析。表栏式 Tolerance 参数输入和对话窗式预设Tolerance 参数，方便用户定义。④ 报表输出。多种图形报表输出，可将结果储存为图文件及文字文件。并且该软件交互性好，程序接口方便，可与公司其他软件共享数据，但是ZEMAX程序不会教用户如何设计镜头和光学系统。

在 ZEMAX 中，正确的透镜表面顺序对于透镜数据的输入来说是极其重要的。和面型相关的参数，如曲率半径、二次曲面常数等，都带有面的序号。和透镜表面之间的空间相关的参数还有厚度、折射率等，它们在透镜数据编辑表中都被指定在同一个面数据行中。

ZEMAX 输入参数的符号法则与应用光学中共轴光学系统的符号规则相同。曲率半径的曲率中心位于镜片表面顶点的右侧，则曲率半径为正，反之为负；下一个表面位于前一个表面右侧，两表面之间的厚度为正，反之为负；透镜材料的折射率都为正，反射镜的折射率为 -1。

图 6. 1. 1 为打开 ZEMAX 软件后的主视窗界面，ZEMAX 具体功能及操作将在实例中详细说明。

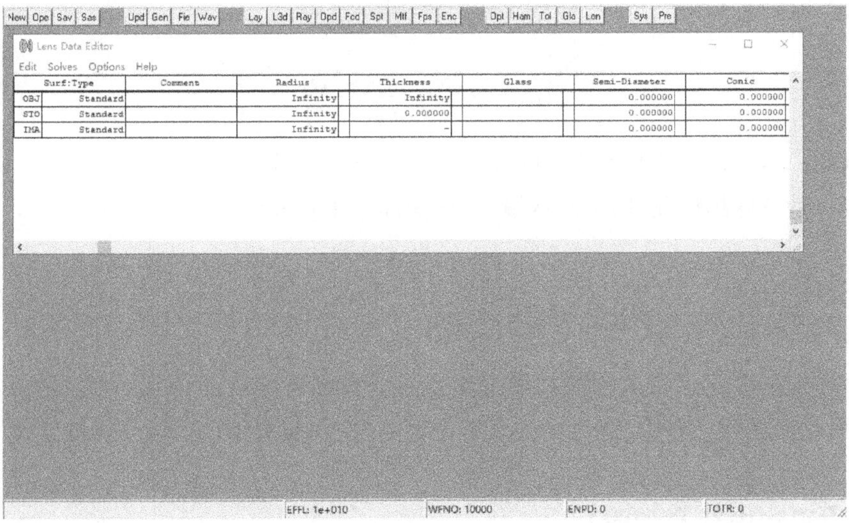

图 6. 1. 1　ZEMAX 主视窗界面

2. 用于准直物镜的单透镜设计原理

用于平行光束的准直单透镜（如图 6. 1. 2 所示），球差与透镜的弯曲程度关系很大。

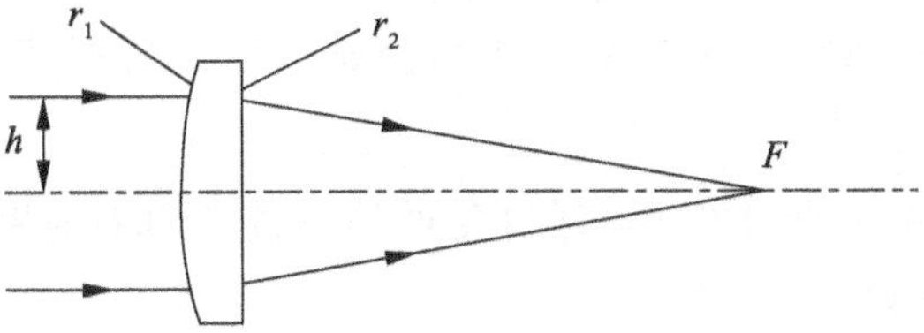

图 6. 1. 2　准直单透镜

根据苏联科学家马克苏托夫导出的公式，薄单透镜的三级像差可表示为

$$LA' = \frac{h^2(n-1)(\rho_1-\rho_2)}{2n[(n-1)(\rho_1-\rho_2)-\sigma]^2}\{n^3(\rho_1-\rho_2)^2-n(\rho_1-\rho_2)\times [(\rho_1-\sigma)(2n+1)-n\sigma]+(\rho_1-\sigma)[(\rho_1-\sigma)(n+2)-2n\sigma]\} \tag{6.1.1}$$

式中，ρ_1，ρ_2 为两个球面的曲率；$\sigma=1/l$（l 为物距）；n 为透镜的折射率；h 为入射光线高度。

对于平行光入射，物距为无穷大，则 $\sigma=0$，式(6.1.1)可简化为

$$LA' = \frac{h^2[n^3(\rho_1-\rho_2)^2-n(2n+1)\rho_1(\rho_1-\rho_2)+(n+2)\rho_1^2]}{2n[(n-1)(\rho_1-\rho_2)]} \tag{6.1.2}$$

薄透镜的光焦度 φ 为

$$\varphi=(n-1)(\rho_1-\rho_2) \tag{6.1.3}$$

所以式(6.1.2)可改写为

$$LA' = \frac{h^2}{2n\varphi}\left[\frac{n^3\varphi^2}{(n-1)^2}-\frac{n(2n+1)\rho_1\varphi}{n-1}+(n+2)\rho_1^2\right] \tag{6.1.4}$$

在球差最小时，令 $\mathrm{d}LA'/\mathrm{d}\rho_1=0$，可求出

$$\begin{cases}\rho_1=\dfrac{n(2n+1)\varphi}{2(n-1)(n+2)}\\[2ex] \rho_2=\dfrac{(2n^2-n-4)\varphi}{2(n-1)(n+2)}\end{cases} \tag{6.1.5}$$

若取 $n=1.5$，由方程式(6.1.5)可知 $\rho_1:\rho_2\approx 6:(-1)$。

还有一种特殊的情况，即平凸透镜，且凸面向着平行光时

$$\begin{cases}\rho_1=\dfrac{\varphi}{(n-1)}\\[2ex] \rho_2=0\end{cases} \tag{6.1.6}$$

平凸透镜的球差会略大于满足最小球差的双凸透镜球差，但用平凸透镜可以少磨一个球面，因此在实际工作中，准直性要求不是很高时，一般用平凸透镜作为准直镜。

【实验内容及步骤】

1. F/4，$f'=100$ mm，用于可见光的准直双凸单透镜设计

（1）运行 ZEMAX

单击桌面图标，或打开安装文件目录，依次单击“我的电脑—本地磁盘（C:）—Program files(x86)—ZEMAX”，ZEMAX 主屏幕会显示镜片数据编辑（LDE），如图 6.1.1 所示。

ZEMAX 模型光学系统使用了一系列的表面，每一个面都有曲率半径、厚度（该面到下一个面的轴上距离）和玻璃参数。

注意：在 LDE 中显示的有 3 个面。物平面，以 OBJ 表示；光阑面，以 STO 表示；像平

面，以 IMA 表示。对于单透镜来说，共需要 4 个面，即物平面、前镜面（同时也是光阑面）、后镜面和像平面。若要插入第 4 个面，只需移动光标到像平面（最后一个面）的“无穷（Infinity）”之上，按【INSERT】键，就会在那一行插入一个新的面，并将像平面往下移。新的面被标为第 2 面，物体所在面为第 0 面，然后才是第 1 面（标上 STO 是因为它是光阑面），第 2 面和第 3 面（标作 IMA）。

（2）输入光学特性参数

输入波长：选择“系统（System）”菜单下的“波长（Wavelengths）”选项，屏幕中间会弹出一个“波长数据（Wavelength Data）”对话框，选中“F，d，C（Visible）”，单击“Select”，表示在可见光条件下工作；“Primary”选中“2”作为主波长，主波长是用来计算近轴参数的，如焦距、放大率等。

“权重（Weight）”这一列用于优化，以及计算波长权重数据，如 RMS 点尺寸和 STREHL 率。将所有的权重设置为“1”，单击“OK”保存。

（3）设置镜片孔径

由于需要的是一个 F/4 镜头，因此孔径为 25 mm（100 mm/4）。

选择“系统（System）”中的“通常（General）”菜单项，出现“通常数据（General Data）”对话框，单击“孔径值（Aperture Value）”一格，输入一个值“25”。

注意：孔径类型默认时为“入瞳直径（Entrance Pupil Diameter）”，默认的单位是“mm”。也可选择其他类型的孔径设置。

（4）输入所要使用的玻璃

移动光标到第 1 面的“玻璃（Glass）”列，即在左边被标作 STO 的面，输入“K9”并按回车键。ZEMAX 有一个非常广泛的玻璃目录可用，输入“K9”后，ZEMAX 会去查找所定的玻璃并计算每一个波长的系数。

（5）输入间隔和镜片厚度

物体在无限远处，因此在第一行“物体（OBJ）”的“厚度（Thickness）”栏输入“Infinity”，这样就完成了物距输入。如果物距为某一有限距离，在此栏直接输入物距的数值即可。由于需要的孔径是 25 mm，合理的镜片厚度是 4 mm。移动光标到第 1 面（刚才输入“K9”的位置）的厚度列并输入“4”，默认的单位是“mm”。

（6）输入镜片每一面的曲率半径值

利用方程式（6.1.5），取 $n=1.5163$，$f'=100$ 时，可以计算出 $r_1=59.38$，$r_2=-395.54$。在第 1 和第 2 面中分别输入这些值。在镜片焦点处设置像平面的位置，在第 2 面的“厚度（Thickness）”上双击，出现求解对话框，在“求解类型（Solve type）”中选中“Marginal Ray Height”，单击“OK”。

这时，可以看到第二个面到像平面的距离为 97.98。在镜片数据编辑（LDE）的最下方可以看到 EFFL（有效焦距）为 100.284，说明镜头的初始结构计算是正确的。

（7）查看外形轮廓

单击“Lay”或“L3d”按钮查看外形轮廓。

（8）像质评价

怎样才能知道这个镜片的优劣呢？衡量系统光学性能的常用的方法是产生一个点列图。为了得到点列图，选择“分析”菜单下的“点列图”选项，然后选其中的“标准（Standard）”项，点列图将会显示在另一个窗口中，如图 6.1.3 所示。此点列图的弥散 RMS RADIUS 是 157.666 μm，GED RADIUS 是 343.082 μm。作为比较，爱里衍射斑的直径大约为 6 μm。

在几何光学的成像过程中，由于像差的存在，由一点发出的许多条光线经光学系统成像后，在像面不再集中于一点，而是形成一个分布在一定范围内的弥散图形，称为点列图。对于点列图图像而言，点阵集中程度越高，弥散半径越小，成像质量也就越好。

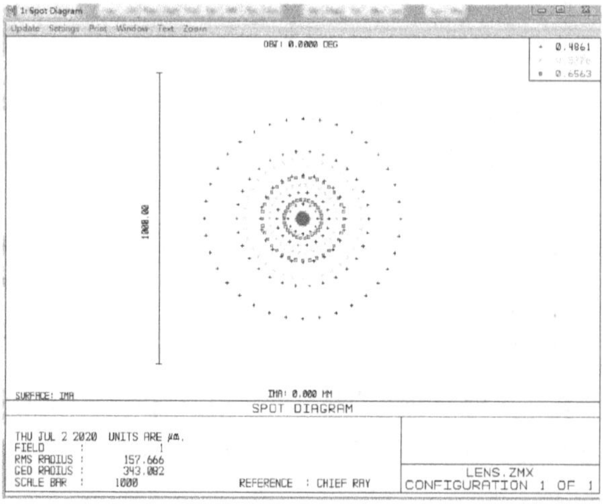

图 6.1.3　点列图

（9）优化

首先，告知 ZEMAX 哪个参量在设计中是自由的（这些参量被称为变量），然后输入设计的要求，这些被称为目标或操作数。共有三个变量可供利用，分别是镜片的前、后曲率和第 2 面的厚度，这些变量可以用离焦来补偿球差。将光标移到第 1 面的半径这一列，在“半径”上双击，得到一个下拉选择列，选中变量“Variable”（注意：出现“V”表示这是一个可变参量）。利用快捷键【Ctrl + Z】也可完成此操作。再在第 2 面半径及第 2 面的厚度上设置变化的标志。当第 2 面的厚度发生变化时，它的值会覆盖先前用求解法定出的值。

为了定义评价函数，从主菜单中选择“编辑（Editors）”菜单下的“评价函数（Merit Function）”，即出现一个与 LDE 类似的电子表格。在这个新的窗口的菜单条上，选择“工具（Tools）”菜单下的“默认评价函数（Default Merit Function）”项，再在出现的对话框中，单击“OK”。

ZEMAX 已经构建了一个默认的评价函数，它由一系列可以使 RMS 波前差最小的追迹光线组成。但这还不够，因为除了使弥散斑尺寸最小外，还需要使镜头的焦距为 100 mm。在第一行的任何一处单击鼠标，按下【INSERT】键插入新的一行，在“TYPE”列下输入“EFFL”，然后按回车键。此操作数控制系统有效焦距。移动光标到“Target”列，输入“100”，然后按回车键。设置“权重(Weight)”为“1”，这样就完成了评价函数的定义。

从主菜单条中选择“工具”菜单下的“最佳化(Optimization)”，会显示最佳化工具对话框，单击“自动(Automatic)”，ZEMAX 会很快地减少评价函数，单击“退出(Exit)”则关闭对话框。

再次调出“点列图”，可以看出此点列图的弥散 RMS RADIUS 是 79.13 μm，明显比初始时减少，成像质量变好。再回头看镜头参数，优化后 $r_1 = 62.11$，$r_2 = -304.76$，EFFL 为 100.297，与初始解差别不大，再一次证明了初始解是合理的。如果需要将焦距严格限制在 100 mm，可以增加优化时的焦距权重，比如将权重设置为“100”，再次优化，查看结果。

2. F/4，$f' = 100$ mm，用于可见光的准直平凸单透镜设计

仿照上面的设计过程，自行完成该设计，并与双凸透镜的设计结果进行比较。

【实训内容】

如果物距不局限于无限大或某一特定值，利用放大倍率 $\beta = l'/l$ 和公式(6.1.1)推导透镜球差和曲率半径的表达式，并仿照上面的设计过程，设计一个焦距为 75 mm 的 4 倍放大镜。

实验 6.2　基于 PW 法设计双胶合显微物镜

光学设计中用 PW 方法的目的是按初级像差理论求取光学系统的初始结构，以供光路计算校正像差之用。在求解光学系统的初始结构时，按初级像差公式计算，并略去透镜的厚度，因此，它是一个近似解，其近似程度取决于所设计的系统的视场和孔径。

【实验目的】

1. 了解消色差的一般方法。
2. 掌握 PW 法光学设计的一般过程。
3. 学会利用 ZEMAX 设计双胶合显微物镜。

【课堂问题导引】

1. 显微物镜在消像差时有何要求？
2. PW 法设计光学系统的一般过程是什么？
3. 实际设计显微物镜时，为什么按反方向光路进行？

【实验器材】

微型电子计算机、光学设计软件 ZEMAX。

【设计要求】

设计一个显微物镜,要求:(1) 放大倍率 $\beta=-4$;(2) 数值孔径 NA = 0.1;(3) 共轭距 $L=195$ mm;(4) 孔径光阑与物镜重合。

【实验原理】

1. 尺寸链计算

根据物镜的倍率 β 和物像之间的共轭距 L 的要求,确定双胶合物镜的焦距 f'、物距 l、像距 l',如图 6.2.1 所示。

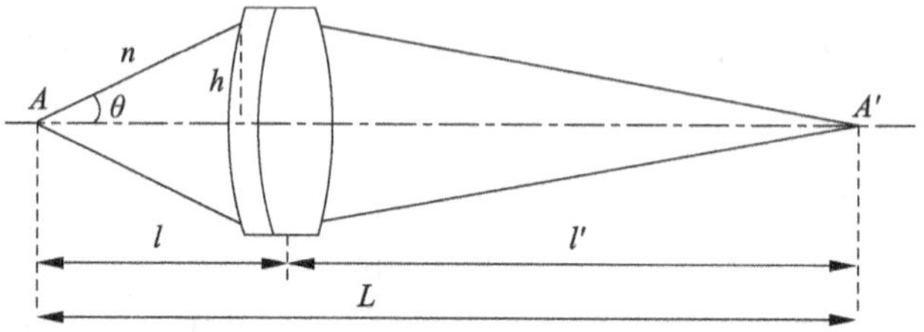

图 6.2.1 低倍显微镜双胶合物镜的初始结构

首先,假定物镜为一个薄透镜,由近轴成像公式可得

$$\begin{cases} l=\dfrac{L}{\beta-1} \\ l'=\dfrac{\beta L}{\beta-1} \\ f'=-\dfrac{\beta L}{(\beta-1)^2} \end{cases} \tag{6.2.1}$$

数值孔径 NA = $n\sin\theta$。

2. 求 P,W 的规化值 $\overline{P}^{\infty}$,$\overline{W}^{\infty}$

由于显微镜一般配备一组不同放大倍率的物镜和一组不同放大倍率的目镜,因此在设计显微镜物镜时,一般不能考虑物镜与目镜之间的像差补偿问题,而是分别进行校正,一般要求球差系数 $S_1=0$,彗差系数 $S_2=0$,轴向色差系数 $C_1=0$。为使初级像差系数和光学系统的结构有紧密的关系,将初级像差系数变换成以参数 P 和 W 表示的形式。这样,可以求出双胶合物镜的 P,W 分别为

$$\begin{cases} P=\dfrac{S_1}{h}=0 \\ W=\dfrac{S_2-h_pP}{J}=0 \end{cases} \tag{6.2.2}$$

对上式，$h=l\theta_1$，$h_p=0$，拉赫不变量 $J=ny\theta$，因此 P,W,C_1 的规化值为

$$\begin{cases}\overline{P}=\dfrac{P}{(h\cdot\Phi)^3}=0\\ \overline{W}=\dfrac{W}{(h\cdot\Phi)^2}=0\\ \overline{C}_1=\dfrac{C_1}{h^2\Phi}=0\end{cases}\tag{6.2.3}$$

式中，Φ 为双胶合透镜的光焦度。由于物体在有限距离处，将 $\overline{P},\overline{W}$ 对物面位置进行归化，具体公式为

$$\begin{cases}\overline{P}^{\infty}=\overline{P}-v_1(4\overline{W}-1)+v_1^2(5+2\mu)\\ \overline{W}^{\infty}=\overline{W}+v_1(2+\mu)\\ v_1=\dfrac{\theta}{h\cdot\Phi}\end{cases}\tag{6.2.4}$$

一般取 $\mu=0.7$，由此可以算出归化值 $\overline{P}^{\infty}$，$\overline{W}^{\infty}$：

$$\begin{cases}\overline{P}^{\infty}=v_1+v_1^2(5+2\mu)\\ \overline{W}^{\infty}=v_1(2+\mu)\\ v_1=\dfrac{f'}{l}\end{cases}\tag{6.2.5}$$

在实际设计显微物镜时，通常按反方向光路进行。这样做的好处是像距(反向光路的物距)一般为物镜焦距的若干倍，而物距(反向光路的像距)比较小。如果按正向光路计算像差，在修改像差的过程中，由于透镜的焦距和主面位置的少量变化可能造成像距的大量改变，从而使倍率和共轭距都大大地偏离实际要求，有时甚至可能造成虚像。如果按反方向光路计算像差，在物距固定的情况下，透镜组的焦距和主面位置的少量变化，对倍率和共轭距影响很小，同时这样做还有利于提高像差的计算精度。

3. 根据 $\overline{P}^{\infty}$，$\overline{W}^{\infty}$ 求 P_0

对于双胶合物镜 $\overline{P}^{\infty}$，$\overline{W}^{\infty}$ 和 P_0 之间有如下关系：

火石玻璃在前 $$P_0=\overline{P}^{\infty}-0.85\times(\overline{W}^{\infty}+0.2)^2\tag{6.2.6}$$

冕牌玻璃在前 $$P_0=\overline{P}^{\infty}-0.85\times(\overline{W}^{\infty}+0.1)^2\tag{6.2.7}$$

低倍显微物镜的双胶合透镜的形状大致是一个前面半径大、后面半径小的双凸透镜，因此取火石玻璃在前、冕牌玻璃在后较为有利，这样胶合面半径较大，既便于加工，又可以减小高级像差。

4. 根据 P_0 和 C_1 值选玻璃

为了便于根据不同的 P_0 和 C_1 值查找符合要求的玻璃组合，表 6.2.1 列出了几种双胶合薄透镜的 P_0，可方便用户查找。对于显微物镜一般要求消色差，即 $C_1=0$。玻璃组合的 P_0 与要求的 P_0 难以完全吻合，一般允许 ±0.1 左右的误差。满足 P_0 要求的玻璃组合

常有几组,挑选的原则是要求对应的 Q_0 值尽量小(见表 6.2.2),这样求出的透镜的半径较大,有利于减小高级像差。表 6.2.1 仅是双胶合薄透镜 P_0 的一部分,详情参考《光学仪器设计手册》(上册)。

表 6.2.1 双胶合薄透镜的 P_0

薄透镜	K9(冕牌在前)$n_2=1.5163$						
	$C_1=0.01$	$C_1=0.005$	$C_1=0.002$	$C_1=0.001$	$C_1=0.00$	$C_1=-0.0025$	$C_1=-0.005$
F2, $n_1=1.6200$	1.831	0.938	−0.053	−0.476	−0.949	−2.371	−4.170
F5, $n_1=1.6034$	1.849	1.018	0.098	−0.294	−0.732	−2.047	−3.708
ZF1, $n_1=1.6476$	1.885	1.184	0.410	0.082	−0.284	−1.383	−2.766
ZF2, $n_1=1.6726$	1.913	1.306	0.637	0.654	0.038	−0.906	−2.093
BaK2(冕牌在前)$n_2=1.5399$							
F2, $n_1=1.6200$	1.603	0.609	−0.438	−0.877	−1.366	−2.820	−4.639
F5, $n_1=1.6034$	1.622	0.682	−0.305	−0.718	−1.177	−2.543	−4.249
ZF1, $n_1=1.6476$	1.668	0.860	0.018	−0.334	−0.724	−1.883	−3.326
ZF2, $n_1=1.6726$	1.704	0.996	0.260	−0.046	−0.386	−1.393	−2.644
F3(火石玻璃在前)$n_2=1.6165$							
K9, $n_1=1.5163$	1.912	1.149	0.268	−0.112	−0.539	−1.833	−3.483
BaK3, $n_1=1.5467$	1.780	1.234	0.617	0.353	0.056	−0.835	−1.966
BaK7, $n_1=1.5688$	1.512	0.718	−0.102	−0.444	−0.824	−1.948	−3.347
QK3, $n_1=1.4874$	2.176	1.560	0.771	0.422	0.025	−1.192	−2.771
ZF2(火石玻璃在前)$n_2=1.6726$							
K9, $n_1=1.5163$	1.993	1.498	0.917	0.667	0.385	−0.466	−1.548
BaK2, $n_1=1.5399$	1.796	1.200	0.550	0.275	−0.032	−0.947	−2.097
BaK7, $n_1=1.5688$	1.595	0.961	0.306	0.034	−0.268	−1.160	−2.267
ZK3, $n_1=1.5891$	1.660	1.387	1.083	0.954	0.810	0.379	−0.162

5. 确定双胶合物镜形状系数的 Q 值

$$Q=Q_0\pm\sqrt{\frac{\overline{P}^{\infty}-P_0}{2.35}} \tag{6.2.8}$$

$$Q=Q_0-\frac{\overline{W}^{\infty}-W_0}{1.67} \tag{6.2.9}$$

由式(6.2.8)可以求出两个 Q 值,选取与式(6.2.9)求出的 Q 值相近的一个,然后它们取平均,作为 Q 值。式中,Q_0,W_0 的值可由表 6.2.2 查得。表 6.2.2 仅是组合玻璃各系数的一部分,详情参考《光学仪器设计手册》(上册)。

表 6.2.2 双胶合薄透镜 Q_0, W_0

薄透镜		K9(冕牌在前) $n_2=1.5163$						
		$C_1=0.01$	$C_1=0.005$	$C_1=0.002$	$C_1=0.001$	$C_1=0.00$	$C_1=-0.0025$	$C_1=-0.005$
ZF1 $n_1=1.6476$	Q_0	-2.433	-3.519	-4.184	-4.409	-4.634	-5.202	-5.776
	W_0	-0.125	-0.098	-0.077	-0.069	-0.061	-0.038	-0.012
	φ_1	1.403	1.763	1.979	2.051	2.123	2.302	2.482
ZF2 $n_1=1.6726$	Q_0	-2.311	-3.284	-3.881	-4.082	-4.284	-4.793	-5.309
	W_0	-0.124	-0.098	-0.077	-0.069	-0.061	-0.038	-0.013
	φ_1	1.362	1.686	1.880	1.945	2.009	2.171	2.333
ZF1(火石玻璃在前), $n_2=1.6476$								
K9 $n_1=1.5163$	Q_0	2.857	3.396	4.597	4.820	5.044	5.609	6.180
	W_0	-0.163	-0.193	-0.216	-0.225	-0.234	-0.259	-0.286
	φ_1	-0.403	-0.763	-0.979	-1.051	-1.123	-1.302	-1.482
BaK7 $n_1=1.5688$	Q_0	3.462	4.678	5.419	5.668	5.918	6.546	7.179
	W_0	-0.163	-0.188	-0.207	-0.214	-0.221	-0.241	-0.263
	φ_1	-0.674	-1.104	-1.362	-1.448	-1.533	-1.748	-1.963
ZF2(火石玻璃在前) $n_2=1.6726$								
K9 $n_1=1.5163$	Q_0	2.733	3.700	4.293	4.493	4.693	5.199	5.711
	W_0	-0.164	-0.194	-0.217	-0.225	-0.234	-0.259	-0.286
	φ_1	-0.362	-0.686	-0.880	-0.945	-1.009	-1.171	-1.333
BaK7 $n_1=1.5688$	Q_0	3.237	4.309	4.963	5.182	5.403	5.958	6.519
	W_0	-0.165	-0.192	-0.212	-0.219	-0.227	-0.248	-0.271
	φ_1	-0.595	-0.974	-1.201	-1.277	-1.352	-1.542	-1.731
F3(火石玻璃在前) $n_2=1.6165$								
BaK3 $n_1=1.5467$	Q_0	3.100	4.366	5.137	5.396	5.656	6.311	6.970
	W_0	-0.156	-0.177	-0.193	-0.199	-0.205	-0.223	-0.242
	φ_1	-0.519	-0.958	-1.221	-1.309	-1.396	-1.616	-1.835
QK3 $n_1=1.4874$	Q_0	2.731	3.924	4.658	4.905	5.155	5.783	6.420
	W_0	-0.161	-0.192	-0.217	-0.226	-0.236	-0.264	-0.295
	φ_1	-0.328	-0.712	-0.942	-1.019	-1.095	-1.287	-1.479

6. 由 Q,φ_1 值求出曲率半径

计算公式如下

$$\begin{cases} c_1 = \dfrac{\varphi_1}{n_1 - 1} + c_2 \\ c_2 = \varphi_1 + Q \\ c_3 = c_2 - \dfrac{1 - \varphi_1}{n_2 - 1} \end{cases} \tag{6.2.10}$$

$$\begin{cases} r_1 = f'/c_1 \\ r_2 = f'/c_2 \\ r_3 = f'/c_3 \end{cases} \tag{6.2.11}$$

7. 对双胶合透镜加厚

透镜加厚的原则：中心厚度为口径的1/3 ~ 1/6。

通过以上步骤，就可以得到双胶合显微物镜的初始结构参数。

【实验内容及步骤】

1. 计算双胶合显微物镜的初始结构参数

按照设计要求，依据显微物镜的设计原理，计算当火石玻璃在前时双胶合显微物镜的初始结构参数。

2. 依据初始结构参数进行优化设计

具体过程如下：

(1) 运行 ZEMAX。

(2) 输入波长、视场。选择“系统(System)”菜单下的“波长(Wavelengths)”项，设置为“可见光”。单击“视场”，选择“物高”项，在“Y - Field”栏设置为“0”“2”“2.8”“4”。

(3) 设置系统孔径。依据物距及数值孔径计算出物镜的孔径。

(4) 输入间隔和镜片厚度。注意，在设计显微镜时，要按反方向光路进行。

(5) 输入所要使用的玻璃。

(6) 为镜片输入每一面的曲率半径值。在最后一面的“厚度(thickness)”项双击，出现求解对话框，在“求解类型(Solve type)”中选中“Marginal Ray Height”，单击“OK”。

(7) 查看外形轮廓。单击“Lay”或“L3d”按钮，查看外形轮廓。

(8) 像质评价。

① 点列图评价法。操作方法：选择“分析”菜单下的“点列图”选项，然后选其中的“标准(Standard)”，观察点列图的弥散 RMS RADIUS 的大小。

② MTF 曲线评价法。操作方法：选择“分析”菜单下的“MTF”选项，然后选其中的“FFT MTF”项，出现 MTF 曲线，单击曲线图中的“设置(Setting)”，在对话框中输入截止频率，即“Max Frequency”为“67”，观察 MTF 曲线情况。

所谓 MTF 是指各种不同频率的正弦强度分布函数经光学系统成像后，其对比度(即振幅)的衰减程度。当某一频率的对比度下降为 0 时，说明该频率的光强分布已无亮度变化，即该频率被截止，这是利用光学传递函数评价光学系统成像质量的主要方法。从理论上可以证明，像点的中心点亮度值等于 MTF 曲线所围成的面积，曲线所围成的面积越大，表明光学系统所传递的信息量越多，光学系统的成像质量越好，图像越清晰。因此，在光学系统的接收器截止频率范围内，利用 MTF 曲线所围成的面积大小来评价光学系统的成像质量是非常有效的。

完成后，依据相关参数判断镜头的初始结构计算是否正确。

(9) 优化。

为了定义评价函数，从主菜单中选择“编辑(Editors)”菜单下的“评价函数(Merit Function)”项。在这个新窗口的菜单条中，选择“工具(Tools)”菜单下的“缺省评价函数(Default Merit Function)”，再在出现的对话框中单击“OK”。

在第一行中的任何一处单击鼠标，按下【INSERT】键插入新的一行。在“TYPE”列下输入“EFFL”然后按回车键，移动光标到“Target”列，输入实际焦距值，然后按回车键。设置“权重(Weight)”为“1”，这样就完成了评价函数的定义。

将3个面的曲率半径及最后一个面的厚度设置为变量。

在主菜单条中选择“工具(Tools)”菜单下的“最佳化(Optimization)”选项，会显示最佳化工具对话框，单击“自动(Automatic)”，软件将自动优化透镜相关参数，单击“退出(Exit)”，则关闭对话框。

为了进一步提高系统成像质量及满足设计要求，还可以控制其他参数进行优化，如垂直放大率(PMAG)，控制系统长度(TOTR)、消色差等，设置方法如表6.2.3所示。TOTR的计算方法为总长(195)减去物距。

表6.2.3 评价函数参数设置方法

Oper#	Type	Wavel	Wavel	Zone	Target	Weight
1 PMAG	PMAG		2		-0.25	1
2 TOTR	TOTR				39	1
3 AXCL	AXCL	0	0	0.0	0	1

对于双胶合物镜，一般优化较为简单。对于一些复杂的镜头，有时不能将所有半径同时设置为变量，需要逐步优化，在优化透镜厚度时还要加上对透镜厚度约束的条件等。

再次调出“点列图”和“MTF”曲线，查看优化后的成像质量是否变好。利用相关参数判断初始解是否正确，结果是否达到设计要求。

(10) 为了使各视场的成像质量接近，最后还需要适当离焦，通过手动调节最后一个面的厚度，边调节边查看成像质量，当所有视场成像质量接近时即可。

【实训内容】

按以上设计要求，依据显微物镜设计原理，计算当冕牌玻璃在前时双胶合显微物镜的初始结构参数。仿照上述设计过程，自行完成设计，并对设计结果进行比较。

实验 6.3 牛顿望远光学系统设计

反射镜的材料比透镜的材料更容易得到，尤其是大尺寸的光学材料，所以反射镜的口径可以做得很大，远远超过透镜的极限尺寸；镀金属反射膜或介质膜的反射层，在很宽的波段范围内有很高的反射率；采用非球面可使光学系统结构简单，像质优良；反射镜没有色差且可以轻量化。因此，在大口径天文望远镜、大型航天侦察相机、红外和紫外相机、反射显微镜的光学系统中，反射镜系统都具有重要的应用。

牛顿式望远镜为反射式望远镜的一种，也是迄今为止用得最广泛的反射式望远镜，第一架反射式望远镜诞生于 1668 年，牛顿在多次磨制非球面的透镜均宣告失败后，决定采用球面反射镜作为主镜，他将直径 2.5 cm 的铜块磨制成一块凹面反射镜，并在主镜的焦点前面放置了一个与主镜成 45°角的反射镜，使经过主镜反射后的会聚光再经反射镜以 90°角反射出镜筒后到达目镜。这种系统称为牛顿式反射望远镜。它的球面镜虽然会产生一定的像差，但用反射镜代替折射镜却是一个巨大的成功。

【实验目的】

1. 掌握牛顿式望远系统的结构特点。
2. 掌握 ZEMAX 的坐标变换功能。
3. 了解非球面像差及其数学模型。
4. 了解 ZEMAX 中非球面参数设置功能。
5. 掌握挡板和通光孔径的设置方法。

【课堂问题导引】

1. 旋转轴对称非球面的一般表达式是什么？
2. 什么是无像差点？
3. 反射式光学系统的特点有哪些？

【实验器材】

微型电子计算机、光学设计软件 ZEMAX。

【设计要求】

设计一个焦距 $f' = 1000$ mm，相对孔径 $D/f' = 1/5$ 的牛顿望远系统，视场角 $2\omega = \pm 1°$，在可见光波段使用。

【实验原理】

在光学系统设计过程中,设计者考虑到缩小外形尺寸、减轻仪器重量、提高光学性能、改善成像质量等因素,通常引入非球面,其类型和参数取决于具体的计算结果。不过在绝大多数情况下,光学系统采用旋转轴对称曲面。旋转轴对称曲面用它的子午截线方程表示即可。

如果以旋转曲面的顶点为直角坐标系的原点,旋转轴线(光轴)为横坐标轴,则非球面子午截线方程可表示为

$$z=\frac{cr^2}{1+\sqrt{1-(1+K)c^2y^2}}+B_1r^4+B_2r^6+\cdots \tag{6.3.1}$$

式中,$c=1/R$,R 为非球面顶点的曲率半径;$K=-e^2$,K 为二次曲面常数;B_1,B_2 为高次项系数。

实际光学系统在很多情况下用二次曲面就够了。二次曲面有一些有益的光学性质,并且二次曲面在加工和检验上也有方便之处,相对于其他类型的非球面,二次曲面具有特殊优势。因此,一直以来,所有类型的旋转曲面都分为二次曲面和高次曲面。

将二次曲线围绕连接其几何焦点的轴线旋转,就可以得到二次曲面。在方程式(6.3.1)中,令高次项系数 $B_1=B_2=\cdots=0$,就可以得到二次非球面的常用类型方程式。此时,$K>0$ 为扁球面;$K=0$ 为球面;$-1<K<0$ 为椭球面;$K=-1$ 为抛物面;$K<-1$ 为双曲面。如果取相同的 R,不同的 K 值对应的二次曲面的子午曲线图形如图6.3.1所示。

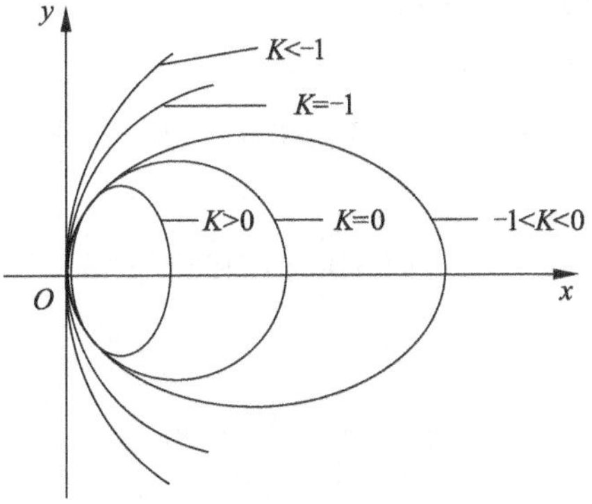

图6.3.1　二次曲面的子午曲线

费马原理指出,光线从一点传到另一点,经过任意多次折射或反射,其光程为极大值或极小值,也就是说光程是定值,光学上把这样的点称为无像差点。无像差点在光学检验和光学设计上有重要的应用。

如图6.3.2所示,由费马原理可知,单个反射面对轴上物点成理想像的条件可表达为

$$\begin{cases}n(-a)+n'a'=n(-l)+n'l' \\ n=-n'=1\end{cases} \tag{6.3.2}$$

式中,n,n' 分别为物方折射率和像方折射率;l,l' 分别为物距和像距;a 为物点到反射镜上点 P 的入射光线,a' 为 a 的反射光线。

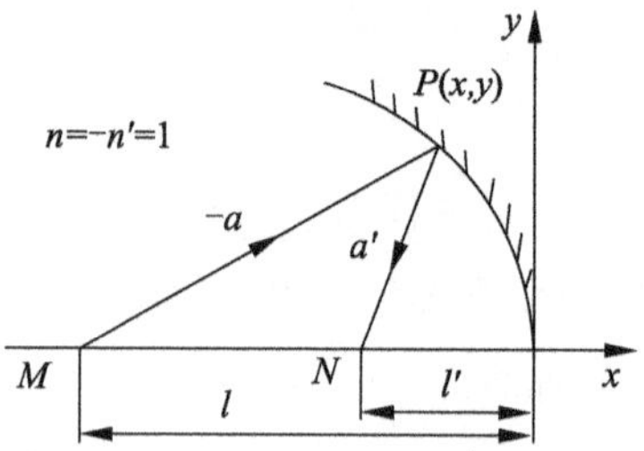

图 6.3.2　反射无像差点

由两点间的距离公式,可将式(6.3.2)变化为

$$\sqrt{(l-x)^2+y^2}+\sqrt{(l'-x)^2+y^2}=l+l' \tag{6.3.3}$$

整理上式可得

$$y^2=\frac{4ll'}{l+l'}x-\frac{4ll'}{(l+l')^2}x^2 \tag{6.3.4}$$

由上式可知,反射面是二次的,且

$$\begin{cases} R=\dfrac{2ll'}{l+l'} \\ K=-\left(\dfrac{l-l'}{l+l'}\right)^2 \end{cases} \tag{6.3.5}$$

(1) 当 $l\to\infty$ 时,$K=-1$,$y^2=4l'x$。若 $l'>0$,$R>0$,则为凸抛物面;若 $l'<0$,$R<0$,则为凹抛物面,如图 6.3.3(a)和(b)所示。

(2) 当 $l=-l'$时,$x^2=0$,为平面;当 $l=-l'$ 时,$y^2=2lx-x^2$,为球面。

(3) 当 l 和 l'同号时,$-1<K<0$。当 $l>0$ 时,为凸椭球面;当 $l<0$ 时,为凹椭球面,如图 6.3.3(c)和(d)所示。

(4) 当 l 和 l'异号时,$K<-1$。当 $l>0$ 时,为凸双曲面;当 $l<0$ 时,为凹双曲面,如图 6.3.3(e)和(f)所示。

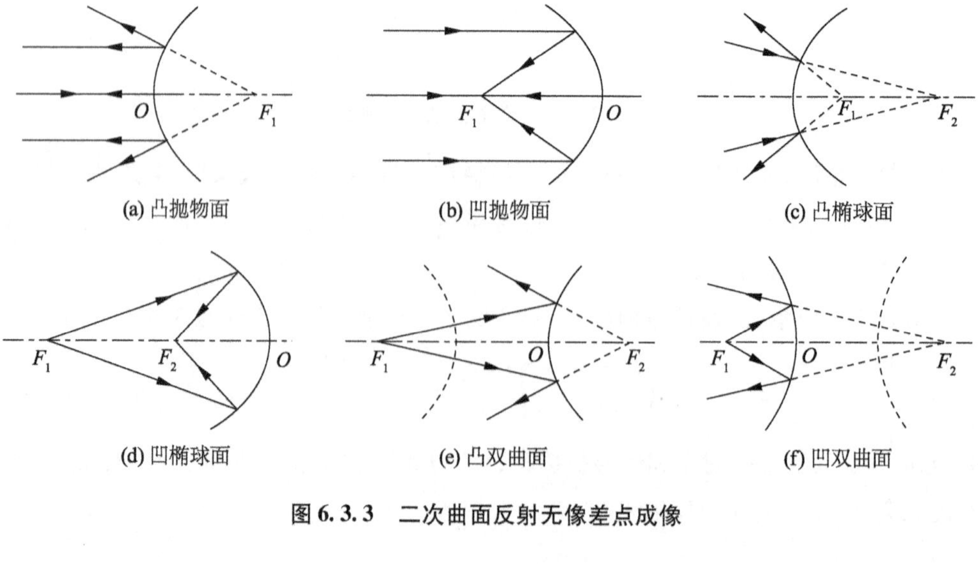

(a) 凸抛物面　(b) 凹抛物面　(c) 凸椭球面

(d) 凹椭球面　(e) 凸双曲面　(f) 凹双曲面

图 6.3.3　二次曲面反射无像差点成像

牛顿望远系统就是基于二次曲面的无像差点进行设计的，其光路如图 6.3.4 所示。主镜为抛物面，折叠镜为反射镜或反射棱镜，其作用是将像点引出光路，便于接目镜进行观察。

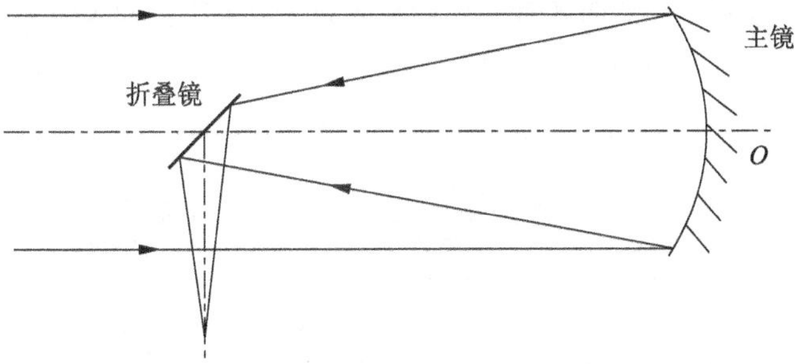

图 6.3.4　牛顿望远物镜光路

一般来说，折射式望远镜的相对口径都比较小，通常在 1/15 ~ 1/20，而反射式望远镜的相对口径都比较大，通常在 1/3.5 ~ 1/5。

【实验内容及步骤】

（1）基于近轴光学相关知识，确定焦距 $f' = 1000$ mm，相对孔径 $D/f' = 1/5$ 的牛顿望远系统的基本参数，如主镜的口径、顶点曲率半径及二次曲面常数。

（2）在减少挡光的情况下，保证光线经折叠镜后会聚于主光路的外部，确定折叠镜到主镜的距离。

（3）依据初始结构参数进行优化设计，过程如下：

① 打开 ZEMAX 软件，单击“Gen”打开“General 对话框”，输入光束大小即入瞳直径。

② 单击“Fie”打开“Field Data 对话框”，输入视场数据。

③ 单击“Wav”打开“Wavelength Data 对话框”，在其下方快捷波长框中输入波长。

④ 在 LDE 透镜数据编辑窗的第一个面材料栏（Glass）内输入“Mirror”，此时这个面就成为反射镜类型。根据计算结果，输入曲率半径和厚度参数。单击“Analysis→Layout→3D Layout”，查看光路的 3D 图形。打开 Spot Diagram 图和 Ray Fan 图查看成像质量。

⑤ 插入折叠镜。在 LDE 栏中插入一个新的虚拟面，依据确定的折叠镜到主镜的距离，将厚度分为两部分。将第二个面（虚拟面）设置为反射镜，可手动插入坐标断点完成操作。这里可使用软件自带的快捷操作快速插入折叠反射镜，方法为单击“Tools→Coordinates→Add Fold Mirror”，选择表面 2，绕 x 轴旋转，反射角度为 90°（顺时针旋转为正，逆时针旋转为负，90°表示将像面旋转到正下方来观察），单击“确定”以后，软件会自动将这个虚拟面设置为 Mirror 面，并在它前后自动插入一个坐标断点面。查看光路、点列图、MTF 曲线图等。

⑥ 输入 Conic 常数，查看点列图、MTF 曲线图等。比较输入 Conic 常数前后，成像质量的变化情况。

⑦ 反射镜加入以后,实际上在入射光束方向上光被反射镜遮拦了一部分,造成像面接收到的光线比我们正常看到的光要少,接收面照度降低。将入射光束画出就可以看到拦光效果,在第一面前插入一个新的虚拟面,设置厚度应略大于主镜焦距。

将 L3d 视图旋转到 XY 平面来查看反射镜在入射平面(Surface1)上的投影,即遮光范围。在 L3d 图上右击打开设置对话框将"Rotation Y"设置为"90.000000",设置方法如图 6.3.5 所示,单击"OK",可以查看遮拦区域,如图 6.3.6 所示。

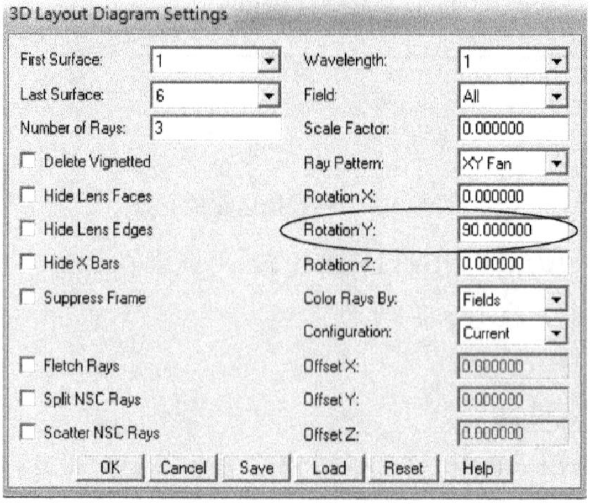

图 6.3.5 设置草图属性

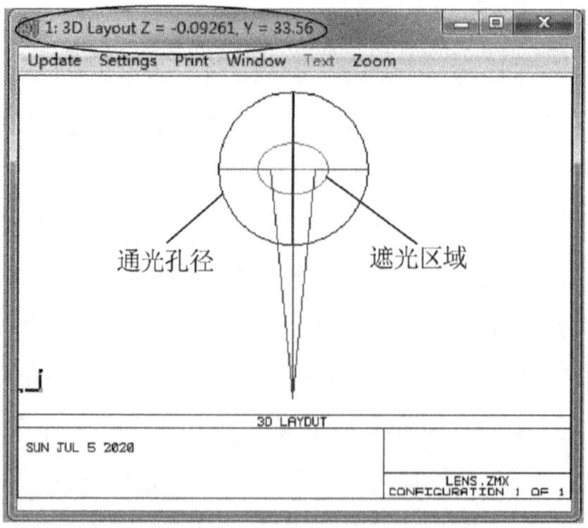

图 6.3.6 查看遮拦区域

从图 6.3.6 中可以看到,遮光区域的截面为一椭圆。将鼠标分别放在遮光区域的 z 轴和 y 轴上,可以从图的顶部位置读出椭圆的长轴和短轴长度。为了使设计的光学系统与实际情况相符,在入射面上要考虑椭圆部分的遮光区域,即要在第一个表面上设置椭圆的遮光孔径。具体操作为在第一个表面最左端右击,打开"表面属性对话框"找到"Aperture"标签,在"孔径类型"中选择"椭圆遮光孔径",如图 6.3.7 所示。

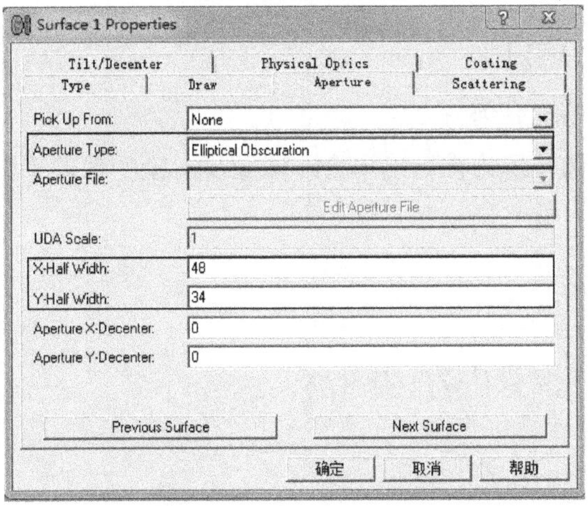

图 6.3.7　遮光区域设置

⑧ 查看光路的 3D 草图、点列图、MTF 曲线图等，比较成像质量的变化情况。

【实训内容】

仿照以上设计过程，自行完成焦距 $f' = 800$ mm、相对孔径 $D/f' = 1/4$ 的牛顿望远系统的设计。

实验 6.4　牛顿—施密特光学系统设计

1931 年德国光学家施密特发明了施密特光学系统。该光学系统结构简单、视场大，可以用于天文望远物镜、航空相机、红外物镜及大屏幕投影电视等领域。无论是透射式还是反射式施密特光学系统，前人都做了大量的研究工作，取得了重要的研究成果，所以大口径、大相对孔径的施密特光学系统得到广泛的应用。

大天区面积多目标光纤光谱天文望远镜(LAMOST)是一架横卧南北方向的中星仪式反射施密特望远镜，应用于主动光学技术控制反射改正板，使它成为大口径兼大视场光学望远镜的世界之最。由于它口径达 4 m，在曝光 1.5 h 内可以观测到暗达 20.5 等的天体。由于它的视场达 5°，在焦面上可放置 4000 根光纤，将遥远天体的光分别传输到多台光谱仪中，同时获得它们的光谱，成为世界上光谱获取率最高的望远镜。这台望远镜安放在我国国家天文台兴隆观测站，在大视场天文学研究上，该装置居于国际领先地位。

【实验目的】

1. 掌握牛顿—施密特光学系统的结构特点。
2. 理解牛顿—施密特光学设计的原理。
3. 掌握 ZEMAX 软件中非球面参数设置功能。

【课堂问题导引】

1. 折反射式光学系统有何特点？

2. 如何基于三级像差理论推导出单个非球面反射镜的像差系数表达式？

3. 波像差与球差有何区别与联系？

【实验器材】

微型电子计算机、光学设计软件 ZEMAX。

【设计要求】

设计一个主镜焦距$f'=1000$ mm、相对孔径$D/f'=1/1$ 的牛顿—施密特光学系统，视场角为$\pm2°$，波长为 0.55 μm。

【实验原理】

施密特光学系统由球面反射镜和施密特校正板组成，校正板可以是透射元件，也可以是反射元件，其中一面是平面，另一面是非球面。非球面的面形能够使中央的光束略微会聚，而边缘的光束略微发散。校正板放在球面反射镜的中心，这样能使整个系统的球差得到很好地校正，且主镜不产生彗差、像散和畸变，而仅有场曲。所以，该光学系统因大视场、像质优，在天文望远镜中备受青睐。

1. 三级像差理论

施密特光学系统如图 6.4.1 所示，校正板 M_1 的第一面是平面 $r_1\to\infty$；第二面为非球面，非球面的顶点在球面反射镜 M_2 的球心 O 处，且光阑位于非球面上；物体位于无限远处，即$l_1\to\infty$；点 P，M 分别为未加校正板时反射镜的近轴光线焦点和边缘光线焦点，点 C 为加了校正板后实际像面与光轴的焦点。

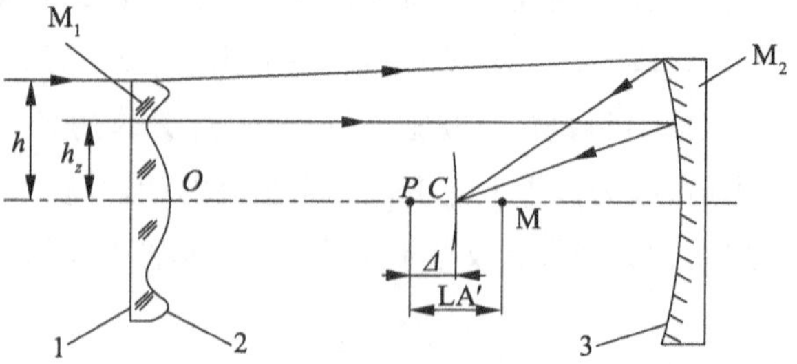

图 6.4.1　施密特光学系统草图

在求解施密特校正板的方程式之前，假设施密特校正板是平行平板，由三级像差理论可知

$$\left.\begin{aligned}
S_1 &= \sum hP + \sum h^4K \\
S_2 &= \sum h_p P - J\sum W + \sum h^3 h_p K \\
S_3 &= \sum \frac{h_p^2}{h}P - 2J\sum \frac{h_p}{h}W + J^2\sum \Phi + \sum h^2 h_p^2 K \\
S_4 &= \sum \frac{\Pi}{h} \\
S_5 &= \sum \frac{h_p^3}{h^2}P - 3J\sum \frac{h_p^2}{h^2}W + J^2\sum \frac{h_p}{h}\left(3\Phi + \frac{\Pi}{h}\right) - J^3\sum \frac{1}{h^2}\Delta\frac{1}{n^2} + \sum hh_p^3 K \\
C_1 &= \sum h^2\Phi/\nu \\
C_2 &= \sum h_p h\Phi/\nu
\end{aligned}\right\} \tag{6.4.1}$$

其中

$$P = \left(\frac{u' - u}{\frac{1}{n'} - \frac{1}{n}}\right)^2\left(\frac{u'}{n'} - \frac{u}{n}\right)$$

$$W = \left(\frac{u' - u}{\frac{1}{n'} - \frac{1}{n}}\right)\left(\frac{u'}{n'} - \frac{u}{n}\right)$$

$$\Pi = \frac{n'u' - nu}{nn'}$$

$$\Phi = \frac{1}{h}\left(\frac{u'}{n'} - \frac{u}{n}\right)$$

$$K = -\frac{(n' - n)e^2}{r_0^3}$$

$$h = lu$$

式中，S_1 为球差系数；S_2 为彗差系数；S_3 为像散像差系数；S_4 为场曲像差系数；S_5 为畸变像差系数；C_1 为轴上(纵向)色差系数；C_2 为倍率(横向)色差系数；J 为拉格朗日—赫姆霍兹不变量；h 为轴上光线在各个面上的高度；h_p 为主光线 l_p 在各个面上的高度(l_p 通过光阑的中心)；n 和 n' 为光线经过反射面前后介质的折射率；u 和 u' 为光线经过反射面前后光线与光轴的夹角；ν 为阿贝数。

为了导出校正板的面形方程，做出如下假设：

(1) 光线正入射，即校正板表面垂直光轴；

(2) 物体位于无限远处，即 $l_1 \to \infty$，$u_1 = 0$；

(3) 校正板位于反射镜的球心 O' 上，光阑位于校正板上，即主光线 $h_{p1} = 0$；

(4) 折射率 $n_1 = n_2' = n_3 = -n_3' = 1$，$n_1' = n_2 = n$；

(5) 当物体位于无限远时，令轴上高度为 h，球面镜的焦距 $f_3' = f'$，$K_3 = 0$；

(6) 由于反射镜不产生色差，所以 $C_1 = C_2 = C_3 = 0$。

将以上设定条件代入各像差系数中，计算后可得各像差系数 $S_1 \neq 0$，$S_4 \neq 0$，$S_2 = S_3 =$

$S_5=0$，即在没有加校正板之前，系统存在一定的球差和场曲。另外，由非球面像差理论可知，当校正板位于孔径光阑处时，只会影响系统的球差，而对其他的像差没有影响，不会由此产生额外的轴上像差，且在不考虑由反射面产生像面弯曲的情况下，系统只有球面反射镜产生的球差。下面就用求解的校正板方程来校正反射镜 M_2 的球差。

根据三级像差理论可以得到，球面反射镜 M_2 的球差 LA' 为

$$LA'=\frac{h^2}{8f'} \tag{6.4.2}$$

式中，h 为系统的半口径；f' 为反射镜焦距。加上校正板后，系统的焦点不一定与反射镜的焦点重合，将系统焦点到反射镜焦点的距离称为离焦量 Δ，通常离焦是在反射镜球差范围内进行的，因此离焦量的取值范围为

$$\frac{h^2}{8f'}\leqslant\Delta\leqslant 0 \tag{6.4.3}$$

从式(6.4.3)可以看出，在计算时 f' 和 Δ 均为负值。

为了分析方便，还需要引入中性带的概念。中性带是指校正板上对平行光不发生偏转的带区，离焦量 Δ 与中性带的位置 h_z 之间的关系为

$$\Delta=\left(\frac{h_z}{h}\right)^2\frac{h^2}{8f'} \tag{6.4.4}$$

2. 校正板面形的数学模型

加入校正板以后，系统边缘光线在球面反射镜的高度及系统的焦距都发生了变化，所以在对施密特校正板数学建模时，要考虑系统中各种参数与离焦量的变化关系。

(1) 反射镜口径与离焦量的关系

反射镜的口径随着校正板的口径和离焦量的变化而变化，利用三角函数可以得到它们之间的关系为

$$h_3=h+2\left(\Delta-\frac{h^2}{8f'}\right)\tan\frac{h}{\Delta-f'} \tag{6.4.5}$$

在相对孔径 A 不是很大时

$$\tan[h/(\Delta-f')]=h/(\Delta-f')$$

整理得

$$h_3=\frac{2\left[\Delta-\frac{h^2}{8f'}\right]+(\Delta-f')}{\Delta-f'}h \tag{6.4.6}$$

式中，h 为校正板的半高度；h_3 为球面反射镜的半高度。为了书写方便，将式(6.4.6)改写为

$$\begin{cases}h_3=\beta h\\ \beta=\dfrac{2\left[\Delta-\frac{h^2}{8f'}\right]+(\Delta-f')}{\Delta-f'}\end{cases} \tag{6.4.7}$$

（2）反向光线追迹

设系统中球面反射镜的焦距为f'，离焦量为Δ，根据符号法则可知，f'和Δ均为负值，系统焦距f'_Δ与离焦量Δ之间的关系，以及后截距l'_Δ与离焦量Δ之间的关系分别为

$$\begin{cases} f'_\Delta = f' + \Delta \\ l'_\Delta = f' - \Delta \end{cases} \tag{6.4.8}$$

根据高斯公式

$$\frac{n'}{l'} - \frac{n}{l} = \frac{n' - n}{r} \tag{6.4.9}$$

对各个面依次逆追光线，并且$r_1 \to \infty$，可以解得校正板的顶点曲率半径为

$$r_{02} = \frac{(1-n)f'(f'+\Delta)}{-\Delta} \tag{6.4.10}$$

对于大口径、大相对孔径的施密特光学系统，令校正板的方程式为

$$x = ay^2 + by^4 + cy^6 + dy^8 + \cdots \tag{6.4.11}$$

其中$a = \dfrac{1}{2r_{02}}$，所以

$$a = \frac{-\Delta}{2(1-n)f'(f'+\Delta)} \tag{6.4.12}$$

式中，n为校正板材料的折射率。

（3）波像差法建立校正板面形的数学模型

如果不以近轴光线的焦点为焦点，而是有一个离焦量，则离焦后的球差可以表示为

$$\mathrm{LA}' = \frac{y^2}{8f'} - \Delta \tag{6.4.13}$$

其中，$u'_3 = \beta y/(f'+\Delta)$，则波像差表示为

$$W_3 = \frac{n'}{2}\int_0^{u'^2_3}\left(\frac{y^2}{8f'} - \Delta\right)\mathrm{d}u'^2_3 = -\frac{\Delta\beta^2 y^2}{2(\Delta + f')^2} + \frac{\beta^2 y^4}{32f(\Delta + f')^2} \tag{6.4.14}$$

对于大口径、大相对孔径的光学系统，在消除三级球差以后，还有大量高级球差存在，它们对系统的成像质量仍有较大影响，因此必须加以校正。对高级球差的校正，可以通过适当改变参考点的位置来实现。在像差计算时，对于几何像差而言，相当于改变了坐标原点的位置；对于波像差，则相当于改变了参考球面的半径。新的参考球面与原来的参考球面之间的偏离就是参考点移动所产生的波像差。当参考点沿光轴移动$\Delta l'$时，所引起的波像差的变化量ΔW为

$$\Delta W = \frac{n'}{2}\Delta l'\int_0^{u'^2}\mathrm{d}u'^2 \tag{6.4.15}$$

设参考点位置移动量为五级球差的大小，即$\Delta l' = 3y^4/128f'^3$，则由此引起的波像差的变化量为

$$\Delta W_3 = \frac{n'}{2}\Delta l'\int_0^{u'^2_3}\mathrm{d}u'^2_3 = \frac{3\beta^2 y^6}{256f'^3(f'+\Delta)^2} \tag{6.4.16}$$

由于校正板第一个面是平面，且光线垂直入射，所以其波像差 $W_1 = 0$；设校正板的厚度为 x，材料折射率为 n，则校正板第二个面产生的波像差为 $W_2 = (n-1)x$。在光学系统设计时，需要对球差进行校正，要求此时系统的波面像差 $\Sigma W_i = 0$，则

$$\Sigma W_i = W_1 + W_2 + W_3 + \Delta W_3 = 0 \tag{6.4.17}$$

$$(n-1)x - \frac{\Delta\beta^2}{2(\Delta + f')^2}y^2 + \frac{\beta^2}{32f'(\Delta + f')^2}y^4 + \frac{3\beta^2}{256f'^3(\Delta + f')^2}y^6 = 0 \tag{6.4.18}$$

$$x = \frac{-\Delta\beta^2}{2(1-n)(\Delta + f')^2}y^2 + \frac{\beta^2}{32(1-n)f'(\Delta + f')^2}y^4 + \frac{3\beta^2}{256(1-n)f'^3(\Delta + f')^2}y^6 \tag{6.4.19}$$

实际上，对于校正板的顶点曲率半径，即二次项系数用近轴公式得到的结果更为准确。所以，实际校正板面形方程式系数应为

$$\begin{cases} x = ay^2 + by^4 + cy^6 \\ a = \dfrac{-\Delta}{2(1-n)f(\Delta + f)} \\ b = \dfrac{\beta^2}{32(1-n)f(\Delta + f)^2} \\ c = \dfrac{3\beta^2}{256(1-n)f^3(\Delta + f)^2} \end{cases} \tag{6.4.20}$$

【实验内容及步骤】

（1）基于牛顿—施密特光学系统设计理论，确定焦距 $f' = -1000$ mm，相对孔径 $D/f' = 1$ 的牛顿—施密特光学系统的基本参数。首先计算球差 LA′，取 $\Delta = 0.75$LA′，令 $n = 1.5163$，再依此计算 β、二次项、四次项及六次项系数。

（2）依据初始结构参数进行优化设计，过程如下：

① 打开 ZEMAX 软件，单击“Gen”打开“General 对话框”，输入光束大小即入瞳直径。

② 单击“Fie”打开“Field Data 对话框”，输入视场数据为 0°，1.4°和 2°。

③ 单击“Wav”打开“Wavelength Data 对话框”，在其下方快捷波长框中输入波长为 0.55 μm。

④ 在 LDE 栏中插入 3 个新的虚拟面，按照图 6.4.1 所示光路输入参数。第一个虚拟面仅供查看光线，第二个面为校正板的第 1 面，为标准平面，开始可以认为校正板的厚度为 0，光阑设置在校正板的非球面上，非球面位于球面反射镜的球心。校正板的面形为偶次非球面形式，单击第 3 面（光阑面）的“Standard”表面类型，从所显示的对话框中选择“Even Asphere”，单击“OK”，从第 3 面向右移动光标直到“2nd Order Term”“4nd Order Term”“6nd Order Term”，输入计算值，如“1.800×10^{-11}”输入为“1.800E-011”。格式参考表如表 6.4.1 所示。

表 6.4.1　牛顿—施密特光学系统参数输入基本格式

Surf:Type		Radius	Thickness	Glass	Semi-Diameter	2nd Order Term	4nd Order Term	6nd Order Term
OBJ	Standard	Infinity	Infinity		自动			
1	Standard	Infinity	300		自动			
2	Standard	Infinity	0	K9	自动			
STO	Even Asphere	Infinity	2000		自动	如:1.800E-011（计算值）	计算值	计算值
4	Standard	-2000	-1000	MIRROR	自动			
IMG	Standard	Infinity	-		自动			

⑤ 依次单击“Analysis→Layout→3D Layout”,查看光路的3D图形。打开Spot Diagram图、Ray Fan图及MTF曲线图查看成像质量。离焦以后系统的焦距为$f'+\Delta$,查看LDE下方的“EFFL”与实际是否相符。

⑥ 优化。从主菜单中选择“编辑(Editors)”菜单下的“评价函数”,出现一个与LDE类似的电子表格。在这个新窗口的菜单条中,选择“工具(Tools)”菜单下的“缺省评价函数(Default Merit Function)”,然后在出现的对话框中单击“OK”,出现优化“评价函数编辑(Merit Function Editor)”,在第一行中的任何一处单击鼠标,按下【Insert】键插入新的4行。在第一行“TYPE”列下输入“EFFL”,然后按回车键,移动光标到“Target”列,输入离焦后的焦距的绝对值,然后按回车键。设置“权重(Weight)”为“1”,这样就完成了评价函数的定义。将第3个面的“2nd Order Term”设置为变量。在主菜单条中选择“工具(Tools)”菜单下的“最佳化(Optimization)”,会显示最佳化工具对话框,单击“自动(Automatic)”,软件将自动优化透镜相关参数,单击“退出(Exit)”则关闭对话框。

⑦ 单击“分析(Analysis)→杂项(miscellaneous)→纵向像差(Longitudinal Aberration)”,查看球差曲面,打开Spot Diagram图、Ray Fan图及MTF曲线图查看成像质量。在焦距符合要求后,二次项系数可以不再作为优化变量出现。

⑧ 在优化“评价函数编辑(Merit Function Editor)”第二行“TYPE”列下输入“REAY”,然后按回车键,移动光标到“Surf”列,输入LDE中“IMG”所在的面,本例中为“5”,然后按回车键。移动光标到“py”列,设为“1”,目标“Target”为“0”,设置“权重(Weight)”为“10000”,这样就完成了评价函数的定义。将第3个面的“4nd Order Term”设置为变量,再次优化。查看“纵向像差(Longitudinal Aberration)”,Spot Diagram图、Ray Fan图及MTF曲线图等优化前后的变化情况。

⑨ 参照上一步,将第3个面的“6nd Order Term”及“8nd Order Term”设置为变量,增加评价函数“REAY”,将“py”列分别设为“0.85”和“0.5”,目标“Target”均为“0”,设置“权重(Weight)”为100000000,甚至更大。再次优化后,查看“纵向像差(Longitudinal Aberration)”、Spot Diagram图、Ray Fan图及MTF曲线图等优化前后的变化情况。

⑩ 查看优化后的校正板的非球面二次项系数、四次项系数及六次项系数是否与理论计算值相符,并判断系统的成像质量。

【实训内容】

仿照以上设计过程，自行完成 $\Delta = 0.75LA'$ 时的系统设计，并与上面的设计结果进行比较。

实验 6.5 激光扩束器的光学系统设计

随着激光技术的发展，光学扩束系统在激光雷达、激光测距及光通讯领域有着十分广泛的应用。尤其是强激光武器的出现，对激光扩束的需求更加迫切。为了避免在激光传输时由于激光光束发散角造成激光光斑发散，并提高激光光束的传输距离，在激光发射时，利用激光扩束器来改善激光光束的发散角，提高准直性，通过减小在传输过程中光束的功率密度，降低热损伤的可能性。

【实验目的】

1. 了解扩束器的基本结构。
2. 掌握扩束器的设计原理。
3. 掌握 ZEMAX 软件中多重组态功能的设置。

【课堂问题导引】

1. 激光扩束器与望远系统有何区别与联系？
2. 什么是多重组态？

【实验器材】

微型电子计算机、光学设计软件 ZEMAX。

【设计要求】

设计一个激光扩束器，使用的光波波长为 $\lambda = 1.053\ \mu m$，输入光束的直径为 100 mm，输出光束的直径为 20 mm，且输入光束和输出光束平行。具体要求：① 只使用两片镜片；② 使用伽利略式的结构；③ 镜片之间的间隔不得超过 250 mm；④ 只允许使用1 个非球面；⑤ 系统必须在 $\lambda = 0.6328\ \mu m$ 时测试。

【实验原理】

透射式光学扩束系统是指系统所有元件都是透射式的。透射式光学扩束系统分为开普勒系统（如图 6.5.1 所示）及伽利略系统（如图 6.5.2 所示）。透射式光学扩束系统的优点是没有中心遮拦，不会引起能量损失；缺点是对透射材料的要求很严格，所以对实现很大口径的光学扩束有一定的限制。

开普勒扩束系统采用正透镜物镜组和正透镜目镜组组合，物镜组的像方焦点与目镜组的物方焦点重合，系统成倒立的实像。开普勒型扩束系统有会聚的实焦点，系统不能用于强激光。它的优点是轴上像差容易校正，轴外像差能够得到很大的改善，因为系统有会聚的实焦点，所以在焦点处可放置消杂光光阑，有效地减少背景辐射，但是筒长较长。由于物镜与目镜皆为正透镜组，所以场曲不能校正。

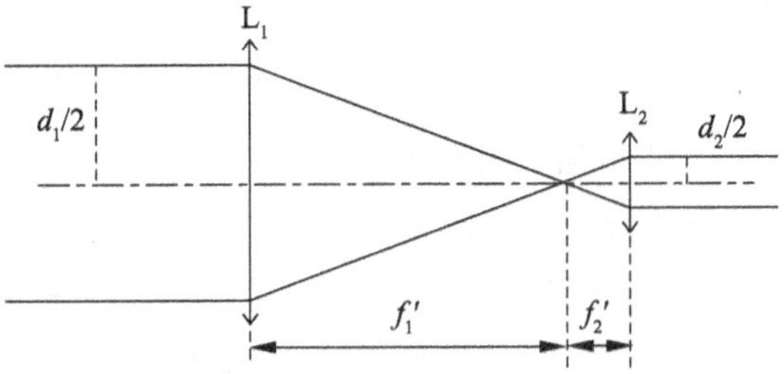

图 6.5.1　开普勒扩束器

伽利略扩束系统采用正透镜物镜组和负透镜目镜组组合，物镜组与目镜组的像方焦点重合，从而保证入射光为平行光，出射光也为严格的平行光。伽利略扩束系统没有实焦点，因此可以用于强激光，它的优点是筒长短，轴上像差易校正；缺点是系统成虚像，不能放置消杂光光阑，杂散光太强，背景光很容易照射到探测器上，因为孔径光阑在物镜上，经目镜成像后出瞳离目镜太远，轴外像差不好校正。

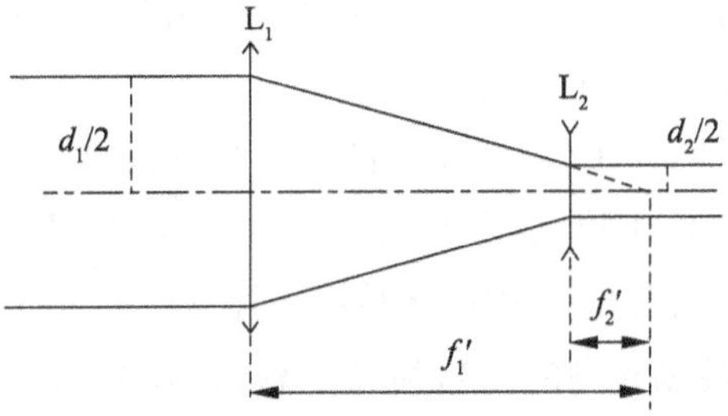

图 6.5.2　伽利略扩束器

设扩束器两透镜的焦距分别为 f_1' 和 f_2'，输入光束直径为 d_1，输出光束直径为 d_2，如图 6.5.2 所示，则扩束比 M 可以表示为

$$M = \frac{d_1}{d_2} = \frac{f_1'}{f_2'} \tag{6.5.1}$$

对于扩束器而言，两个镜片之间的间隔 L 可以表示为

$$L = f_1' + f_2' \tag{6.5.2}$$

所以

$$\begin{cases} f_1' = Mf_2' \\ f_2' = \dfrac{L}{1+M} \end{cases} \tag{6.5.3}$$

可以利用平凸或平凹透镜的形式快速算出两透镜的初始结构，计算公式为

$$\begin{cases} r_1 = (n-1)f' \\ r_2 = \infty \end{cases} \tag{6.5.4}$$

式中，r_1 为透镜的曲率半径，无论是凸面或凹面都朝向平行光；r_2 为透镜的另一个面的曲率半径，是标准平面，在实际光学系统设计中，为了减小像差，它可作为优化变量。

【实验内容及步骤】

（1）依据设计原理及设计要求，按 $L=250$ mm 及 $n=1.5163$ 计算系统的初始结构参数。对于伽利略扩束系统，f_2'为负值，所以 $M=-5$。

（2）依据初始结构参数进行优化设计，过程如下：

① 运行 ZEMAX，输入入瞳直径、视场及波长。扩束器设计时通常按逆向光路进行，即入射光束直径大，出射光束直径小。因此，在参数输入时，应注意参数的顺序和符号。波长设置为 0.6328 μm。

② 在 LDE 栏中插入新的虚拟面，并输入半径、厚度及玻璃。玻璃厚度按口径的1/6 ~ 1/4 设定，玻璃用 K9，两个透镜之间的间隔为 250 mm。查看光路的 2D 或 3D 图形。

③ 由于要求出射光线是平行光，没有会聚点，在像质评价时需要在光路中加入一理想透镜将光线会聚，从而有利于像质评价。具体方法：将最后一个透镜面的厚度改为 20，在其后再插入一行，鼠标右击面的“表面类型（Surf：Type）”，弹出对话框，从“Surface Type”中选择“Paraxial”，单击“确定”。查看该行的表头“Focal Length”，默认值为“100”，因此需要将该面的厚度设置为“100”。

④ 打开 Spot Diagram 图、MTF 曲线图及波像差图查看成像质量。

⑤ 优化。建立优化评价函数，插入空白操作数，即该行只显示一个“BLNK”，将操作数类型改为“REAY”，这个真实的 Y 约束将被用来控制所要求的 5 ∶ 1 的光束压缩比。为“Surf#”输入“5”（这是要控制光高的面），为“Py”输入“1.00”，再输入一个目标值“10”。

将第 1，4 面的曲率半径设置为变量，进行优化。优化后查看成像质量，与优化前进行对比。

将第 1 面的“Conic”设置为变量，再次进行优化。优化后查看成像质量，与优化前进行对比。单击“Save As”保存文件，文件名为“Exp1.ZMX”。

⑥ 重新打开文件，取消所有变量，将波长改为 1.053 μm，查看成像质量，并与波长为 0.6328 μm 的结果进行比较。

⑦ 多重组态设置。从主菜单中选择“Editors Multi-configuration”，选“Edit”“Insert Config”插入一个新的结构配置，双击第一行的第一列，从所显示的下拉框中选择“WAVE”，在同样的对话框里，将“Wavelength # ”设置为“1”，单击“OK”。这样，便可以为每一个配置定义不同的波长。在“Config 1”栏输入“1.053”，在“Config 2”栏输入“0.6328”，按【Insert】键为“Multi Configuration Editor”加入新的一行，在新的行双击第一

列,然后选“THIC”作为操作数类型。THIC 操作数可以为每一个配置定义不同的厚度。从“Surface”列选“2”,单击“OK”,在“Config 1”栏输入“250”,在“Config 2”栏输入“250”,其中的“2”指的是第 2 面,这样就将第 2 面的厚度作为多重结构配置值定义了。按【Ctrl + Z】快捷键,使结构配置“2”下的第 2 面的厚度成为变量。

不改变优化操作数,再次优化。双击多配置编辑器的“Config 1”列头,更新 Wavefront Map 图和 MTF 曲线图,可以观察到其特性在波长 1.053 μm 处已非常好。双击“Config 2”列头,更新 Wavefront Map 图和 MTF 曲线图,曲线同样得到很好的修正。注意多重结构配置编辑器显示的为两个波长设置的两个厚度。按键盘快捷键【Ctrl + A】可用来在这两个配置之间快速地切换。

【实训内容】

仿照以上设计过程,设计一个激光扩束器,要求同上,但使用的两片镜片均要求为双凸结构,并与上面的设计结果进行比较。

实验 6.6　惠更斯目镜的设计

目镜是用来观察前方光学系统所成图像的目视光学器件,是望远镜、显微镜等目视光学仪器的组成部分,主要作用是将由物镜放大所得的实像再次放大。为消像差,目镜通常由若干个透镜组合而成,且具有较大的视场和视角放大率。已知显微镜的分辨能力是由物镜的数值孔径决定的,而目镜只是起放大作用。因此,对于物镜不能分辨出的结构,目镜放得再大,也仍然不能分辨。

【实验目的】

1. 了解典型目镜光学系统的基本结构和工作原理。
2. 学会使用 ZEMAX 软件控制透镜厚度或间隔的优化设计。
3. 掌握使用 ZEMAX 软件对目镜进行设计的方法。

【课堂问题导引】

1. 目镜有何特点?
2. 目镜有哪些种类?
3. 目镜视度调节指的是什么?

【实验器材】

微型计算机、ZEMAX 光学设计软件。

【设计要求】

设计一个“12 ×”的观察显微目镜，出瞳距 $l'_z = 10$ mm，视场角 $2\omega' = 30°$，出瞳直径 $D' = 4$ mm。成像质量要求：MTF 值在 20 lp/mm 处大于 0.15。

【实验原理】

1．惠更斯目镜的结构

目镜中主要校正的单色像差是像散和彗差。在满足像差校正的情况下，当然希望仪器的结构越简单越好，其中单个透镜是最简单的光学系统。根据对物平面在无限远处的单透镜彗差、像散性质的讨论，单透镜能同时校正像散和彗差的情况有两种：一种是平凸形透镜（$W_\infty = 3$），光阑位于透镜前方 1/3 焦距处，如图 6.6.1 所示；另一种是弯月形透镜（$W_\infty = 3$），光阑位于透镜后 1/3.5 焦距处，如图 6.6.2 所示。

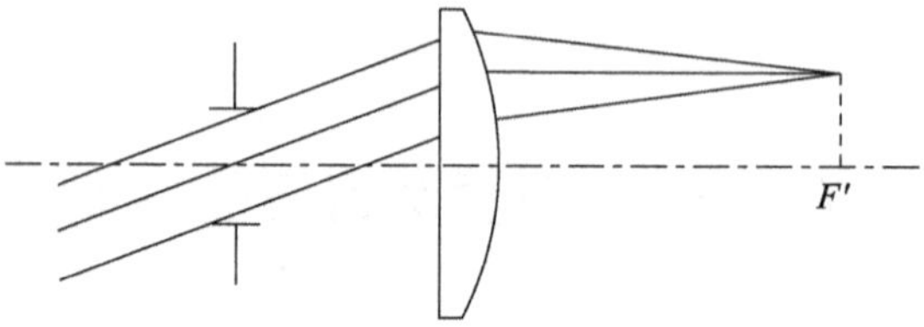

图 6.6.1　可以校正彗差和像散的平凸形透镜结构图

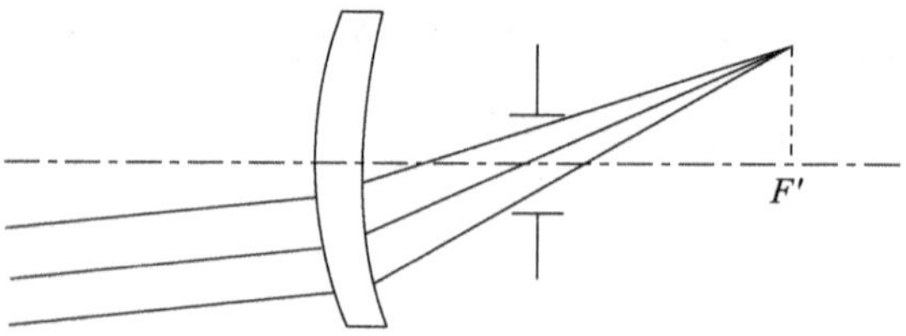

图 6.6.2　可以校正彗差和像散的弯月形透镜结构图

目镜的成像要求是把物方焦面上的物体成像在无限远处，按照光路的可逆原理，也可以看作是把无限远物体成像在像方焦平面上，同时要求光瞳位于平行光束中，并且远离透镜组。

显然，只有图 6.6.1 的情况符合这一要求，因此单个平凸透镜可能就是最简单的目镜结构。但从整个系统来说，单个平凸透镜还不能工作，因为从物镜进入系统的光束，如果直接投射到平凸透镜上，对应的出瞳距离不等于 1/3 焦距，不满足像散和彗差为 0 的要求。为了满足这一要求，必须在焦平面上加入一个场镜，一般为了加工简单，场镜也做成平凸型。也就是说，最简单的目镜包括两个平凸型的透镜，一个为场镜，靠近物镜的像面位置；一个为接目镜，靠近眼睛位置。

倍率色差(也称垂轴色差)公式为

$$C_2 = \sum h_1 h_z \frac{\varphi}{\nu} = h_1 h_{z1} \frac{\varphi_1}{\nu_1} + h_1 h_{z2} \frac{\varphi_2}{\nu_2} \tag{6.6.1}$$

如果要使色差为零,式(6.6.1)中的两项必须异号。在目镜中,由于入瞳和出瞳均远离透镜组,h_{z1} 和 h_{z2} 总是同号的,而接目镜和场镜的光焦度也均为正,因此必须要使 h_1 和 h_2 异号,也就是接目镜和场镜分别位于实际像面的两侧,如图6.6.3所示,这就是所谓的惠更斯目镜。图中的透镜 L_1 称为场镜,L_2 为接目镜。

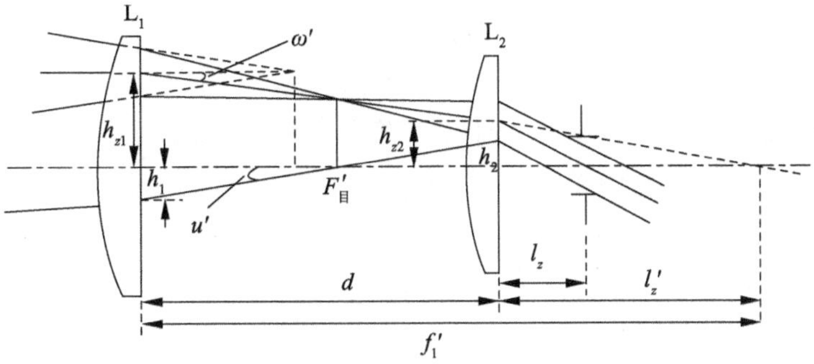

图6.6.3　惠更斯目镜的结构图

那么,要使色差为0,焦距 f_1',f_2' 和透镜距离 d 应满足什么关系?

假定两个透镜采用相同的玻璃材料 $\nu_1 = \nu_2 = \nu$;同时假定入射主光线和光轴平行,因为大多数仪器目镜的入射主光线和光轴的夹角比较小。

根据薄透镜系统中光路计算公式

$$\begin{cases} h_1 = h_2 + d\tan u' = h_2 + d\left(\dfrac{h_2}{-f_2'}\right) = h_2\left(1 - \dfrac{d}{f_2'}\right) \\ h_{z2} = h_{z1} - d\tan w' = h_{z1} - d\dfrac{h_{z1}}{f_1'} = h_{z1}\left(1 - \dfrac{d}{f_1'}\right) \end{cases} \tag{6.6.2}$$

代入色差公式,得

$$C_2 = h_2\left(1 - \frac{d}{f_2'}\right) h_{z1} \frac{\varphi_1}{\nu} + h_2 h_{z1}\left(1 - \frac{d}{f_1'}\right)\frac{\varphi_2}{\nu} = 0 \tag{6.6.3}$$

化简后,解上式得

$$d = \frac{f_1' + f_2'}{2} \tag{6.6.4}$$

这就是两个正透镜构成的目镜校正垂轴色差所必须满足的条件。

场镜的放置方向同样采取平面对着实际像面的方法,如图6.6.3所示,同样场镜可以产生正的像散,可以补偿目镜的场曲。惠更斯目镜可以同时校正像散、彗差和垂轴色差,它的视场可以达到40°~50°,相对出瞳距离 $l_z' \approx 1/4$,由于实际像面在两透镜之间,惠更斯目镜不能安装分划镜,所以它一般用于观察显微镜。

2. 惠更斯目镜初始结构的确定

假定接目镜的焦距为f_2'，当满足消像散和彗差的条件时，出瞳距 l_z'如图 6. 6. 3 所示。可由共轭点方程式得到

$$\frac{1}{l_z'}-\frac{1}{l_z}=\frac{1}{f_2'} \tag{6.6.5}$$

将f_2'，l_z 代入可得 l_z'。由图 6. 6. 3 可知

$$\begin{cases} l_{z场}=\infty \\ f_1'=-l_z'+d \end{cases} \tag{6.6.6}$$

由f_2'的值及方程式(6. 6. 4)和(6. 6. 6)可计算得到f_1'。

以上就是惠更斯透镜同时校正垂轴色差、像散和彗差的条件。

根据组合系统焦距f'的公式

$$\frac{1}{f'}=\frac{1}{f_2'}+\frac{1}{f_1'}-\frac{d}{f_2'f_1'} \tag{6.6.7}$$

将f_2'，d，f_1'代入得

$$\begin{cases} f_2'=\dfrac{3}{4}f' \\ d=\dfrac{9}{8}f' \\ f_1'=\dfrac{3}{2}f' \end{cases} \tag{6.6.8}$$

由f_2'和f_1'确定接目镜的结构参数，透镜用 K9 玻璃，形状为平凸形，由此可以得到透镜前后表面的半径，并给透镜设定适当的厚度。

确定两透镜之间的实际间隔 d_2：在确认两透镜之间的间隔时，应保证目镜调节视度所需的工作距离 l_F，为此首先求出视度调节量

$$x=\frac{Nf'^2}{1000} \tag{6.6.9}$$

通常取 $N=5$，且要求目镜的工作距离大于视度调节量。根据前面确定的接目镜焦距，并考虑到工作距离的要求和场镜的厚度，取 $d_2=d-0.5x$。

【实验内容及步骤】

(1) 依据设计要求及惠更斯目镜的设计原理，计算出目镜的初始结构参数。注意，在设计目镜时，按反向光路进行设计，即假定物平面位于无限远。

(2) 依据初始结构参数进行优化设计，过程如下：

① 运行 ZEMAX 软件，输入入瞳直径(4 mm)、工作波长及视场角。

② 在 LDE 中输入各透镜的曲率半径、间隔及玻璃。注意，第一个面设置为光阑，到透镜第一个面的间隔应为出瞳距；最后一个面的间隔应设置为“M(Marginal Ray Height)”。

③ 查看外形轮廓及像质评价。查看二维草图(lay)、点列图、MTF 曲线(按设计要求查看)等。

④ 优化。通过单击"Editors→Merit Functions→Tools→Default Merit Functions→OK"建立默认评价函数。在第一行中的任何一处单击鼠标,按下【Insert】键插入新的 3 ~4 行,建立焦距"EFFL"的优化函数,输入实际焦距值。将两个面的曲率半径设置为变量,将最后一个面的间隔设置为固定值(Fixed)进行优化。

⑤ 再次查看像质评价。若成像质量满足要求,则设计结束;如不满足,可以继续优化间隔 d_2。在优化时要对间隔进行限制,方法如表 6.6.1 所示。

表 6.6.1　优化时对间隔限制的方法

Oper #	Type	Srf1	Srf2	Target	Weight	Value	% Contrib
3 MNCA	MNCA	2	3		1		
4 MXCA	MXCA	2	3		1		

添加优化操作符"MNCA(最小空气中心厚度)"和"MXCA(最大空气中心厚度)",间隔一般控制在[$d-x,d+x$]区间内。

⑥ 调焦。稍微调整最后一个面的间隔值,可以改变 MTF 曲线,边调边判断,直到轴上点和视场边缘 MTF 曲线在要求的频率区间非常接近为止,查看成像质量是否满足设计要求。

【实训内容】

仿照以上的设计过程,设计一个冉斯登目镜,要求同上,并与上面的设计结果进行比较。

实验 6.7　基于缩放法设计固定焦距照相物镜

相机是一种利用光学成像原理形成影像并使用底片记录影像的设备,是用于摄影的光学器械,主要由照相物镜和感光元件组成。照相机的发明,不仅给人类的文明生活带来了许多方便,而且对科学研究做出了很大贡献。随着科学技术的发展,人们的物质文化生活水平不断提高,相机的应用也越来越普及。

照相物镜广泛应用于科学研究、航空摄影测量、电影、照相制版等方面。它在军事上也有重要用途,如航空照相是一种重要的侦察手段,地面远距离摄影侦察也需要使用相机等。

【实验目的】

1. 了解缩放法设计光学系统的一般步骤。
2. 掌握照相物镜参数计算的方法。
3. 掌握使用 ZEMAX 软件设计照相物镜的方法。

【课堂问题导引】

1. 照相物镜有哪些特点？
2. 缩放法设计光学系统的一般步骤有哪些？
3. 如何依据照相物镜的焦距和视场角选择合适的探测器？
4. 照相系统的分辨率与哪些因素有关？它们之间的关系如何？

【实验器材】

微型计算机、ZEMAX光学设计软件。

【设计要求】

焦距 $f'=40$ mm，相对孔径 $D/f'=1/3.5$，视场角 $2\omega=48°$，在可见光波段设计（取 d,F,C 三种色光，d 为主波长）。成像质量要求：MTF值在100 lp/mm处大于0.30；最大畸变 <2%。

【实验原理】

1. 物镜类型

用途不同，照相物镜的焦距也不同。一般使用135 mm胶卷的相机，很容易根据视场要求选择镜头的类型。为使数码相机的参数容易识别，许多制造商都将CCD镜头的焦距用等价135 mm胶片的焦距来标识。表6.7.1是部分典型的等价焦距值。

表6.7.1 部分典型的等价焦距值

物镜类型	物镜焦距 f'/mm		视场角
	传统135胶片相机	数码相机	
超广角物镜	小于20	小于4.3	90°以上
广角物镜	21~35	4.7~7.5	60°~90°
标准物镜	50	10.7	30°~60°
远摄物镜	70~200	14~43	30°以下

照相物镜的基本光学性能主要由三个参数表征，即焦距 f'、相对孔径 D/f' 和视场角 2ω。焦距决定成像的大小，相对孔径决定相面照度，视场决定成像范围。三个光学性能参数是相互关联、相互制约的。这三个参数决定了物镜的光学性能，但企图同时提高这三个参数指标是非常困难的，甚至是不可能的。实验时，只能根据不同的使用要求，在侧重提高一个参数的同时，相应地降低其余两个参数指标。

2. 视场角

照相物镜的视场角和有效焦距决定了摄入底片或图像传感器的空间范围。一般来说，焦距越长，所成像的尺寸越大。

CMOS(或 CCD)成像基础公式为

$$f' = \frac{vu}{u - v} \tag{6.7.1}$$

式中,f'为像方焦距;u 为物距;v 为像距。

相机成像光路示意图如图 6.7.1 所示。

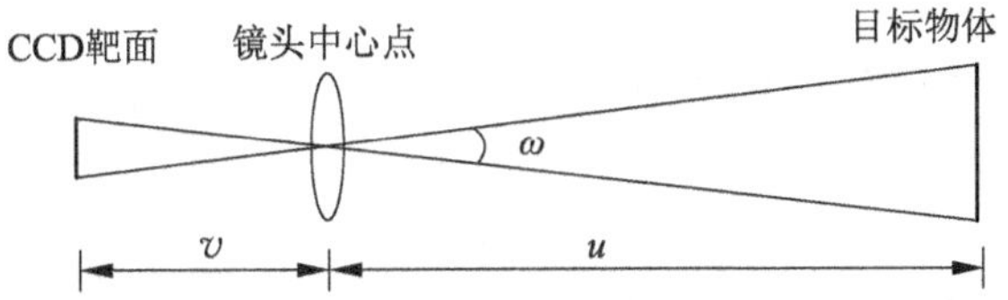

图 6.7.1 相机成像光路示意图

CMOS 光路计算规律如下:

(1) 由于 $u \gg f'$,根据公式(6.7.1)可知,像距基本等于焦距。事实上,调焦的过程就是将像距微调至和焦距相差不远。

(2) 镜头中心点的确认。由于 v 近似等于 f',所以从 CMOS 靶面向前到镜头中心点的距离为焦距,镜头中心点即为主点,这个点的确定对于光路作图意义很大。

在拍摄近距离物体(物体位于有限距离)时,像高 y' 为

$$y' = (1 - \beta) f' \tan \omega \tag{6.7.2}$$

式中,β 为垂轴放大率,$\beta = y'/y = u/v$。对一般的照相机来说,物距 u 都比较大,通常 $u >$ 1 m,f'为几十毫米,因此像平面靠近焦面,即 $v \approx f'$,有 $\beta = f'/u$。

在拍摄远距离物体(物体位于无限远处)时,式(6.7.2)中放大倍率 β 趋于 0,像高为

$$y' = f' \tan \omega \tag{6.7.3}$$

所以,当拍摄远距离物体时,物方最大视场角为

$$\tan \omega_{\max} = \frac{y'_{\max}}{2f'} \tag{6.7.4}$$

式中,$y'_{\max}$ 为底片(图像传感器)的对角线长度,如图 6.7.2 所示。照相物镜没有专门的视场光阑,视场大小被接收器本身的有效接收面积所限制,即以接收器本身的边框作为视场光阑。假设接收器的边框长和宽分别为 a,b,则

$$y'_{\max} = \sqrt{a^2 + b^2} \tag{6.7.5}$$

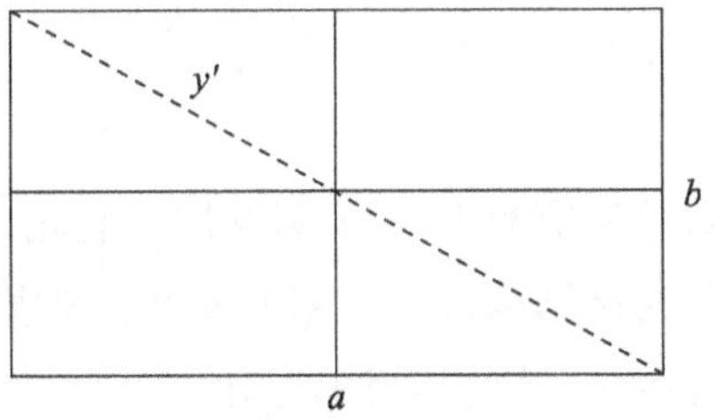

图 6.7.2 探测器与像高示意图

3. 分辨率

照相系统的分辨率取决于物镜的分辨率和接收器的分辨率。分辨率以像面上每毫米能分辨的线对数表示。设物镜的分辨率为 N_1，接收器的分辨率为 N_2，则一般系统的分辨率可表示为

$$\frac{1}{N}=\frac{1}{N_1}+\frac{1}{N_2} \tag{6.7.6}$$

按瑞利判据，物镜的理论分辨率为

$$N_1=\frac{D}{1.22\lambda f'} \tag{6.7.7}$$

式中，D 为物镜的通光孔径；f'为焦距；λ 为主波长。

由于照相物镜有较大的像差，并且存在衍射效应，所以物镜的实际分辨率要低于理论分辨率。评价照相物镜成像质量的方法是利用光学传递函数。

假设探测器像元大小为 d，探测器的极限分辨率为 N_2，则其用每毫米线对数(lp/mm)可表示为

$$N_2=\frac{1}{2d} \tag{6.7.8}$$

如 CCD 像元大小为 7.4 μm，其极限分辨率(也称截止频率)为 67 lp/mm；像元大小为 3.2 μm，其极限分辨率为 156 lp/mm。照相胶片的分辨率很容易达到 200 lp/mm。因此，不同接收器的分辨率有很大的差别。

4. 像面照度

照相系统的像面照度主要取决于相对孔径。当物体在无限远时，像面照度 E' 可表示为

$$E'=\frac{D^2}{4f'^2}\pi L\tau \tag{6.7.9}$$

式中，L 为物体的亮度；τ 为系统透射比。对于大视场物镜，视场边缘的照度要比视场中心小得多。要改变像面照度，照相物镜通常利用可变光阑来控制孔径光阑的大小。

照相物镜属于大视场大孔径系统，因此需要校正的像差也大大增加，结构也比较复杂，所以照相物镜设计的初始结构一般都不采用初级像差求解的方法来确定，而是根据要求从手册、资料或专利文献中找出一个和设计要求比较接近的系统作为原始系统，然后再进行优化设计。

5. 缩放法光学设计的一般步骤

(1) 物镜选型

在选择初始结构时，相对孔径应稍大一些，且焦距不宜相差太大。一般在相对孔径和视场角达到要求时，可以将此初始结构进行整体缩放得到要求的焦距值。结构选型时，在满足设计要求的条件下，镜片越少，结构越简单越好。

(2) 曲率半径和间隔的缩放

假设f'为初始结构焦距，f'^*为缩放后的结构焦距，则曲率半径和间隔的计算公式为

$$\begin{cases} r_i^* = r_i \dfrac{f'^*}{f'} \\ d_i^* = d_i \dfrac{f'^*}{f'} \end{cases} \tag{6.7.10}$$

式中，r_i，r_i^* 分别为初始和缩放后结构的曲率半径；d_i，d_i^* 分别为初始和缩放后结构的透镜厚度和间隔。

(3) 更换玻璃

依据使用的玻璃库，根据折射率和阿贝数查找最接近的实际玻璃进行替换。

(4) 估算高级像差

由像差理论可知，当系统的边缘孔径或视场校正像差以后，在系统各带区孔径或带区视场有最大剩余像差，它的大小完全由高级像差决定。也就是说，在能够校正初级像差的条件下，剩余像差完全由高级像差决定，因此可以用剩余像差大小来估算高级像差。在估算一个光学系统高级像差的大小时，必须先初步校正各种初级像差。

(5) 检查边界条件

在进行像差校正之前，一定要检查边界条件，经过缩放后的结构往往会出现透镜的中心厚度变小、边缘变尖的情况，在设计时要随时检查。对于正透镜要检查边缘厚度是否变尖；对于负透镜要检查中心厚度是否变薄。此外，还要注意工作距离是否满足要求。边界条件满足之后，再开始进行像差校正一般就不会出现问题了。

【实验内容】

(1) 根据设计要求，求解视场角及进行结构选型。

(2) 依据初始结构参数进行优化设计，过程如下：

① 运行 ZEMAX 软件，输入入瞳直径、工作波长及视场角。

② 在 LDE 中输入各透镜曲率半径、间隔及玻璃。最后一个面的间隔应设置为“M (Marginal Ray Height)”。

③ 查看外形轮廓及像质评价。查看 Lay、点列图、MTF 曲线(按设计要求查看)等。

④ 镜头缩放。镜头缩放有两种方法：第一种，先计算缩放因子，缩放因子 = 实际需要的焦距/初始选型的焦距。镜头缩放设置方法为选择“工具(Tool)→杂项(Miscellaneous)→镜头缩放(Scale Lens)”，进而选择“Scale By Factor”，输入缩放因子。第二种，选择“工具(Tool)→杂项(Miscellaneous)→设定焦距(Make Focal Length)”，输入直接设定的实际需要焦距。

焦距满足要求后，入瞳直径、视场角等参数会一同缩放，这时需要重新输入这些参数，以符合实际要求。参数输入完成后，查看“二维草图(Lay)”，并判断透镜是否合理，比如

透镜两表面是否有相交的情况，如有，可以通过对该透镜厚度求解进行修改，具体方法为双击“厚度（Thickness）”，在“求解类型（Solve Type）”下拉菜单中，选择“边缘厚度（Edge Thickness）”，在其中将“Thickness”设置为一个值，如“0.1”，再次查看 Lay。这样就完成了对镜头的缩放。

⑤ 对系统进行优化设计。将透镜的曲率半径设置为变量，建立默认的优化评价函数。在评价函数编辑器中插入几行操作数。输入有效焦距操作数“EFFL”，目标值为实际需要的焦距，权重为“1”。优化后查看成像质量、点列图、MTF 曲线（按设计要求查看）等。

一些比较复杂的光学系统在用缩放法进行设计时，往往通过简单的缩放，并不能满足设计要求，进一步优化时，还需要将曲率半径和厚度作为优化变量，且厚度需要控制在一定的范围内。控制厚度的操作数有：最小玻璃中心厚度（MNCG），最大玻璃中心厚度（MXCG），最小空气中心厚度（MNCA），最大空气中心厚度（MXCA）。也可以采用控制符单个光学面的操作数，如中心厚度小于（CTLT），中心厚度大于（CTGT），边缘厚度大于（ETGT），边缘厚度小于（ETLT）。ZEMAX 有多种操作可以实现相同的功能，每一种操作数的具体设置方法，请参考 ZEAMX 安装文件夹下的 Zemax Manual 文件 *ZEMAX Optical Design Program User's Guide*。

有时镜头结构简单，仅用球面难以满足成像质量要求，还需一片非球面，非球面一般设置在光阑面上，或者靠近光阑面。

对于复杂的光学系统，为了防止优化变量太多，系统结构变化太大，在优化时采用逐步增加变量的方法。在上一次优化变量的基础上，依次增加变量作为优化变量，进行优化并查看点列图及曲率半径数值。如果某次点列图半径变大或者半径数值变化较大，则该次增加的变量不宜作为优化变量，应返回上一步，重新增加其他变量，再进行优化。选取优化过程中 MTF 曲线较好或者点列图 RMS 半径比较小，且其他参数均满足要求的结果为系统最佳参数。

⑥ 调焦。优化结束后稍微调整最后一个面的间隔值，可以改变 MTF 曲线，边调边判断，直到轴上点和视场边缘 MTF 曲线在要求的频率区间非常接近为止，查看成像质量是否满足设计要求。

【实训内容】

焦距 $f'=10$ mm；相对孔径 $D/f' \geq 1/2.8$；图像传感器为 1/2.5 英寸的 CCD，成像面大小为 4.29 mm × 5.76 mm；后工作距大于 6 mm；在可见光波段设计（取 d, F, C 三种色光，d 为主波长）；成像质量要求：MTF 值在 100 lp/mm 处大于 0.30；最大畸变 $<1\%$。

参考文献

[1] 宋文广.“光的本质”之争[J], 教育教学论坛, 2019,(51):66-67.

[2] 潘宝珠, 李博文, 蓝新惠,等. 光学元件同轴等高的调节和判断方法[J]. 科技视界, 2019,(10):97-98.

[3] 姚启均. 光学教程[M].4 版. 北京:高等教育出版社, 2009.

[4] 萧泽新. 应用光学设计[M]. 北京:电子工业出版社, 2003.

[5] 李林, 黄一帆, 王涌天. 现代光学设计方法[M]. 北京:北京理工大学出版社, 2018.

[6] 迟泽英. 应用光学与光学设计基础[M]. 北京:高等教育出版社, 2018.

[7] 郁道银, 谈恒英. 应用光学[M].3 版. 北京:机械工业出版社, 2013.

[8] 王仕璠. 信息光学理论与应用[M]. 北京:北京邮电大学出版社, 2004.

[9] 王绿苹. 光全息和信息处理实验[M]. 重庆:重庆大学出版社, 1991.

[10] 李晓彤, 岑兆丰. 几何光学像差光学设计[M].3 版. 杭州:浙江大学出版社, 2014.

[11] 刘钧, 高明. 光学设计[M]. 西安:西安电子科技大学出版社, 2006.

[12] 黄振永. 基于 ZEMAX 的光学设计教程[M]. 哈尔滨:哈尔滨工程大学出版社, 2018.

[13] 林晓阳. ZEMAX 光学设计超级学习手册[M]. 北京:人民邮电出版社, 2014.

[14] 吉紫娟, 包佳祺, 刘祥彪. ZEMAX 光学系统设计实训教程[M]. 武汉:华中科技大学出版社, 2018.

[15] 李湘宁, 贾宏志, 张荣福,等. 应用光学[M].2 版, 北京:科学出版社, 2010.

[16] 徐德衍, 王青, 高志山,等. 现行光学元件检测与国际标准[M]. 北京:科学出版社, 2009.

[17] 潘君骅. 光学非球面的设计、加工与检验[M]. 苏州:苏州大学出版社, 2004.

[18] 潘宝珠, 陈涛, 李帅,等. 旋转轴对称曲面的数学-光学性质研究[J]. 中国西部科技, 2009,8(12):120-122.

[19] 潘宝珠, 程灏波, 文永富,等. 基于波像差函数建立大口径施密特校正板方程[J]. 光学学报, 2012,32(2):243-247.

附录1　应用光学的一些基本概念

光线:没有直径,没有体积,但却携带能量并具有方向性的几何线。

光束:与波面对应的所有光线的集合。

光线追迹:依次按照在每个面入射高和会聚角的数值,求出光线光路的过程。

光的独立传播定律:不同光源发出的光在空间某点相遇时,彼此互不影响,各光束独立传播。

反射定律:反射光线位于由入射光线和法线所决定的平面内,反射光线和入射光线位于法线两侧,且反射角与入射角的绝对值相等,符号相反。

折射定律:当一束光投射到两种均匀介质的光滑分界面上时,入射光线、折射光线、法线三者共面,入射光线、反射光线分居法线两侧,且有 $n_1\sin\theta_1 = n_2\sin\theta_2$。

折射率:光在真空中的传播速度与在介质中的传播速度的比值,$n = c/v$。

直线传播定律:在各向同性的均匀介质中,光沿着直线方向传播。

全反射:当光从光密介质射入光疏介质,且入射角大于临界角时,光全部返回到原介质中的现象。

费马原理:光从一点传播到另一点,期间无论经过多少次折射或反射,其光程为极值。

理想光学系统:任意大的空间中任意宽的光束都能成完善像的理想模型。

薄透镜:透镜的厚度很小,可以忽略。

曲率半径:用透镜单位度量的每一表面的弯曲程度。

物空间:物所在的空间。

像空间:像所在的空间。

轴向放大率:光轴上一对共轭点沿轴向移动量之间的关系。

高斯像面:过高斯像点并垂直于光轴的平面。

光焦度:折合焦距的倒数。

主面:像空间的主像面与物空间的主像面是共轭面。如果透镜的物空间和像空间有相同的折射率,那么节面与主像面重合。

节点:角放大倍率为1的一对共轭点。

焦距:主点与焦点之间的距离。

像方焦距:像方主点到像方焦点之间的距离。

物方远心光路:光学系统的物方主光线平行于光轴,主光线的会聚中心位于物方无限远处。

像方远心光路:光学系统的像方主光线平行于光轴,主光线的会聚中心位于像方无限远处。

后截距:沿着光轴的方向,最后一个玻璃面到像面的距离。

近轴像高:在近轴像平面上,近轴像的半径大小。

近轴放大率:近轴像高和物高的比例叫近轴放大率,它在近轴像平面测量。无限大共轭系统的近轴放大率是0。

垂轴放大率:像的大小与物的大小之比。

孔径角:光线与光轴的夹角。

物方孔径角:入射光线与光轴的夹角。

角放大率:在近轴区内,角放大率为一对共轭光线的像方孔径角与物方孔径角之比。

视场角:物空间中,在某一距离光学系统所能接受的最大物体尺寸,此量值以角度为单位。

光学间隔:前一个光组的像方焦点与后一个光组的物方焦点之间的距离。

光楔:折射角很小的棱镜。

棱镜的偏向角:棱镜的出射光线与入射光线之间的夹角。

棱镜的光轴:光学系统的光轴在棱镜中的部分。

棱:棱镜工作面的交线。

棱镜的展开:用一等效的平行平板来取代光线在反射棱镜两折射面之间的光路。

光圈数:被检光学表面与其参考光学表面曲率半径有偏差时所产生的干涉圈数。

光圈局部误差:被检光学表面与其参考光学表面产生的干涉条纹的不规则程度。

标准样板精度:标准样板的曲率半径名义值与其曲率半径实际值的偏差。

光学零件气泡度:光学零件在一定范围内含有气泡的大小和个数。

光阑:限制成像光束和成像范围的物体。

孔径光阑:限制进入光学系统成像光束口径的光阑。

入瞳:由轴上物点发出的光线,经过孔径光阑前的组件而形成的孔径光阑的像,亦即由轴上物点的位置去看孔径光阑所成的像。

入瞳直径:入瞳直径等于物空间中用透镜单位表示的近轴光阑像的大小。

出瞳:由轴上像点发出的光线,经过孔径光阑后面的组件而形成的孔径光阑的像,亦即由像平面轴上的位置看孔径光阑所成的像。

视场光阑:一般是指安置在物平面或像平面上用以限制成像范围的光阑。

入射窗:视场光阑经过前面的光组在物空间所成的像。

出射窗:视场光阑经过后面的光组在物空间所成的像。

F数:有效焦距与入射瞳孔直径的比值。

数值孔径：折射率乘以孔径边缘至物面(像面)中心的半夹角之正弦值，其值为2倍的F数的倒数。数值孔径有物面数值孔径与像面数值孔径两种。

相对孔径：通光口径与系统焦距的比值，或用公式表示为D/f'。

景深：能在像面上获得晰度像的物空间深度。在几何光学中，将像平面上允许的最大光斑直径作为景深标准。

近景平面：能成清晰像的最近的平面。

远景平面：能成清晰像的最远的平面。

渐晕：离轴越远(越接近最大视场)的光线经过光学系统的有效孔径光阑越小，所以越离轴的光线在离轴的像面上光强度就越弱，而形成由中心轴向离轴晕开的影像。

渐晕因子：描述入瞳大小和不同场角位置的系数。

视差：像平面与刻尺面的不重合(距离)。

视觉放大率：通过仪器观察物体时，其像对眼睛张角的正切与眼睛直接观看物体时对眼睛张角的正切之比。

正常眼：眼睛的远点在无限远，或眼睛光学系统的后焦点在视网膜上。

近视眼：眼睛的远点位于眼前有限距离。

远视眼：眼睛的远点位于眼后有限距离。

明视距离：在正常照明条件下，正常眼最适合工作与学习的距离。通常此距离为250 mm。

视轴：黄斑中心与眼睛光学系统像方节点的连线。

眼睛的分辨率：眼睛能够分辨最靠近的两相邻点的能力。

眼睛的调节：眼睛成像系统对任意距离的物体自动调焦的过程。

视度：与视网膜共轭的物面到眼睛距离的倒数。

立体角：以立体角的顶点为球心，作一个半径为R的球面，用此立体角的边界在此球面上所截得的面积除以半径的平方来表示立体角。

主光线：由离轴物点斜向入射至系统且通过孔径光阑中心的光线。

边缘光束：由轴上物点发出且通过入射瞳孔边缘的光线。

子午面：在一个轴对称系统中，包含主光线与光轴的平面。

弧矢面：垂直于子午面并且经过主光线的平面。

弧矢光线：所有由物点出发且在弧矢平面上的斜光线。

完善成像：物体上每个点经过光学系统后所成完善像点的集合。像与物只有大小的变化，没有形状的变化。

像差：实际像与理想像之间的差异。

球差：因近轴光束与离轴光束在轴上的焦点位置不同而产生。

正弦条件：垂直于光轴平面上的两个邻近点成完善像的条件，$ny\sin U = n'y'\sin U'$。

轴上点球差：轴上点发出的同心光束经光学系统后不再是同心光束，即不同入射高度的光线交光轴于不同位置,相对近轴像点有不同程度的偏离,这种偏离称为球差。

彗差:当一离轴光束斜向入射至透镜系统,经过孔径边缘所成的像高与经过孔径中心所成的像高不同而形成的像差。

像散:一个离轴点光源所发出的光线经过透镜系统后,子午焦点与弧矢焦点不在同一个位置上。

场曲:所有在物平面上的点经过光学系统后都会在像空间形成像点,这些像点所形成的像面若为曲面,则此系统有场曲。

细光束弧矢场曲:弧矢细光束的交点沿光轴方向到高斯像面的距离。

细光束子午场曲:子午细光束的交点沿光轴方向到高斯像面的距离。

畸变:因像在离轴及轴上的放大率不同而造成,分为桶形畸变及枕形畸变两种形式。

色差:不同波长的光在相同介质中有不同的折射率,所以轴上焦点的位置不同,因而造成色差。

倍率色差:轴外物点发出的两种色光的主光线在高斯像面上的交点高度之差。

位置色差:轴上点发出的两种色光成像位置的差异。

色球差:在带光校正了色差以后,边缘带色差与近轴色差并不相等,二者之间的差值称为色球差。

二级光谱:若 F 光在 0.707 带相交,即校正了位置色差,但二色光的交点与 D 光的球差曲线并不重合,则称该交点到 D 光球差曲线的轴向距离为二级光谱。

波像差:实际波面与理想波面的光程差。

衍射极限:一个光学系统的性能受到衍射的物理机制的限制,而不是设计或制作的不完整性。普遍的约定是系统的衍射极限是根据光程差来计算或度量的。如果波峰到波谷的光程差小于波长的1/4,那么就说系统处于衍射极限。

瑞利判据:实际波面与参考波面之间的最大波像差不超过1/4 波长时,此波面可看作是无缺陷的。

斯特列尔准则:当光学系统存在像差时,其成像衍射斑的中心亮度与不存在像差时衍射斑的中心亮度之比表示光学系统的成像质量。当中心亮度之比大于0.8时,认为光学系统的成像质量是完善的。

消色差物镜:两条谱线之间的轴向色差经过校正的物镜。

复消色差物镜:三条谱线之间的轴向色差经过校正的物镜。

变焦距系统:焦距在一定范围内改变而保持像面不动的光学系统。

调焦镜:为光学系统的一部分,通过其移动,能配合系统物面位置的改变,保持光学系统成像在原位置上。

发光强度:在某一方向上,单位立体角内发出的光通量的大小,表征的是辐射体在某一方向上的发光状态。

辐通量:单位时间内发射、传输或接收的辐射能。

发光效率:辐射体发出的总光通量与该光源的耗电功率之比。

光照度:单位受照面积上接收的光通量。

光通量:标度可见光对人眼的视觉刺激程度的量。

光出射度:光源单位发光面积上发出的光通量。

光谱光视效率:表征人眼对不同波长视觉刺激程度的量。

光亮度:表征光源投影到某方向的单位面积、单位立体角内光通量的大小。

附录 2 MTF 值与镜头成像质量

对于非专业人士一般用拍摄实物的方法来评价和比较不同镜头的成像质量，所得到的结果往往以分辨率和反差的综合视觉感受来判断。

分辨率是指成像镜头清晰地再现被摄景物细节的能力，单位是“lp/mm”。分辨率越高的镜头，所拍摄的影像越清晰。用它来描述镜头的成像质量，其优点是可以量化，使结果更直观、更科学。

反差又称锐度，是指成像镜头鲜明地再现被拍摄景物的中间层次、暗部层次、低反差影纹细节、微弱亮度对比和微妙色彩变化的能力。反差高的镜头，所成影像轮廓鲜明、边缘锐利、反差正常、层次丰富、纹理细腻、影调明朗、质感强烈、色彩过渡柔和、彩色还原真实、自然。显然以上这些特性是优质成像镜头不可缺少的品质。然而成像镜头的反差，很难简单地用数据表示，也很难用普通的仪器测试出来，人们通常是只凭主观感觉，定性地进行评述。

分辨率和反差是全面评价一只镜头成像质量的两大重要因素。分辨率高而锐度低的镜头，所成影像轮廓不够鲜明，边缘不够锐利，反差灰暗、影调平淡，给人的视觉感受反而不清晰。反差和分辨率都很高的镜头，才真正是一只理想的成像镜头。但是基于分辨率和反差评价镜头成像质量更多地依赖于人的主观感觉。

那么，有没有对镜头的光学质量进行全面分析评价的更科学、更精确的方法呢？在评价镜头成像质量的优劣方面，光学传递函数的评价方法是目前最全面、最客观、最科学、最严格、最完善的方法。同时也只有通过光学传递函数，才可以把镜头的分辨率和反差两大光学指标有机地结合起来，并最终反映出二者对所成影像的综合作用与影响。

1. 光学传递函数是全面评价成像镜头质量的最佳方法

MTF 曲线是目前最精确和科学的镜头质量评价方法。瑞典权威的《成像》杂志对它的解释是：“MTF 测试使用的是黑白逐渐过渡的线条标板，通过镜头进行投影，被测量的结果是反差的还原情况。如果所得影像的反差和测试标板完全一样，其 MTF 值为 100%，这是理想中的最佳镜头，实际上它是不存在的；如果反差为一半，则 MTF 值为 50%；数值“0”代表反差完全丧失，黑白线条被还原为单一的灰色。当 MTF 数值超过 80%（20 lp/mm 以下），则影像质量较优；而 MTF 数值低于 30%，则即使在 4 ×6 英寸扩印片下，影像质量仍然较差”。

测试分子午和弧矢两种方向,如果两者相差较大,说明镜头有较严重的像散和较高的空间频率值,如 30 lp/mm 与 20 lp/mm 相比,其 MTF 值通常较低。

2. 如何解读 MTF 值

反差:5(或 10)lp/mm 的读数可反映镜头的反差表现,即使微小的差别(2.5%)也能在画面中体现出来。可以把它看作一种最基本的"锐度"。一只好的镜头在光圈收小后应该在 5 lp/mm 下径向和切向同时高于 95%,低于 90% 即表明镜头表现不佳。

一只反差好而锐度差的镜头通常比反差差而锐度好的镜头的图像看上去更锐利。不过,锐度和反差两项指标通常相辅相成。锐度、反差对成像质量影响如附图 2.1 所示。

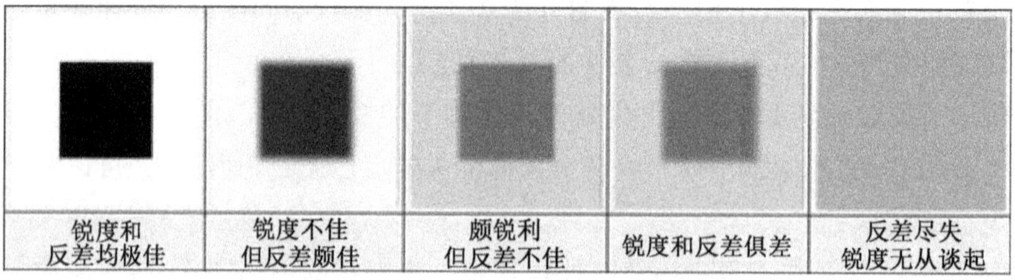

附图 2.1 锐度、反差对成像质量的影响

锐度:10～40 lp/mm(或更高)的读数,表明了一只镜头的锐度,即再现细节的能力。锐度越高,画面细节越清楚,反之,则画面模糊不清,细节表现不足。按照人眼的辨别力和 35 mm 胶卷的片幅,如果要得到质量非常理想的 7 英寸的照片,镜头 20 lp/mm 下的 MTF 值必须大于 50%;而要想在 16 英寸下仍有非常理想的画面质量,镜头 70 lp/mm 下的 MTF 值必须超过 63%。

3. 弄清"调制度"的概念

镜头的光学传递函数由调制传递函数和相位传递函数两部分组成。由于目前测试相位传递函数的仪器种类较少,测量精度也不高,且相位传递过程对影像的影响较小,所以,在国内外研究镜头的成像质量时,都不考虑相位传递函数的影响,只研究调制传递函数。

调制传递函数的英文缩写为"MTF",也叫模量传递函数。所谓"模量"即光波振幅大小的量值。模量传递函数描述的正是光信息在通过光学媒质(如空气)和光学器件(如镜头)传递的过程中,其强弱随空间位置变化。

有些参考书将调制度称为"对比度""反衬度"或"反差"。实际上,调制度与后三者还是有区别的。对比度和反差是指景物或影像中的最大亮度和最小亮度的比值或差值。比如,景物中的最大亮度为 100,最小亮度为 1,则可以说它的对比度为 1∶100。而调制度有着更为严格的定义,调制度是指最大亮度与最小亮度的差与它们的和的比值,用公式表示为

$$调制度=(最大亮度-最小亮度)/(最大亮度+最小亮度)$$

例如,对比度为 1∶100,则调制度 $M=(100-1)/(100+1)=99/101=0.98$。

又如，一张白纸的调制度为0，即 $M=(100-100)/(100+100)=0/200=0$；一张白纸上印有黑白线条，假如对比度为1∶100，则 $M=0.98$；一本杂志的印刷对比度约为1∶15至1∶20（最黑的线条、文字的亮度为1，则白纸的亮度为15～20，都是反光率的相对值），则调制度为0.88～0.90（14/16～19/21）。

再如，一个背对太阳的穿黑丝绒衣服的人，如果人们逆光把他和太阳同时拍进画面，则景物的对比度最大可达到1∶100000以上，而其调制度约为1（99999∶100001）。

在自然界中，阴天时景物对比度最大约为1∶100，调制度为0.98，而晴天时的景物对比度可达1∶1000以上，调制度为0.998，它们的对比度相差很远（近10倍），而调制度却很接近，都接近于1。只有当对比度约为1∶3时，其调制度才接近0.5。

正常人眼能够分辨的调制度最低值一般为0.05，此时的对比度约为1∶1.1。

4. 调制传递函数的物理意义

镜头的调制传递函数就是镜头传递调制度的能力，或者说是镜头记录、还原调制度的能力。

镜头传递、记录景物的对比度，指的是镜头所成影像的调制度与原景物的调制度的比较。由于光线在传播过程中的损失，影像中的强光部分的相对亮度值要比景物的强光部分的亮度值有所降低；而由于杂光、散射和衍射的影响，影像中的弱光部分的相对亮度值又比景物中的弱光部分的亮度值偏高，这就使得影像的对比度和调制度与景物的对比度和调制度相比均偏低。

一个对比度为1∶100的景物（$M=0.98$）通过镜头成像后，影像的对比度可能降低到1∶50（$M=0.96$），甚至更低，这主要由镜头的反差所决定。

一个理想的光学系统，是指既无任何像差，又没有杂光、散射、反射、吸收和衍射的光学系统，它的MTF值等于1，即它所成影像的调制度等于景物的调制度。这种影像被称为“理想像”。

在这里要强调一点，影像的调制度是指通过镜头所成的直接影像的调制度，并不是指胶片通过显影、定影后所记录的影像的调制度，即底片影像的调制度。底片影像的调制度还与底片的模量传递函数有关。

数码相机的成像质量需要由镜头调制度、图像传感器（CCD/CMOS）调制度及影像处理模块进行电子、数字运算的调制度的综合传递函数来衡量。

镜头的MTF值，可以反映镜头除了畸变以外的所有像差，而且与实际成像结果非常吻合。好的镜头的MTF值接近于1，即影像的调制度与景物的调制度非常接近。

一般来说，反差高的镜头，其对同一景物所成影像的对比度也高，因而影像的调制度也高，即镜头的MTF值高。在这里，可以把对比度和调制度当一个概念来理解，它们的物理内在含义相同，只是数学表达式不同。

两只反差不同的镜头对同一景物（如对比度1∶100）所成影像的对比度不同，一个为1∶50，另一个为1∶20。前者的调制度为0.96，而后者的调制度为0.90，则前者的MTF

值为0.98,而后者的MTF值为0.92。

5. 怎样看MTF曲线

光学调制传递函数所表示的就是调制传递函数值随空间频率和像场位置变化的函数。它有很多种类型,但最主要的两种类型就是MTF值与空间频率及与像场半径(或像场角)之间的关系。

(1) 什么是空间频率

空间频率的概念与分辨率的概念非常相似,单位都是“线对/毫米”(lp/mm)。测试分辨率的标板是一组轮廓鲜明的黑白线条,每两条线条之间的距离及线条本身的宽度之比是个定值。例如,“10 lp/mm”可以理解为在1 mm宽度的范围内排列有10对线。

(2) 什么是像场半径和像场角

像场半径指的是在像场上的任意点到像场中心(矩形画面就是其两条对角线的交点)的距离。而像场角(也叫视角)则是指像场上的某一点到像方节点的连线与主光轴(当主光轴通过像场中心时)的夹角。对于像场上的同一点,这个角随镜头焦距的不同而不同。

(3) 空间频率的“子午”方向与“弧矢”方向

像场内的分辨率标板或光栅中的黑白线条,应按两个主要方向放置,这两个方向是检验光学成像系统的法定方向,一个方向平行于像场半径;另一个方向垂直于像场半径。平行于像场半径的线条方向称为“弧矢” 方向(也叫径向);垂直于像场半径的方向称为“子午”方向 (也叫切向)。

(4) 影响MTF值的因素

影响MTF值的因素有很多,诸如不同牌号、不同型号、不同焦距、不同有效孔径的镜头的MTF曲线都不同;同焦距的前提下,变焦镜头与定焦镜头的MTF曲线也不同;变焦镜头的不同焦距段,同一焦距的不同物距(不同放大倍率)处,同焦距、同物距、不同光圈数的MTF曲线也不同;不同对比度的光栅,不同的色光照射,以及像场的不同位置(中心、边缘)、不同方向(子午、弧矢),MTF值也不同。所以,调制传递函数是一个多元函数,要用曲线的形式表达函数关系,就必须固定其他变量,只反映函数值与其中一个自变量的关系。

(5) MTF值与空间频率的关系曲线

一只摄影镜头的空间频率表现是由它的分辨率决定的,而它的调制传递函数值(即MTF值)的高低,则是由它的反差决定的。因此,有一种MTF曲线非常集中地反映了镜头最重要的两个基本参数,如附图2.2所示。人们暂且把横轴理解为分辨率,把纵轴理解为对比度,当景物对比度恒定时,反差高的镜头,所成影像的对比度就高。MTF曲线描述了影像对比度与分辨率的关系。因此,当人们说分辨率时,先要说明是对比度为多少时的分辨率值。

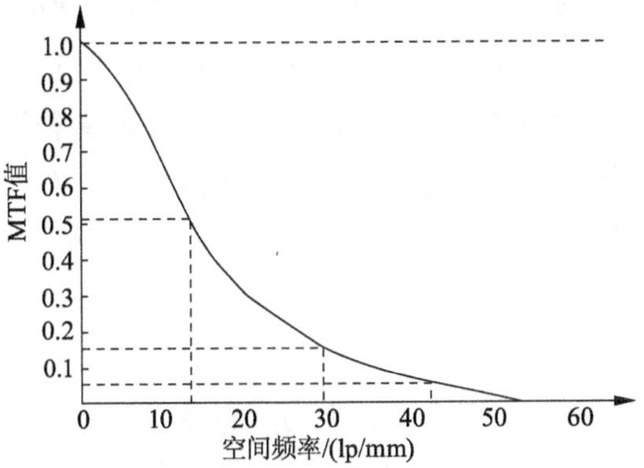

附图 2.2 MTF 值与空间频率的关系曲线

上图中纵坐标为 1 的一条水平虚线代表既无像差又无衍射的理想镜头的 MTF 曲线。黑实线即为一只实际镜头的 MTF 曲线。曲线与横坐标的交点为 53,说明这只镜头的理论分辨率最高值为 53 lp/mm, 此时调制度已为零,所以 53 lp/mm 并无实际意义。

由于人眼能够分辨的最低调制度为 0.05,所以这只镜头的实际分辨率为当 MTF 值等于 0.05 时所对应的空间频率值。从图中可以看出,此镜头的最高分辨率为 43 lp/mm。由于 MTF 曲线是多元函数,一般认为,该曲线是这只镜头在最大光圈处对像场中心的 MTF 曲线。对于不同光圈、不同像场的成像质量,可以由多条曲线来表示。图中,MTF 值分别为 0.05,0.15 和 0.5 时所对应的空间频率值分别为 43 lp/mm,30 lp/mm 和 14 lp/mm(由于标板轮廓鲜明,分辨率数值比空间频率值稍高)。

(6) MTF 值与像场半径的关系曲线

附图 2.3 为某 135 mm 相机的 MTF 曲线,表示的是 MTF 值(可理解为影像对比度或镜头的反差)与像场半径或像场角的关系。135 mm 相机的相关画幅长度比为 24 mm × 36 mm,对角线长度为 43.27 mm,从画面中心到任一个角的距离为 21.36 mm,这条曲线表示的就是在像场的不同半径处的 MTF 值。

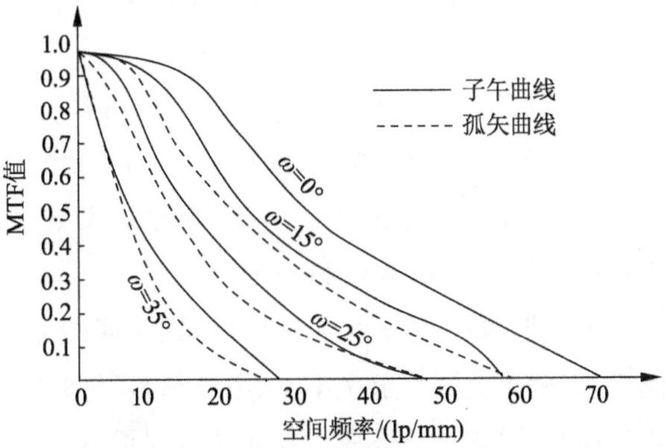

附图 2.3 MTF 值与像场半径的关系曲线

对于 135 mm 相机采用焦距为 50 mm 的标准镜头,不同的像场半径对应的像场角(也等于物方视角）如附图 2. 3 所示。从图中可以看出，不同视场角的 MTF 值不同，一般中心数值高，边缘数值低，也有一些镜头在接近边缘处（距中心 2/3 处）的 MTF 值反而更高。由于这种 MTF 曲线只反映 MTF 值与视场的关系，而与空间频率无关，所以每一条曲线只代表一种空间频率，而不同的空间频率要用不同的曲线表示。图中可明显看出，空间频率低的 MTF 曲线，MTF 值高。相同空间频率的 MTF 曲线，弧矢方向的 MTF 值比子午方向的 MTF 值高。

6. 几种典型的 MTF 值曲线形状

下面以横轴为空间频率的 MTF 曲线为例，介绍曲线形状与镜头质量的关系。

如附图 2. 4 所示，A，B，C 三条曲线代表三种光学质量完全不一样的摄影镜头。其中，A，B 两条曲线代表的是分辨率和反差都不一样的典型照相机镜头，镜头 A 反差高而分辨率低；镜头 B 则正好相反，分辨率高而反差低；镜头 C 是一只十分罕见的反差和分辨率都极高的优质摄影镜头。

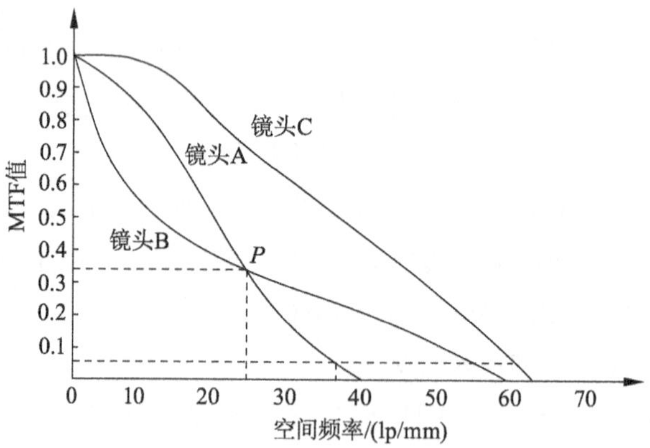

附图 2. 4 三种光学质量不同镜头的 MTF 曲线

首先，比较一下镜头 A 和 B 的特性。

代表 A，B 镜头的两条 MTF 曲线有一个公共的交点 P，对应于点 P 的空间频率（或粗略地理解为分辨率）为 24 lp/mm；而点 P 的 MTF 值为 0. 33。由于人眼能够分辨的最低调制度为 0. 05，所以当景物的调制度为 0. 15（对比度为 1 ∶ 1. 35）时，MTF 值 = 0. 05/0. 15 = 0. 33。此时，两只镜头的分辨率数值一样，都是 24 lp/mm，当景物对比度低于 1 ∶ 1. 35 时，镜头 A 的分辨率高于 B，也就是说，镜头 A 对低反差景物的细节表现比 B 好；当景物对比度高于 1 ∶ 1. 35 时，镜头 B 的分辨率只有 37 lp/mm。

镜头 A 与 B 有各自的优势：在表现微弱光度对比，细小明暗差别及轻柔的色彩变化时，镜头 A 有明显的优势，它拍出的照片层次丰富、影纹细腻、色调明快、质感强烈；在拍摄高反差景物时，镜头 B 表现非凡，它拍摄黑白线条如同刀刻斧凿一般清晰锐利。

从用途上看，镜头 A 更适合拍人像和广告，而镜头 B 更适合翻拍文字、绘画、印刷制版和缩微。镜头 A 有明显的德国风格，而镜头 B 更具日本特色。有人说镜头 A 拍摄的风景照片更像油画,而镜头B表现的田园风光更像版画。这实在是很绝妙的比喻。

而镜头C是对任何题材都适应的多功能摄影镜头,它既有高清晰度又有质感,色调既明快又有层次,既纤毫毕现又细腻柔和,是百里挑一的精品。

简单地看,一只镜头的综合光学素质的高低可以用MTF曲线与纵横两轴所围的线下面积的大小来表示。MTF曲线线下面积大的镜头,其光学质量一定好,要么它的反差和分辨率都高,要么其中一项明显地高。所以,比较镜头A和B哪一只更好,不能简单地下结论,因为它们的MTF曲线线下面积近似相等。

通过上面的学习便能知道,一只摄影镜头的光学调制传递函数是怎样既准确又全面地描述镜头的综合光学素质,以及怎样把分辨率和锐度这两大重要的光学指标有机地结合在一起。因此,学会看懂传递函数曲线图,对于从事光电信息专业的人员来说非常必要。

7. 分析MTF曲线的基本要领

(1) MTF曲线越高越好。曲线整体越高,说明镜头的光学质量越好。

(2) MTF曲线以下包含的面积越大越好。综合反差和分辨率来看,MTF曲线以下包含的面积越大越好。

(3) MTF曲线越平直越好。MTF曲线越平直,说明镜头边缘与中间的一致性越好。若曲线右端严重下降,说明该镜头的边角尤其是四角的反差与分辨率均较低。

(4) 子午曲线与弧矢曲线越接近越好。若两者距离较小,则说明该镜头像散较小。

(5) 曲线低频部分越高,镜头反差越大。低频(10 lp/mm)MTF曲线代表镜头的反差特性,这条曲线越高,镜头反差越大。

(6) 曲线高频部分越高,镜头分辨率越高。高频(40 lp/mm)MTF曲线代表镜头的分辨率特性,这条曲线越高,镜头分辨率越高。

8. 分析MTF曲线应当注意的问题

(1) 不要将不同焦距的镜头做横向对比。长焦镜头,像场的边缘只相当于广角镜头中心附近的位置。因此,对比长焦镜头与广角镜头边缘的MTF值,会得出广角镜头都是很差的镜头的错误结论。广角镜头,尤其是超广角镜头边缘的MTF值下降大多是正常的现象,必须对它像场边缘的MTF值相当宽容。

(2) 不要将超大光圈(如F1.4或F2.0)镜头与普通镜头做横向对比。普通镜头的最大光圈要比超大光圈镜头的光圈小一两挡或者更多,两者的最大光圈完全不可比拟。超大光圈镜头,在设计时为了照顾最大光圈时的效果,要对其他性能做一些折中。因此,必须对超大光圈镜头最大光圈的MTF值有所宽容。

(3) 不要将变焦镜头与定焦镜头做横向对比。与定焦镜头相比,变焦镜头的结构复杂得多,设计时所要兼顾的因素也多得多,因此,有的特性不如定焦镜头是正常现象。换句话说,变焦镜头的色散比定焦镜头的色散大一些是正常的。

附录3　ZEMAX优化与操作符

在光学系统设计时，如果像质不能满足使用要求，需要对初始结构进行优化设计，优化设计是光学设计的重要阶段。

1. 评价函数的“默认”(缺省)构成方法

评价函数的建立及构成元素的确定，是光学设计的重要内容之一，需要使用者确定由哪些像差构成评价函数中的元素。这里的像差，可以指独立几何像差、弥散图(点列图)、波像差、传递函数，以及光学系统的高斯数据，如焦距、放大倍率、总长等。评价函数的建立是光学设计的难点之一，主要涉及：① 选择哪些像差元素构成评价函数；② 每一个像差元素权因子的选择。

打开ZEMAX软件，依次单击“Editors→Merit Functions→Tools→Default Merit Functions→OK”，就建立了“默认”评价函数。

“默认”评价函数建立的方法较为便捷，无须搞清楚具体操作符的含义，以及权因子究竟选多少合适。因为主要采用“Wavefront”和“Spot Radius”作为评价指标，所以该评价函数建立方法适用于像面面形固定的设计场合，如照相机镜头、平行光管物镜、波面变换物镜等。

2. 修改成自定义评价函数法

单击“Editors→Merit Function”，可以打开评价函数编辑器，用【Insert】或【Delete】键可增删、编辑评价函数。评价编辑器是一种电子表格形式，每一行都是对一个操作符的描述，该电子表格的表头如附表3.1所示。

附表3.1　Merit Function 编辑器电子表格表头样式

Oper #	Type							Target	Weight	Value	% Contrib
1 BLNK	BLNK										

表中，“Oper #”为操作符所处的位置序号；“Type”为操作符名称，一般由4个大写英文字母组成，如后面介绍的“EFFL”，就是控制系统有效焦距的操作符；“Target”为操作符目标值；“Weight”为操作符的权因子；“Value”为ZEMAX自动计算出的该操作符的实际值。

ZEMAX提供285种操作符，作为评价函数构建可用的“砖头”，如果能弄清楚这些操作符的物理含义,使用起来就会得心应手。

下面介绍内建操作符中部分常用的符号和所代表的意义。

(1) 高斯光学参数(外形尺寸数据)

EFFL:指定波长的有效焦距。

PIMH:指定波长的近轴像平面上的近轴像高。

POWR:标准类型面中指定面指定波长的光焦度 $\varphi=(n'-n)/r$。

PMAG:指定波长近轴垂轴放大率 $\beta=y'/y$,其中 y' 表示主光线在近轴像平面上的高度,y 表示物高。仅用于有焦系统,如果存在畸变,β 与应用光学中的有些差别。

AMAG:角放大率。近轴像空间与物空间的指定波长主光线焦距之比。

ENPP:以第 1 面为零点的入瞳位置(近轴),无参量指定。

EXPP:以像面为零点的出瞳位置,无参量指定。

EPDI:入瞳直径,无参量指定。

WFNO:Working F/#的简写,$W=1/2n'\sin\theta'$,其中,θ'为像空间边缘光学孔径角,n'为像空间折射率;无参量指定。

(2) 像差控制操作符

SPHA:指定面和波长贡献的球差值;如果 Surf = 0,则指整个系统的球差总和为目标值。因没有指定孔径(Px,Py),故它们只为初级球差。

COMA:指定面和波长贡献的彗差值;如果 Surf = 0,则指整个系统的彗差总和为目标值。因没有指定孔径(Px,Py)与视场(Hx,Hy),故仍为三级彗差(属赛德像差)。

ASTI:三级像散,指定面贡献的像差。

FCGS:指定视场和波长的归一化弧矢场曲。

FCGT:指定视场和波长的归一化子午场曲。

FCUR:指定光学面和波长贡献的场曲;如果 Surf = 0,则指整个光学系统像面上的彗差总和为目标值,属赛德像差。

DIST:指定光学面贡献的畸变,属赛德像差。

DIMX:指定视场和波长的最大畸变。如果视场号为 0,则指最大视场对非旋转对称系统无效(即 x,y 视场要一样)。

DISG:控制归一化百分畸变。指定任何视场点作为参考,指定波长和视场,指定孔径(光瞳)。

AXCL:控制近轴轴向色差,无参数指定。

LACL:控制垂轴色差。指初级像差,无指定参数。

● 以主光线为参照的垂轴几何像差

TRAR:径向尺寸,指定波长、孔径(Px, Py)和视场(Hx, Hy)。

TRAD:TRAR 的 x 分量,指定波长、孔径(Px,Py)和视场(Hx,Hy);TRAE:TRAR 的 y 分量,指定波长、孔径(Px,Py)和视场(Hx,Hy)。

TRAI:垂轴几何像差半径,指定面号、波长、孔径和视场。

TRAX:X 面(弧矢面)内的垂轴几何像差;指定面号、波长、孔径(Px, Py)和视场(Hx, Hy)。

TRAY:Y 面(子午面)内的垂轴几何像差;指定面号、波长、孔径(Px, Py)和视场(Hx, Hy)。

● 以质心为参照的垂轴几何像差

TRCX:垂轴几何像差的 x 分量,指定面号、波长、孔径(Px, Py)和视场(Hx, Hy)。

TRCY:垂轴几何像差的 y 分量,指定面号、波长、孔径(Px, Py)和视场(Hx, Hy)。

TRAC:像面上的弥散圆半径,建议用户在"Merit Function"的"Default Merit Function"中使用,不要单独使用。

● 波像差控制操作符

OPDC:以主光线为参照的波像差,指定波长、孔径和视场。

OPDM:以"Mean"为参照的光程差,指定波长、孔径和视场。

OPDX:光程差,以质心为参照系。

(3) 光学传递函数操作符

● 衍射传递函数

MTFA:指定采样密度、波长、视场和空间频率的平均衍射调制传递函数(子午和弧矢的平均)。

MTFT:子午调制传递函数(衍射)。

MTFS:弧矢调制传递函数。

● 几何传递函数

GMTA:平均几何调制传递函数。

GMTS:弧矢几何调制传递函数。

GMTT:子午几何调制传递函数。

(4) 透镜边界条件

在下列符号中,第三个字母为"E"的控制符只适用于旋转对称系统,其余均可用于旋转非对称系统,需要指定光学面范围。

MNCG:最小玻璃中心厚度;MXCG:最大玻璃中心厚度。

MNEG:最小玻璃边缘厚度;MXEG:最大玻璃边缘厚度。

MNEA:最小空气边缘厚度;MXEA:最大空气边缘厚度。

MNCA:最小空气中心厚度;MXCA:最大空气中心厚度。

以下控制符既适合于控制玻璃,也适合于控制空气间隔:

MXCT:最大中心厚度;MNCT:最小中心厚度;

MNET:最小边缘厚度;MXET:最大边缘厚度。

下列符号适用于非旋转对称系统。通过检查周长上的许多点,判定边缘厚度是否超标，需要指定光学面范围。

XNEG：最小玻璃边缘厚度；XXEG：最大玻璃边缘厚度。

XNEA：最小空气边缘厚度；XXEA：最大空气边缘厚度。

XNET：最小边缘厚度；XXET：最大边缘厚度。

单个光学面的控制符：

CTLT：中心厚度小于设定的目标值；CTGT：中心厚度大于设定的目标值；CTVA：中心厚度值。

ETGT：边缘厚度大于设定的目标值；ETLT：边缘厚度小于设定的目标值；ETVA：边缘厚度值。

使用上述控制符，需要指定面号。

控制透镜形状，使用控制符时需要指定某一光学面。

CVVA：曲率值；CVGT：曲率值大于设定的目标值；CVLT：曲率值小于设定的目标值。

COGT：Conic 大于设定的目标值；COLT：Conic 小于设定的目标值；COVA：Conic 值。

控制透镜口径，以及口径与厚度比：

DMVA：口径值；DMGT：口径大于设定的目标值；DMLT：口径小于设定的目标值。

MNSD：最小半口径；MXSD：最大半口径。

使用上述控制符时，需要指定某一光学面。

MNDT：最小直径与中心厚度之比；MXDT：最大直径与中心厚度之比。

MNDT 和 MXDT 需要指定 First Surf 及 Last Surf，且只对玻璃或介质有效，对空气介质无效。

TTLT：总厚度小于；TTGT：总厚度大于；TTVA：总厚度值。

TTHI：指定起始面（First Surf）到最后一个面（Last Surf）之间的光轴厚度总和。该控制适用于控制光学系统的实际长度。

TOTR：从第 1 面到像面，称为系统总长或光学筒长，无指定参数。

光学材料控制操作符：

MNIN：最小 d 光折射率； MXIN：最大 d 光折射率；

MNPD：最小部分色散（ΔP_{gF}）； MXPD：最大部分色散（ΔP_{gF}）；

MXAB：最大阿贝色散系数（Vd）； MNAB：最小阿贝色散系数（Vd）；

数学运算操作符：

ABSO：某一操作符结果的绝对值； SUMN：两个操作符结果的和；

OSUM：指定面操作符之间所有操作符之和； DIFF：两个操作符结果的差；

PROD：两个操作符结果的积； DIVI：两个操作符结果的商；

SQRT：操作符结果的平方根； OPGT：操作符结果大于设定的目标值；

OPLT：操作符结果小于设定的目标值； CONS：定义一个常数；

MINN：最小值操作符； MAXX：最大值操作符；

ACOS:结果的反余弦操作符；
ASIN:结果的反正弦操作符；
ATAN:结果的反正切操作符；
COST:求结果的余弦操作符；
SINE:求结果的正弦操作符；
TANG:求结果的正切操作符；
QSUM:Quadratic Sum 平方和再开方；
EQUA:几个操作符跟目标值产生相同的差值。

3. ZEMAX 优化顺序及技巧

(1) 光学设计时的优化顺序

① 单击"Analysis→Aberration coefficients→Seidel coefficients/Seidel Diagram",找出对赛德和数影响较大的面,将这些面的曲率半径设为变量,优先优化。

② 将剩余面的曲率半径设为变量进行优化。

③ 将 STOP 光阑面的位置设为变量进行优化。

④ 将透镜间距设为变量进行优化。

⑤ 将玻璃厚度设为变量进行优化。

经过以上 5 步优化后,如果像质还达不到要求,可以做以下尝试:

① 尝试将特殊位置的薄透镜换成弯月透镜、双凸透镜等厚透镜。

② 换玻璃。如果单透镜的弯曲过于强烈,则换成折射率高的玻璃;如果胶合透镜胶合面的弯曲过大,则增加两个玻璃的阿贝数之差。请注意,设计双胶合透镜时,透镜要有相近的热膨胀系数。

③ 将系统复杂化。分裂玻璃,或者在特殊位置加入场镜。

(2) 光学设计优化小技巧

① 光学系统某个视场的 MTFT,MTFS 不好,则在 Field 中增大这个视场的权重。

② 光学系统某个视场的 MTFT,MTFS 不好,则在优化函数中用 MTFT,MTFS 进行优化。

③ 光学系统某个视场的 MTFT,MTFS 不好,则在系统中针对这个视场设定渐晕。

④ 增大视场或者增大口径时,要一点一点地增大。

⑤ 减掉某个透镜时,要一点一点地减小透镜的厚度。

⑥ 增加透镜厚度时,要一点一点地增加。

⑦ 优化畸变时,要一点一点地改变畸变的大小。

⑧ 有时系统优化到局部最小值,微调厚度或者间距,使其能够跳出局部最小值,继续优化。

附录 4　专利镜头

1. 照相物镜 1

面	R/mm	d/mm	材料	光路结构
1	8.97	1.26	LAK10	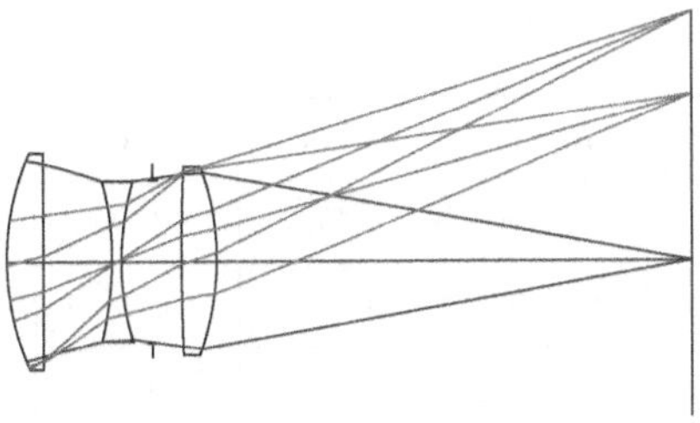
2	312.88	2.41		
3	-11.42	0.34	SFL4	
4	9.17	1.11		
光阑	∞	1.01		
6	65.26	1.25	LASFN30	
7	-9.16	16.69		
$f'=20$ mm，相对孔径 1∶2.94，视场角 $2\omega=46°$				

2. 照相物镜 2

面	R/mm	d/mm	材料	光路结构
1	4.58	1.77	SK4	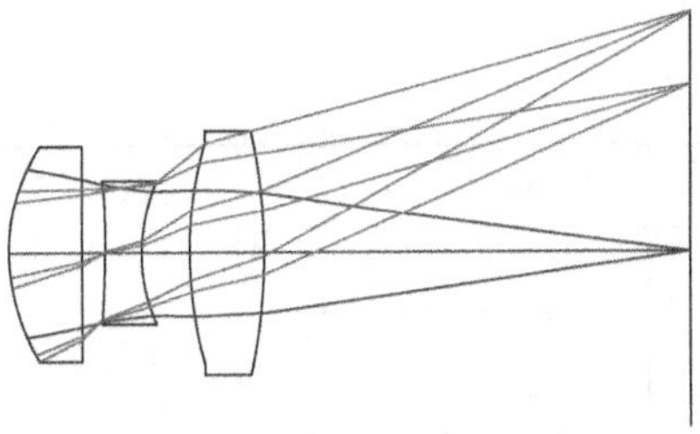
2	77.97	0.59		
光阑	-15.91	0.88	F2	
4	4.09	1.18		
5	9.16	1.77	SK4	
6	-14.18	10.39		
$f'=15$ mm，相对孔径 1∶3.69，视场角 $2\omega=42°$				

3. 照相物镜 3

面	R/mm	d/mm	材料	光路结构
1	14.77	2.97	LAKN13	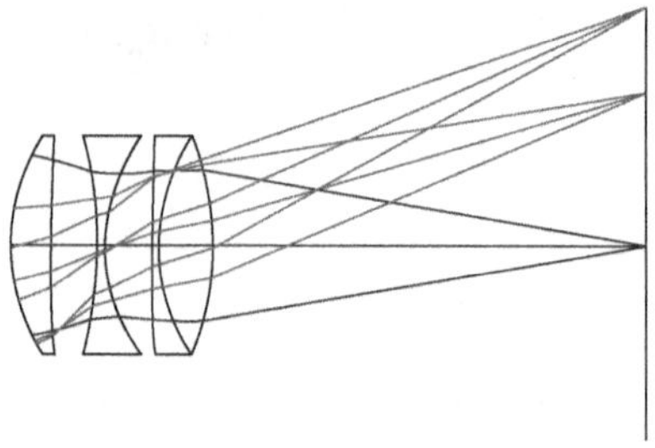
2	120.78	3.41		
光阑	−33.18	0.63	SF12	
4	13.26	3.52		
5	125.14	0.55	BAKF52	
6	14.73	3.96	LAF3	
7	−22.27	32.18		
$f'=40$ mm, 相对孔径 1∶3.03, 视场角 $2\omega=48°$				

4. 照相物镜 4

面	R/mm	d/mm	材料	光路结构
1	18.86	3.74	ZK5	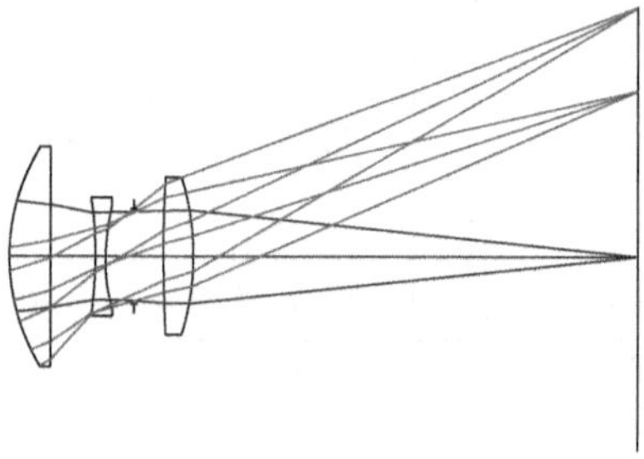
2	625.06	4.34		
3	−32.46	0.97	F6	
4	18.91	2.63		
光阑	∞	2.74		
6	73.92	2.87	ZK11	
7	−23.30	41.50		
$f'=50$ mm, 相对孔径 1∶4.9, 视场角 $2\omega=50°$				

5. 目镜 1

面	R/mm	d/mm	材料	惠更斯目镜光路结构
光阑		2.8		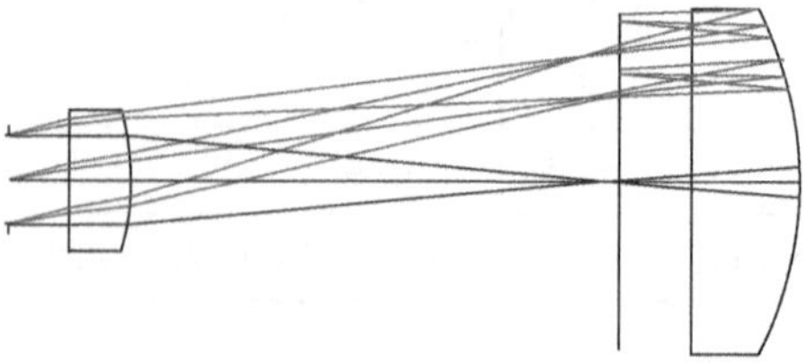
2	∞	2.8	K9	
3	−11.5	25.5		
4	∞	5	K9	
5	−16.5	−8.8		
$f'=28$ mm, 入瞳直径 4 mm, 视场角 $2\omega=15°$				

6. 目镜2

面	R/mm	d/mm	材料	冉斯登目镜光路结构
光阑		10.7		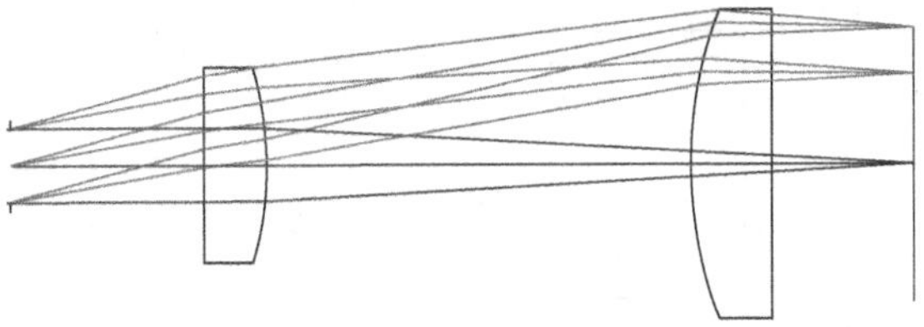
2	∞	3.4	K9	
3	-19.8	23.4		
4	22	4.5	K9	
5	∞	7.28		

$f'=28.2$ mm，入瞳直径4 mm，视场角$2\omega=30°$

7. 目镜3

面	R/mm	d/mm	材料	凯尔纳目镜光路结构
光阑		5.1		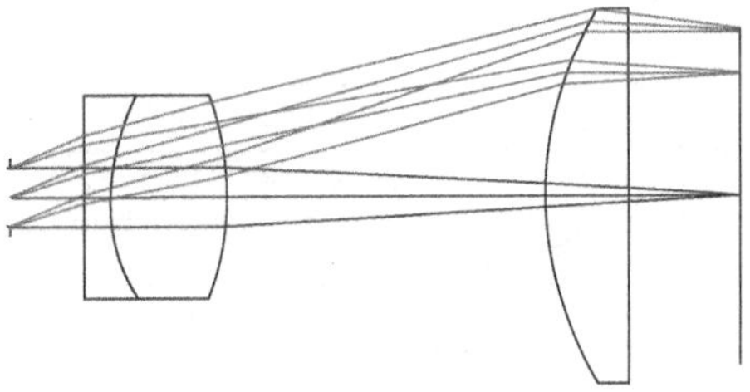
2	153	2	F4	
3	14.9	8	BAK2	
4	-19.9	22.3		
5	23.5	6	BAK2	
6	∞	7.71		

$f'=28$ mm，入瞳直径4 mm，视场角$2\omega=45°$

8. 目镜4

面	R/mm	d/mm	材料	对称式目镜光路结构
光阑	∞	18.9		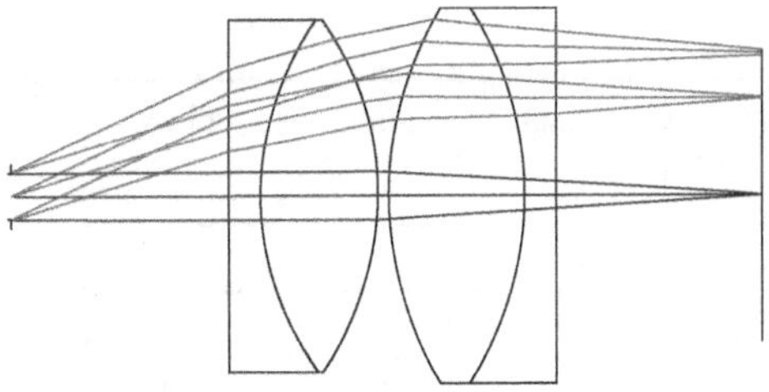
2	∞	2.8	SF5	
3	26	10	BAK1	
4	-26	1		
5	29.8	12	BAK1	
6	-29.8	2.8	SF5	
7	∞	18.36		

$f'=28$ mm，入瞳直径4 mm，视场角$2\omega=50°$

9. 目镜 5

面	R/mm	d/mm	材料	对称式目镜光路结构
光阑	∞	20		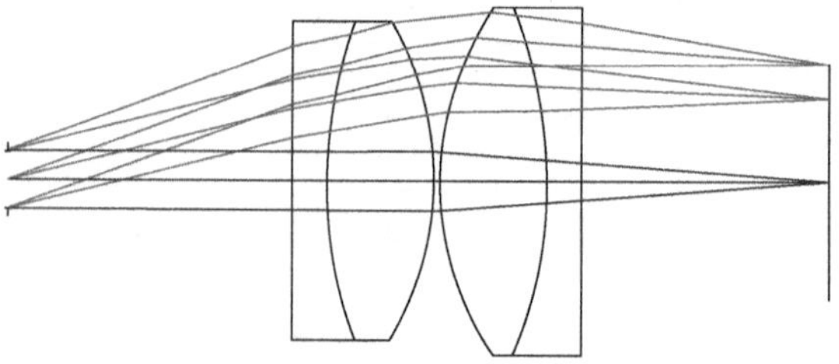
2	1000	2.5	ZF2	
3	32.2	7.5	K9	
4	−21.3	0.5		
5	21.3	7.5	K9	
6	−32.2	2.5	ZF2	
7	−1000	17.4		
$f'=24$ mm，入瞳直径 4 mm，视场角 $2\omega=40°$				

10. 目镜 6

面	R/mm	d/mm	材料	广角目镜光路结构
光阑	∞	14.4		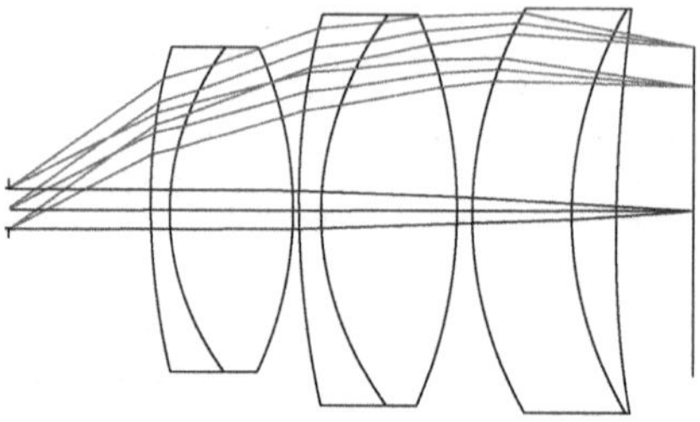
2	62.7	2	SF2	
3	25.5	12.5	BK7	
4	−38.3	0.5		
5	78.1	2.4	SF2	
6	31.8	13.7	BK7	
7	−48.2	1.5		
8	40	10	BK7	
9	40	4.5	SF2	
10	142	8		
$f'=26.3$ mm，入瞳直径 4 mm，视场角 $2\omega=70°$				

11. 目镜 7

面	R/mm	d/mm	材料	广角目镜光路结构
光阑	∞	20		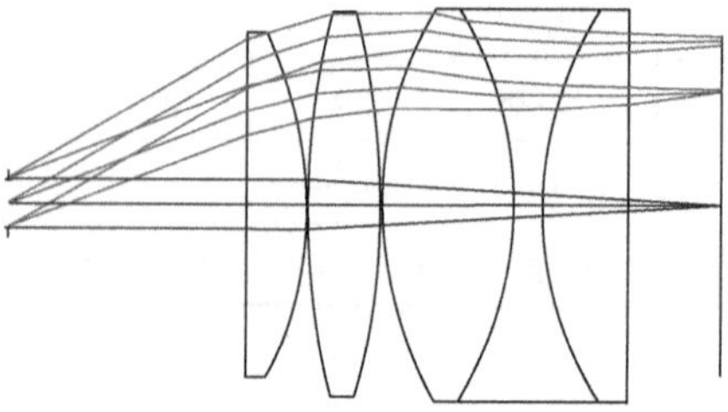
2	∞	5	K9	
3	−31	0.2		
4	62	6	K9	
5	−62	0.2		
6	31	11	K9	
7	−31	2.5	ZF6	
8	31	7	K9	
9	∞	7.776		
$f'=30$ mm，入瞳直径 4 mm，视场角 $2\omega=60°$				

12. 显微物镜 1

面	*R*/mm	*d*/mm	材料	中倍消色差物镜光路结构
物体		172		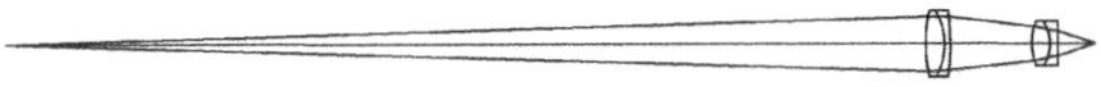
光阑	25.797	3.5	K9	
2	-13.049	1	ZF1	
3	-35.768	15.702		
4	8.966	3.5	ZK7	
5	-9.06	1.5	ZF2	
6	-325.817	6.859		
垂轴放大率 $\beta=-10X$,数值孔径 $NA=0.3$,共轭距 $L=195$ mm,没有盖玻片				

13. 显微物镜 2

面	*R*/mm	*d*/mm	材料	中倍消色差物镜光路结构
物体		154.32		
光阑	∞	0.3048		
2	13.086	3.53	K5	
3	-9.377	1.17	F2	
4	-112.24	8.64		
5	11.483	3.35	K5	
6	-6.007	0.97	F2	
7	-21.252	7.54		
8	∞	0.17	K5	
9	∞	0.02		
垂轴放大率 $\beta=10X$,数值孔径 $NA=0.3$,共轭距 $L=180$ mm,加盖玻片				

附录 5　光学设计实训项目及报告要求

在完成所有课堂实验及相关实训内容后，可做一些实训项目来提升运用综合知识解决复杂性问题的能力。本部分也可作为课程设计的内容，学生根据自身实际去完成。

1. 实训项目

基于 ZEMAX 光学设计软件完成课程设计内容。

【照相物镜设计】

● **题目一**　要求：

（1）焦距 $f'=14$ mm；（2）相对孔径 D/f' 不小于 1/2.8；

（3）图像传感器为 1/2.5 英寸的 CCD，成像面大小为 4.29 mm × 5.76 mm；

（4）后工作距 >6 mm；（5）在可见光波段设计（取 d，F，C 三种色光，d 为主波长）；

（6）成像质量：MTF 值在 100 lp/mm 处大于 0.3；

（7）最大畸变 <1%。

● **题目二**　要求：

（1）系统焦距 $f'=10$ mm；（2）F/# = 4；（3）视场角 $2\omega=40°$；（4）后工作距 >6 mm；

（5）在可见光波段设计（取 d，F，C 三种色光，d 为主波长）；

（6）成像质量：MTF 值在 100 lp/mm 处大于 0.25；

（7）最大畸变 <1%。

● **题目三**　要求：

（1）焦距 $f'=50$ mm；（2）相对孔径 $D/f'=1/4$；（3）视场角 $2\omega=46°$；

（4）在可见光波段设计（取 d，F，C 三种色光，d 为主波长）；

（5）成像质量：MTF 值在 18 lp/mm 处大于 0.3；

（6）最大畸变 <3%，弥散圆半径尽可能小。

● **题目四**　要求：

（1）焦距 $f'=40$ mm；（2）入瞳直径 $D=8$ mm；（3）视场角 $2\omega=30°$；

（4）在可见光波段设计（取 d，F，C 三种色光，d 为主波长）；

（5）MTF 值在 100 lp/mm 处大于 0.40。

【望远物镜设计】

● **题目五** 要求：

(1) 入瞳直径 $D=20$ mm;(2) 相对孔径 $D/f'=1/6.15$;(3) 视场角 $2\omega=7°$;

(4) 在可见光波段设计(取 d,F,C 三种色光,d 为主波长);

(5) 成像质量:轴上 MTF 值在 67 lp/mm 处大于 0.3。

● **题目六** 要求：

(1) 焦距 $f'=120$ mm;(2) 相对孔径 $D/f'=1/2.4$;(3) 视场角 $2\omega=4°$;

(4) 在可见光波段设计(取 d,F,C 三种色光,d 为主波长);

(5) 成像质量:MTF 值在 67 lp/mm 处大于 0.40。

● **题目七** 要求：

(1) 采用卡塞格林光学系统结构;(2) 焦距 $f'=1200$ mm;

(3) 相对孔径 $D/f'=1/10$;(4) 后截距为 200 mm;

(5) 视场角 $2\omega=1$ mrad;(6) MTF 值在 67 lp/mm 处大于 0.40。

● **题目八** 要求：

(1) 采用 R－C 光学系统结构;(2) 焦距 $f'=1600$ mm;

(3) 相对孔径 $D/f'=1/8$;(4) 后截距为 200 mm;

(5) 视场角 $2\omega=2$ mrad;(6) MTF 值在 67 lp/mm 处大于 0.40。

【目镜设计】

● **题目九** 要求：

(1) 冉斯登目镜;(2) 出瞳直径 4 mm;(3) 出瞳距离 6 mm;

(4) 视场 30°;(5) 焦距 $f'=25$ mm;

(6) 在可见光波段设计(取 d,F,C 三种色光,d 为主波长);

(7) 畸变 $<10\%$;(8) MTF 值在 20 lp/mm 处大于 0.30。

● **题目十** 要求：

(1) 对称式目镜;(2) 出瞳直径 4 mm;(3) 出瞳距离 8 mm;

(4) 视场 40°;(5) 焦距 $f'=25$ mm;

(6) 在可见光波段设计(取 d,F,C 三种色光,d 为主波长);

(7) 畸变 $<10\%$;(8) MTF 值在 20 lp/mm 处大于 0.30。

● **题目十一** 要求：

(1) 凯尔纳目镜;(2) 出瞳直径 3 mm;(3) 出瞳距离 6 mm;

(4) 视场 40°;(5) 焦距 $f'=25$ mm;

(6) 在可见光波段设计(取 d,F,C 三种色光,d 为主波长);

(7) 畸变 $<10\%$;(8) MTF 值在 20 lp/mm 处大于 0.30。

● **题目十二** 要求：

(1) 广角目镜；(2) 出瞳直径 3 mm；(3) 出瞳距离 8 mm；

(4) 视场 68°；(5) 焦距 $f' = 28$ mm；

(6) 在可见光波段设计(取 d,F,C 三种色光,d 为主波长)；

(7) 畸变 <10%；(8) MTF 值在 20 lp/mm 处大于 0.20。

【显微镜系统设计】

● **题目十三** 要求：

(1) 物镜放大倍率 $\beta_1 = -4X$,目镜放大倍率 $\beta_2 = 8X$；

(2) 物镜数值孔径 NA = 0.1,共轭距 $L = 195$ mm；

(3) 物高 $y = 6$ mm；(4) 出瞳直径 3 mm；(5) 出瞳距离 6 mm；

(6) 在可见光波段设计(取 d,F,C 三种色光,d 为主波长)。

● **题目十四** 要求：

(1) 物镜放大倍率 $\beta_1 = -3X$,目镜放大倍率 $\beta_2 = 10X$；

(2) 数值孔径 NA = 0.2,共轭距 $L = 195$ mm；

(3) 物高 $y = 4$ mm；(4) 出瞳直径 3 mm；(5) 出瞳距离 6 mm；

(6) 在可见光波段设计(取 d,F,C 三种色光,d 为主波长)。

【望远镜系统设计】

● **题目十五** 要求：

(1) 牛顿望远镜；(2) 物镜口径 100 mm,焦距 800 mm；(3) 目镜焦距 25 mm；

(4) 视场角 $2\omega = 2$ mrad；(5) 出瞳直径 4 mm；(6) 出瞳距离 15 mm；

(7) 在可见光波段设计(取 d,F,C 三种色光,d 为主波长)。

● **题目十六** 要求：

(1) 伽利略望远镜；(2) 物镜口径 40 mm,焦距 160 mm；(3) 目镜焦距 25 mm；

(4) 视场角 $2\omega = 6°$；(5) 出瞳直径 4 mm；(6) 出瞳距离 18 mm；

(7) 在可见光波段设计(取 d,F,C 三种色光,d 为主波长)。

● **题目十七** 要求：

(1) 开普勒望远镜；(2) 物镜口径 40 mm,焦距 160 mm；(3) 目镜焦距 25 mm；

(4) 视场角 $2\omega = 4°$；(5) 出瞳直径 4 mm；(6) 出瞳距离 20 mm；

(7) 在可见光波段设计(取 d,F,C 三种色光,d 为主波长)。

2. 实训要求

(1) 根据设计题目简述系统的设计原理和类型。

(2) 确定系统的基本性能要求,并选择合适的初始结构。

(3) 输入系统数据,设置评价函数操作数,进行优化设计和像差结果分析。

(4) 给出像质评价报告。

(5) 撰写论文。

(6) 参考文献不得少于5篇。

3. 实训报告规范化及格式要求

(1) 撰写实训报告规范化要求

① 书写要求:论文应使用A4纸排版。

② 文字要求:文字通顺,语言流畅,无错别字。

③ 曲线图表要求:所有曲线、图表、流程图、程序框图、示意图等不得徒手画,必须按照国家规定标准或工程要求绘制。

④ 参考文献:书写格式必须符合国家标准GB 7714－87规定。

(2) 电子文档格式要求

① 论文应按规定格式排版,纸张规格为A4。

② 摘要:中文摘要用小四号宋体字。

③ 目录:正文用四号宋体字,每章标题用黑体字,并注明各章节起始页码,题目和页码之间用“…”相连。

④ 正文要求:标题采用小二号黑体字,章节题目采用小三号黑体字,正文内容采用小四号宋体字(英文采用Times New Roman)。章节题目之间、每节题目与正文之间空一个标准行。

⑤ 页面设置:单面打印,上2 cm,下2 cm,左2.5 cm,右1.5 cm,装订线0.5 cm,页眉1.2 cm,页脚1.5 cm。页眉以小五号宋体字键入“* * 大学课程设计论文”,居左。页脚插入页码,居中。正文选择格式段落为“1.5倍行距,段前、段后均为0磅”。标题可适当选择加宽,设置为段前、段后均为3磅。

⑥ 论文的正文章节序号、所有文字、图表、公式等,必须符合国家有关科学论文的要求和规定。

⑦ 参考文献的编写格式:

期刊文献格式:[序号]作者.文目[J].期刊名,年,卷号(期数):起止页码。

图书文献格式:[序号]作者.书名[M].出版地:出版者,年份,起止页码。

⑧ 设计电子文档用“学号+姓名”的方式建立文件夹,文件内容包括设计论文(word文档)及设计结果的ZEMAX文件。

4. 实训报告评分标准

(1) 论文内容及格式是否符合要求。(30分)

(2) 结构参数是否满足设计要求。(30分)

(3) 像质指标数据是否满足设计要求。(40分)